中华美德与大学生修养

席云玲　臧　梅　著

黄河水利出版社

图书在版编目(CIP)数据

中华美德与大学生修养／席云玲，臧梅著．—郑州：黄河水利出版社，2007.12
ISBN 978-7-80734-157-4

Ⅰ.中…　Ⅱ.①席…　②臧…　Ⅲ.大学生-修养　Ⅳ.G641

中国版本图书馆 CIP 数据核字(2007)第 147230 号

出 版 社:黄河水利出版社
地址:河南省郑州市金水路 11 号　　邮政编码:450003
发行单位:黄河水利出版社
发行部电话：0371-66026940　　传真：0371-66022620
E-mail：hhslcbs@126.com
承印单位:黄河水利委员会印刷厂
开本:890 mm×1 240 mm　1／32
印张:9.25
字数:270 千字　　印数:1—1 000
版次:2007 年 12 月第 1 版　　印次:2007 年 12 月第 1 次印刷

书号:ISBN 978-7-80734-157-4／G·30　　定价:25.00 元

序

泱泱中华，悠悠古国，历史的文化经过了无数次的冲刷和洗礼，慢慢地积淀了下来，形成了伟大的民族精神，这精神孕育了无数优秀的中华儿女。中华美德是中华民族文化中的瑰宝，是中华先民用生命丈量出来的人生哲理。它对于中华民族的思维方式、价值取向、理想人格、伦理观念乃至审美情趣都产生了巨大影响。它塑造着我们的民族精神，陶冶着我们的民族情操，支撑着中华民族数千年来的生存和发展，维系着多民族国家的团结和统一，它是我们取之不尽、用之不竭的宝贵精神财富。

中华传统道德丰富多彩、博大精深，以儒学为主题的中华道德其意境之崇高、伦理之纯真、利他精神之善美、浩然正气之充实，让世人仰慕。1988 年 1 月，75 位诺贝尔金奖获得者在《巴黎宣言》中表示："人类要在二十一世纪生存下去，必须要从 2500 年前孔夫子那里去寻找智慧。"中华美德体现了中华民族的基本精神，反映了中华民族的整体道德风貌和精神特征，构建了中华民族生存和发展的向心力和凝聚力。它是中国传统思想文化的精华，是中华民族精神的灵魂，是中华民族历经磨难而不衰、披荆斩棘勇向前的力量源泉。它激发着我们民族的浩然正气，陶冶着我们的民族情操，培育着我们国民的美好品行，凝聚着中华儿女为民族的统一、国家的富强不懈奋斗之魂。

党和政府历来重视思想道德建设，在领导全国人民建设社会主义的伟大实践中一直把弘扬中华民族传统美德作为建设社会主义精神文明的核心内容。在我们全面构建社会主义和谐社会的今天，合理地利用这份珍贵的文化遗产，对于我们切实加强思想道德建设、弘扬和培育中华民族的优秀文化、加强当代大学生的思想修养具有重要的现实意义。著名物理学家杨振宁说："中华民族传统美德对我的熏陶，影响了我的一生，使我的人生有了一个坚实的根基，做人的方向，做人的品格，我觉得这是人生奠基的东西，是立身之本的东西。”中华传统美德的核心是利人、利群、利国。它所倡导的“夙夜在公”、“国而忘家，公而忘私”、“先天下之忧而忧，后天下之乐而乐”、“人生自古谁无死，留取丹心照汗青”、“天下兴亡，匹夫有责”，以及“天下为公”和“全心全意为人民服务”的精神，在今天仍然发挥着巨大的鼓舞引导作用。

中华民族在几千年历史上形成和发展起来的传统道德思想，内容丰富，多姿多彩，是中华民族生命机体中不可分割的组成部分，是人类文明发展的重要财富，是我们建设社会主义道德的丰富源泉。本书结合当代大学生思想道德教育的特点,以历史唯物主义的理论为指导，从有利于建设有中国特色的社会主义新道德的目的出发，对中华传统道德思想进行梳理,在研究中坚持毛泽东同志提出的批判继承的方针，本着弘扬精华、除弃糟粕、古为今用的态度，从浩瀚的历史典籍中采撷了十个方面的内容，以期有益于当代大学生的思想道德教育。这十个美德如下：

(1)天下为公的社会理想。“天下为公”是中华传统美德的重要内容,一切传统美德都是围绕着这一整体精神而展开的。古代先贤认为，“公”德的最高表现，就是要胸怀天下，为天下多数人谋利益。孟子所谓“乐以天下，忧以天下”，荀子所谓“成天下之大事”等，都表现了胸怀天下的道德信念。这种信念经过一代代人的充实提高，到了宋代范仲淹、明代顾炎武分别以“先天下之忧而忧,后天下之乐而乐”、“天下兴亡，匹夫有责”的伟大格言对之作了精辟总结，把中国古代尚公的思想推到了更高境界，表达了中华儿女以国家兴盛为己任，忧国忧民的壮志豪情。“天下为公”的观念落实到行动上，就是要自觉报效祖国，献身国家、民族，这些正是我国历代英杰形成爱国主义思想的文化氛围和理论渊源。在它的启迪熏陶下，一代代爱国志士成长起来，自觉地以身报国。中华民族的“天下为公”精神可以激励当代大学生的爱国主义情怀，自觉以天下、国家为己任，积极投身民族复兴大业。

(2)自强不息的奋斗精神。“自强不息”是我们民族代代相传的美德。自强不息要求人们自强自立，永不停息，同时也勉励人们穷则思变，改革图强。汤之盘铭曰："苟日新，日日新，又日新"正说明了这种精神。"自强不息"的精神，不仅铸造了历史悠久的中华文明，而且是民族英杰不断成长的动力源泉。正是这种精神激励着一代代志士仁人努力奋斗，励精图治，不断进取。中华民族倡导的"自强不息"精神可以培养当代青年无坚不摧的意志品质，可以激励当代大学生在成就事业，奉献社会的征程中勇往直前、永不停息。

(3)厚德载物的仁爱精神。我们民族自古就提倡博爱大众，利人济世，这种思想对于引导人们处理人与社会、人与自然、人与人之间的关系起到了良好作用，对中华民族形成让世人瞩目的礼仪之邦起到了重要作用。仁爱思想在历史的洗礼中已成为我们的民族精神。我国历代尊老爱幼、助人为乐、成人之美、济困扶危等优良美德，都同传统的博爱大众思想密不可分。儒家明确主张"仁者爱人"。其所谓"爱人"，就是关心和爱护他人。孔子所谓"己欲立而立人，己欲达而达人"，"己所不欲，勿施于人"；孟子所谓"老吾老以及人之老，幼吾幼以及人之幼"等，都是儒家泛爱大众思想的表现。中华民族"厚德载物的仁爱精神"可以有助于当代青年增强宽厚包容意识，有助于培养当代大学生虚怀若谷的道德品质。

(4)尊老爱幼美德。"尊老爱幼"的道德规范包括"尊老"和"爱幼"或曰"孝"和"慈"两个方面。"尊老"或"孝"是指子女对父母或晚辈对长辈尽自己应尽的道德义务，包括赡养、照料、尊敬、安慰老人等。"爱幼"或"慈"指父母对儿女或长辈对晚辈尽自己应尽的道德义务，包括抚养、教育、爱护等。"尊老爱幼"、"父慈子孝"是我们民族一贯强调的家庭道德信条，它曾对我们民族家庭道德生活实践产生过深远影响。几千年来，"父慈子孝"，尤其是"子孝"成为社会道德的核心和基础，孝被称为"百善之首"和"仁之本"。古人极为珍视父子亲情，"哀哀父母，生我劬劳"，鸟有反哺之恩，羊有跪乳之义。慈孝是在血缘亲情的基础上说明爱育子女是亲代的崇高使命，孝敬父母是子女应尽的义务。今天，大力倡导和弘扬尊老爱幼的传统美德，将有助于当代大学生人生责任的培养，对当代大学生养成孝敬父母、乐于助人、为国奉献的品德具有重要作用。

(5)廉洁奉公美德。“廉洁奉公”被中华民族视为“国之大维”、“仕者之德”，《周礼》曰：“以听官府之六计，弊群吏之治：一曰廉善；二曰廉能；三曰廉敬；四曰廉正；五曰廉治；六曰廉辨。”六者均以廉为本，可见西周时已认识到“廉”对国家长治久安所起的重要作用。“廉”是为政者应当遵守的“官德”，也是清流之士必务的“贤德”。古代褒扬的名士精神是“不食嗟来之食”、“出污泥而不染”。中华民族深恶穷奢极侈、贪赃枉法者，对历史上那些穷奢极侈的贪赃枉法者，不管是贵为天子还是位居末流，都给以无情鞭挞。这种公正的评判反映了我们民族反贪拥廉、扶正驱邪的道德追求。今天弘扬廉洁奉公美德，对端正官德民风、构建社会主义政治文明，对当代大学生树立清廉意识、自觉抵制腐败风气，推进民主政治建设都具有重大意义。

(6)知耻求荣的荣辱观。中国传统荣辱观强调的是正确的价值取向，强调“为仁由己”，强调修身齐家治国平天下。儒家的荣辱观强调“义以为上”，其“义”不仅是指道德原则，更强调这些原则要转化为行动主体的道德动机，认为只要行动主体有了正确的道德动机，才会有正确的行为。孔子曰：“苟志于仁矣，无恶也。”“志于仁”就是以行动主体的意志来确立“仁”的动机，一旦有了这个动机，在具体的行为中就可以趋当荣之荣，避当辱之辱。孟子认为有了恰当的道德动机，知荣辱就很难去做不道德的事，因为“今恶辱而居不仁，是犹恶湿而居下也”。他甚至认为“大人者，言不必信，行不必果，惟义所在”，强调行动者的动机(即“惟义”)，而不是行动后果，是判断行为道德与否的标准。朱熹说：“耻者，吾所固有羞恶之心也。有之则进于圣贤，失之则入于禽兽，故所系甚大。”因此，儒家的道德学说特别强调培养正确的道德动机在道德生活中的重要性。传统荣辱观在塑造中华民族的优良品质方面起过重大作用，培养了许多志士仁人，为我们留下了许多宝贵的精神财富。今天我们重温中国传统的荣辱观，对其进行现代性转换或合理性重建具有非常重要的理论意义和实践意义。传统荣辱观内容丰厚、旨意宏远，其中包含有许多可资今人借鉴的精辟见解，可以成为当代大学生荣辱观建设的重要文化资源。

(7)诚实守信美德。“诚实守信”是古代先贤大力倡导的传统美德。诚者，真实无欺之谓也；信者，守信而不食其言之谓也。“诚信”合起来，就是要求人们在相互交往中，做到真诚实在，不失信誉。“诚实守信”，作为一种最重要的道德修养和基本行为规范，千百年来一直为人们所信奉、为社会所推崇。孔子说“自古皆有死，民无信不立”，老子说“轻诺必寡信”，荀子说“君子养心莫善于诚”，中华民族珍视诚信如同生命。“君无戏言”、“言必信，行必果”成为为政为事的准则，曾参“杀猪取信于子”、商鞅“立木取信于民”等经典史事传为佳话。“君子以诚为贵”、“人而无信，不知其可也”、“讲信修睦”、“千金重一诺”等，这些凝聚着儒家先贤思想的煌煌大理已经内化为我们民族的人文基因，深深根植于社会的道德理念和价值判断之中。不诚者无朋，守信者有友，为人处世，为政治国，从来一理。“诚实守信”这一传统美德，对于培养当代大学生淳厚朴实之德，勇于抵制社会上的坑蒙拐骗邪风具有非常重要的理论导向作用。

(8)敬业奉献美德。敬业奉献就是要求人们把职业当做自己的事业，兢兢业业地为之奋斗，终身不懈。敬业奉献是传统职业道德的基本原则，也是中华民族几千年来形成的传统美德。儒家学者倡导的“敬业乐业”、“尽职尽责”、“诚实守信”、“礼貌待人”、“办事公道”等观念，对后世有着积极而深刻的影响。他们认为敬业奉献在实践程度上一般可分为敬业、乐业、勤业和精业四个层次。敬业尽责是职业道德的核心。古代先贤认为，社会上由于存在不同的职业，其工作方式、生产对象、服务对象、技术要求都有所不同，因此传统职业道德针对不同职业，就提出了与之相应的不同的职业道德规范。为人治病的医生，除了医术精湛，还必须具备高尚的医德。军事家被要求精忠报国，身先士卒，舍生忘死，“进不求名，退不避罪”。史官被要求除了才学兼备外，还要“不虚美，不隐恶，善以劝世，恶以示后，所以暴露成败，明彰是非”，为维护史之真实不惜生命。官德更是传统道德的中心议题，除了仁、义、礼、智、信、勇、耻、廉等抽象的范畴外，还有刚直不阿、忠言直谏、奉理循法、谨身帅先、任人唯贤、不徇私情、鞠躬尽瘁、清正廉洁等具体规范。知识分子就要宣传圣王之道，为社会培养人才，即所谓“传道、授业、解惑”；商人要做到买卖公平，诚信无欺，货真价实，童叟无欺。否则，如果不能各自遵循其道德就难以维护社会的正常秩序和安定。古代先贤们提倡的敬业尽责精神和敬业奉献精神，对于当代大学生树立爱岗敬业观念、自觉提高自身业务能力，对于我们今天的职业道德建设都具有不可忽视的价值。

(9)尚中贵和的处世原则。儒学的尚中贵和思想既是一种宇宙观、修养观，又是一种认识论和方法论。儒家尚中贵和思想认为人只有加强道德修养，持节守中才能做到与社会、与自然和谐相处，才能使天下正位、万物勃发。孔子说：“礼之用，和为贵，先王之道，斯为美。”孔子又说：“中庸之为德也，其至矣乎。”孔子认为和谐是前代圣君治国安邦的最好国策，而中和思想是最高的道德境界。集儒学中和思想之大成的《中庸》说：“喜怒哀乐之未发谓之中，发而皆中节谓之和。 中也者，天下之大本也；和也者，天下之达道也。至中和，天下位焉，万物育焉。”“中和”作为一种认识论和方法论包含着丰富的辩证法，它要求人们的喜怒哀乐之情应持在一种恰到好处的状态，一旦发出要合乎礼义，这便是“发而皆中节”。中和思想又是一种兼容并包和坚守原则的思想。孔子说：“君子和而不同，小人同而不和。”首先“和而不同”是一种兼容博大的精神：多元并存，和声共振；万紫千红，共生共荣。这种兼融博大如《中庸》所言：“今夫天，斯昭昭之多，及其无穷也，日月星辰系焉，万物覆焉。今夫地，一撮土之多，及其广厚，载华岳而不重，振河海而不泄，万物载焉。”正是这种包容博大精神成就了中华民族的伟大与永恒！“君子和而不同，小人同而不和”还包含另一种意思，那就是君子和谐但不盲从，小人盲从但不和谐。《中庸》说“君子和而不流”，它的意思是说君子和谐求同存异，但绝不随波逐流。理解儒学的尚中贵和思想有助于当代大学生认识问题、处理问题不偏激，与人与事能化解矛盾和谐相处，能养成正直、博大、宽容的品德，为构建社会主义和谐社会做出贡献。

(10)推崇理想人格，追求崇高精神境界。中国传统道德认为人之所以不同于动物，是因为人有道德。因而，人们除了有物质需要之外，还有精神需要，而一切精神需要中最高尚的需要就是道德需要。道德需要，是对自己所信仰的理想人格的追求，是对他人、社会作贡献而不是索取的精神。儒家传统伦理思想认为"为学的目的"就是要"改变气质"，以达到"成圣"、"成贤"的目的。孔子主张在物质生活基本满足的情况下，人应当追求崇高的精神生活，并把这种对精神生活的追求看作人生的最大快乐。儒学充满了积极奋发的精神，"士不可以不弘毅，任重而道远"，"天将降大任于斯人也，必先苦其心志，劳其筋骨，饿其体肤，空乏其身，行拂乱其所为，所以动心忍性，增益其所不能"说明了儒学的积极入世和发愤有为精神。道家崇尚人生的自由，追求生命与自然的和谐，"天地与我并生，万物与我为一"、"采菊东篱下，悠然见南山"是这种精神的写照。儒学和道学共同构成了中华独特的文化内涵，并由此造就了中华民族崇高的精神追求。当代大学生要继承儒学积极奋发的精神，勇担社会责任，为中华民族的伟大复兴而奋斗！

当前，我国人民在中国共产党的正确领导下，正在加快进行社会主义和谐社会建设，这是一项前无古人的伟大工程，任重而道远。正如胡锦涛总书记所指出的："明确提出构建社会主义和谐社会，反映了我们党对中国特色社会主义事业发展规律的新认识，也反映了我们党对执政规律、执政能力、执政方略、执政方式的新认识，为我们紧紧抓住和用好战略机遇期、实现全面建设小康社会伟大目标提供了重要的思想指导。"为此，我们应从各方面做好工作，为完成这一伟大工程做出自己的贡献。建设社会主义和谐社会和社会主义先进文化，离不开中华传统美德，年轻一代的成长更需民族精神的哺育，只有年轻一代成为合格的共和国建设者，才能完成中国共产党构建的伟大工程，才能实现中华民族的伟大复兴！正是基于此，我们编写了这本书，以期有益于当代大学生的成长。

席云玲

2007 年 8 月

前 言

中国素以礼仪之邦、文明古国著称于世，中华民族传统文化为人类的文明发展做出了卓越贡献。毛泽东同志曾说：“我们这个民族有数千年的历史，有它的特点，有它的许多珍贵品质。对于这些，我们还是小学生。今天的中国是历史的中国的一个发展，我们是马克思主义的历史主义者，我们不应当割断历史。从孔夫子到孙中山，我们应当给以总结，承继这一份珍贵的遗产。”新中国的历届领导人都十分重视对优秀民族文化的继承和弘扬。以胡锦涛为总书记的新一届党中央更重视对优秀民族文化的继承弘扬。2004 年 10 月中共中央、国务院在《关于进一步加强和改进大学生思想政治教育的意见》中指出：“以爱国主义教育为重点，深入进行弘扬和培育民族精神教育。要把民族精神教育与改革创新为核心的时代精神教育结合起来。”继承弘扬伟大的民族精神，把中华美德融入到当代大学生的思想道德教育中是时代的呼唤。

中华传统道德源远流长、博大精深，它在漫长的历史长河中对中华民族的人格塑造曾起着重要作用。如“自强不息”的进取精神让人们排除万难，奋勇前行；“厚德载物”的仁爱精神让人们扶危济困，博大包容；“天下为公”的奉献精神让人们国而忘家，公而忘私，为祖国的繁荣富强鞠躬尽瘁；“诚实守信”的美德让人们端正无妄，一诺千斤；“尚中贵和”的精神让社会和谐安定，万物并育共荣。另外，“勤奋好学”的为学之道、“廉洁奉公”的从政之道、“以义制利”的从商之道，以及“富贵不能淫、贫贱不能移、威武不能屈”的人格气节和“舍生取义”、“公忠为国”的献身精神等都体现了中华民族的伟大精神。这种伟大的民族精神哺育了无数民族精英，无数优秀的中华儿女正是在这种伟大的民族精神感召下或抛弃锦衣玉食，舍身为国；或殚精竭虑，枕戈待旦；或忍辱负重，百折不挠；或鞠躬尽瘁，死而后已。在中华民族漫长的发展历史中，伟大的民族精神和优秀的传统文化发挥着巨大的作用，它激发着民族的浩然正气，陶冶着民族情操，培育着国民良好的品行，砥砺中华儿女为民族的统一富强而不懈奋斗。

从浩瀚的历史典籍中采撷优秀的民族美德，并探讨与当代大学生修养相结合的有效途径是《中华美德与大学生修养》一书的目的。该书包括十章，分别从十个方面诠释中华美德：①天下为公的社会理想；②自强不息的奋斗精神；③厚德载物的仁爱精神；④尊老爱幼美德；⑤廉洁奉公美德；⑥知耻求荣的荣辱观；⑦诚实守信美德；⑧敬业奉献美德；⑨尚中贵和美德；⑩崇高的精神境界。该书在诠释这十个美德时，一方面注意援引、解释传统美德理论；另一方面注意结合具体事例，希望能建构一个通俗易懂且理论联系实际的思想体系，易为当代大学生理解并能运用于自己的社会实践。

中华传统道德是中华文化的重要组成部分，在中华民族漫长的历史进程中，优秀的传统道德已成为我们的民族精神，研究并继承优秀的传统道德对促进社会主义道德建设具有重要现实意义，对大学生树立正确的人生观、价值观，提高人文素养具有重要作用。学习研究中华传统道德，会随时感到它丰富的内容、睿智的见解和历史的厚重。在学习研究中，有时我们感到震撼，有时感到超然，有时感到凝重，有时感到茫然……掩卷沉思，我们是那样的力不从心，它博大精深的思想体系，给人以“横看成岭侧成峰，远近高低各不同”之感，要想准确地找到中华传统道德与当代大学生思想道德教育相结合的切入点实非易事！尽管我们非常努力，但由于我们学识、能力有限，有许多问题仍不能给以满意解答，今以虔诚之心将我们的研究心得撰成此书，祈望得到专家同行的批评指正。

席云玲

2007 年 8 月 7 日

目 录

第一章　天下为公

“天下为公”是中华传统美德最重要的内容。那么，何为公呢？“公者，通也，公正无私之意也。”孔子曰：“大道之行也，天下为公。”何谓天下为公呢？天下乃人民之天下，非一人之私有。天下为公就是不以天下之大而私其子孙，不以万物之盛而据为己有，为国为民出以公心，秉公执政，造福百姓。“天下为公”，也就是指以天下为己任，与国与民同呼吸共命运，国而忘家，公而忘私，义而忘利，一心为了祖国和人民的安康，不懈奋斗，无私奉献。

“天下为公”的传统美德，如摇篮，如乳汁，孕育着中华儿女的品德，塑造着中华民族的人性。在中国灿烂的历史长河中曾涌现出无数天下为公的楷模，他们以天下为己任，先天下之忧而忧，后天下之乐而乐，把自己的一生毫无保留地奉献给祖国和人民。为了祖国的繁荣富强，他们或抛弃锦衣玉食，舍身为国；或殚精竭虑，枕戈待旦；或忍辱负重，百折不挠；或鞠躬尽瘁，死而后已。天下为公的民族精神砥砺着无数优秀的中华儿女为了祖国的繁荣富强奋斗不息。继承和弘扬天下为公的民族精神对实现中华民族的伟大复兴具有重要现实意义。

一、天下为公是古代中国最高的政治理想

“天下为公”是中国古代最高的政治境界和政治理想。“天下为公”这一思想来源于儒家学派的创始人孔子的大同思想。孔子把“天下为公”的“大同”之世，作为自己最高的政治理想。孔子认为夏、商、周三代，也只是“小康”之世。只有太古时期，人人为“公”才是“大同”之世。孔子曰：“大道之行也，天下为公：选贤与能，讲信修睦。故人不独亲其亲，不独子其子，使老有所终，壮有所用，幼有所长，鳏寡孤独废疾者皆有所养。男有分，女有归。货恶其废于地

也，不必藏于己，力恶其不出于身也，不必为己。是故谋闭而不兴，盗窃乱贼也不做。故外户而不闭，是谓大同。” 这个“大同世界”是一个以农业公有制为经济基础的社会，“天下为公”是这个社会的总原则，在这样的大同世界里，人们各尽其力，为社会劳动，生产成果和社会财富均归社会成员共享，毫无私有观念。人们受博爱精神的支配，博爱精神维系着人际关系，全体社会成员团结友爱，真诚相待，各得其所，过着幸福美满的生活。“选贤与能”是孔子选拔官吏的政治理想，他认为只有德才兼备的人才能推行圣君的治国方针，才能实现天下为公的社会理想。殷周以来实行的是“以世举贤”制度，“先祖当贤，后子孙必显，行虽如桀纣，列从必尊，此以世举贤也。”（《荀子译注·君子》，王杰主编，华夏出版社 2001 年版）孔子站在历史的高度提出的唯才是举观点在当时具有划时代意义。孔子以“举贤才”的人才价值观修正了殷周以来传统的“世官世禄”制，这种举贤才观点从理论上奠定了华夏民族以后选拔官吏的标准。孔子不仅提出“选贤与能”的用人观点，还具体提出贤才标准：“志于道，据于德，依于仁，游于艺。”（《论语·述而》）贤才要有良好的道德品质和为事业献身的精神，同时还要有一技之长。孔子主张有德者居高位，“举直错诸枉，则民服；举枉错诸直，则民不服”（《论语·为政》）。只有贤能者才能秉公执证取信于民。实行社会民主政治，贤能者居高位是孔子天下为公思想的重要内容。

孔子认为实现天下为公的理想除了要建立任人唯贤的政治制度外，君王品德高尚秉公执政是实现天下为公理想的根本前提。孔子认为君王肩负社稷之重任，要勤免于国事，发愤忘食、励精图治，要“博施于民而能济众”（《论语·雍也》）。孔子提出“为政以德，譬如北辰居其所，而众星拱之”的著名论断（《论语·为政》，北辰：北极星。拱：围绕），他认为执政者必须具备高尚的品德，才能像北极星一样成为天之枢，才能带领人民实现国家的富强。孔子认为一个优秀的治国者需要具备五种美德：“君子惠而不费，劳而不怨，欲而不贪，泰而不骄，威而不猛。”（《论语·尧曰》意为给百姓恩惠自己却无所耗费，劳动百姓却使他们不抱怨，追求仁义不贪图财利，安适舒泰不骄傲，有威严而不凶猛）这五种美德反映了孔子对执政者治国方略、道德品质和人格魅力的要求，他认为君王只有严于律己、勤于国事、“欲而不贪”，才能秉公执政实现天下为公的治国理想。“政者，正也。子率以正，孰敢不正？”（《论语·颜渊》）“其身正，不令而行，其身不正，虽令不从。”（《论语·子路》）“苟正其身矣，于从政乎何有？不能正其身，如正人何？”（《论语·子路》）他认为执政者只有自身品德端正遵守法纪才能号令天下，天下才会呈现出“上好礼，则民莫敢不敬；上好义，则民莫敢不服；上好信，则民莫感不用情”的和谐局面（《论语·子路》）。孔子把君王的道德品质和人格魅力上升为治国安邦的基础，这反映了孔子以德立国、修身治国的思想。孔子天下为公的社会理想对后世产生了深远影响。孟子说“天下者，天下之天下，非一人之私有”，“人君当与天下大同，而独私一人，非君道也”。宋朝的朱熹，清初的黄宗羲、顾炎武、王夫之等一大批思想家，纷纷高举天下为公的大旗批判暴君暴政。他们以公私之辨、天下国家之辨为理论基础，把古代的天下为公论发展到极致。不仅如此，“君人者，以天下为公”还成为许多帝王的座右铭。例如，战国秦汉许多君主公开承认“官天下”是最高的政治境界，有的还曾试图仿效尧舜禅让的做法。在隋唐之际，隋炀帝说：“非以天下奉一人，乃以一人主天下也。”唐太宗也赞成这样的观点：“以一人治天下，不以天下奉一人。”他们一个是遗臭万年的暴君，一个是名垂青史的明主，却又吟诵着同一个戒铭。古代皇帝大都认同这类戒铭所表达的政治观念，重申者代有其人。北京故宫几处殿阁都高悬着清雍正帝手书的匾额：“惟以一人治天下；岂为天下奉一人？”清乾隆帝也抄写过这个匾额。这表明：天下为公的确是中国古代最高的政治理想。

建立一个没有剥削、没有压迫的美好社会，是千百年来人们的良好愿望，也是历代许多仁人志士为之毕生奋斗的目标。近代以来，我国民主革命的先驱者孙中山继承和发展了“天下为公”的政治理想，并将“天下为公”作为社会革命理想或实践。“大同世界”是孙中山改造中国所追求的最高社会理想。他认为，实现人人平等、自由、幸福的大同世界，是人类社会全新的境域和崭新的世界，而“新世界之出现”，则必须有高尚的思想与坚韧的毅力，“以为之先”。这种能引导大同世界实现的“高尚思想”，就是“天下为公”的思想。

孙中山先生借用中国古代的大同理想和“天下为公”的概念，来阐发自己的新思想。他说：“孔子有言曰：‘大道之行也，天下为公。’为此，则人人不独亲其亲，人人不独子其子，是为大同世界，大同世界，即所谓‘天下为公’，要使老者有所养，壮者有所营，幼者有所教。孔子之理想世界，真能实现，然后不见可欲，则民不争，甲兵亦可以不用矣。今日惟俄国新创设之政府颇与此相似，凡有志者、幼者、残疾者，皆由政府养，故谓之劳农政府，其主义在打破贵胄及资本家之专制。”(《在桂林对滇赣粤军的演说》)他倡导的“天下为公”和“大同世界”，不仅要人人互相亲爱，而且要“打破贵族及资本家之专制”，人人平等，共同劳动，无尊卑贵贱之差，消灭阶级对立。他说：“农以生之，工以成之，商以通之，士以治之，各尽其事，各执其业，幸福不平而自平，权利不等而自尊，自此演进，不难致大同之世。”(《在上海中国社会党的演说》)

“天下为公”是实现美好的“大同世界”的精神道德前提。究竟什么是“天下为公”？孙中山指出，首先，“天下为公”就是要“替众人服务”。他说：“现在文明进化的人类，觉悟起来，发生一种道德。这种新道德，就是聪明有能力的人，应该要替众人服务。这种替众人服务的新道德，就是世界上道德的新潮流。”替众人服务，要求“人人当以服务为目的，不以夺取为目的”。他认为人人都应该使自己成为“重于利人的人”而不能成为“重于利己的人”，更不能自私自利，不求为公众服务，只贪图向社会夺取。他倡导大家都要确立高尚的新道德，“为国家、为人民、为社会、为世界服务”。他还说：“聪明才力愈大者，当尽其能力而服千万人之务，造千万人之福。”(《三民主义·民权主义第三讲》)

其次，“天下为公”，就是要“为大家谋幸福”。孙中山指出：“聪明才力之人，专用彼之才能，以谋他人的幸福。”(《中山全书》)还说，一个革命者在摧毁旧世界的破坏时代，应当牺牲个人利益，为大家谋幸福，“当建设时代，还要牺牲个人，为大家谋幸福。”在他看来，一个道德高尚的人，必须具有“公共心”，以“谋他人的幸福”、“为大家谋幸福”为最大的人生光荣。一个人能在幸福观上，把谋他人的幸福、谋大家的幸福放在谋个人的幸福之上，才算得上是一个真正有道德的人。革命者应“以天下为己任”，以为人民大众谋幸福作为自己最崇高的人生目标。

孙中山在我国人民进行民主主义革命的斗争中，高举“天下为公”的道德旗帜，号召全体革命者和进步民众确立“替众人服务”、“为大家谋幸福”的高尚道德观和进步人生观，不仅赋予我国传统的“天下为公”思想以全新的含义，而且它作为一种新型的道德价值观念，冲破了资产阶级和一切剥削阶级自私自利、损人利己旧思想的束缚，较早地明确提出应把替人民大众服务，为人民大众幸福作为中国新道德的基本原则，对我国近现代新道德思想的形成，起到了积极的促进作用。正是在孙中山“天下为公”、“替众人服务”、“为大家谋幸福”的进步道德观的鼓舞下，我国有无数的革命志士投入当时的民主主义革命斗争的时代洪流，许多人在这高尚的道德观念的影响下，成为民主主义新思想、新道德的热烈拥护者。

“天下为公”同时也是一种全社会的普遍政治意识。自“天下为公”的基本思路形成以来，它不仅被各家各派所接受，还对广大民众的政治意识有着深刻的影响。“天降圣王”、“立君为民”、“天命靡长”、“汤武革命”之类的思想广泛流传，并在特定政治情势下不断引发改朝换代思潮，这就是明证。庶民大众关于“平均天下”政治诉求也与“天下为公”思想的传播有着密切的关系。历代持不同政见者打着天下为公的旗帜抨击暴君暴政的现象也十分引人注目。这就是说，无论统治思想的代言人，还是持不同政见者，无论帝王将相，还是庶民百姓，都在不同程度上认同天下为公。历代著名思想家更是自觉地把天下为公作为自己政治理论体系的重要组成部分，把政治之公作为自己的政治诉求。在中国古代，除了少数昏聩暴虐的帝王及阿谀之徒外，几乎找不到公然反对天下为公的人。就连许多阴谋家、野心家也往往打着天下为公的旗帜谋取私利，装潢门面。这表明，“天下为公”的若干基本信条获得普遍的认同。

二、天下为公是传统道德的价值取向

中华民族在集体主义的基础上，把家庭精神、和谐相处作为首要的价值取向，进而扩大到整个国家，以“天下为公”、“克己奉公”作为价值理想。这个价值理想最大体现在用人问题上。《礼记·礼运》曰：“大道之行也，天下为公。选贤与能，讲信修睦。”认为“选贤与能”是天下为公的首要表现。这“选贤与能”不是一般说的任人唯贤，而是指的尧舜禅让的故事。尧舜这样做体现了“为天下治天下”，“利天下而弗利”，为公而不为私，只为天下谋利益而不谋私利的精神，所以是天下为公。人们认为这是“圣之盛”，“仁之至”，是最高的道德境界，也是根本的治国之道。商鞅曾经尖锐地指出：尧舜为天下而治天下，所以得到百姓拥护，长治久安；而后世的君王、官吏则都是“擅一国之利，管一官之重，以便其私”，掌握了一国的财利，有了一点权力，就用来谋取私利，“以权谋私”，“此国之所以危也。”这是国家危亡的根本原因。结论是：“故公私之交，存亡之本也”。为公还是为私，是关系国家存亡的根本问题。这个认识是极其深刻的，应引起我们的深思。

我国荐贤史上有一则美谈，那就是“祁奚荐才”。

春秋时，晋国大夫祁奚因年老要求退休，晋侯要他推荐人才。晋平公有一次问祁奚说：“南阳县缺个县长，你看，应该派谁去当比较合适呢？”祁奚知道解狐是个不畏权势、执法如山的贤士，便毫不迟疑地推荐了他：“叫解狐去，最合适了。他一定能够胜任的！”晋平公惊奇地又问他：“解狐不是你的仇人吗？你为什么还要推荐他呢！”祁奚说：“你只问我什么人能够胜任，谁最合适；你并没有问我解狐是不是我的仇人呀！”于是，晋平公就派解狐到南阳县去上任了。解狐到任后。替那里的人办了不少好事，大家都称颂他。过了一些日子，晋平公又问祁奚说：“现在朝廷里缺少一个法官。你看，谁能胜任这个职位呢？”祁奚说：“祁午能够胜任的。”晋平公又奇怪起来了，问道："祁午不是你的儿子吗？你怎么推荐你的儿子，不怕别人讲闲话吗？"祁奚说："你只问我谁可以胜任，所以我推荐了他；你并没问我祁午是不是我的儿子呀！"晋平公就派了祁午去做法官。祁午当上了法官，替人们办了许多好事，很受人们的欢迎与爱戴。后来，孔子听到了这件事，十分称赞祁奚。孔子说："祁黄羊说得太好了！他推荐人，完全是拿才能做标准，不因为他是自己的仇人，存心偏见，便不推荐他；也不因为他是自己的儿子，怕人议论，便不推荐。像祁黄羊这样的人，才够得上说'大公无私'啦！"

由于对自己周围人士的职务聘用，往往直接或间地接涉及到自身的利益，所以在用人问题上，是"用人唯贤"还是"用人唯亲"，就可以最大限度地区分"天下为公"还是为"一己之利"。这个祁奚，外举不避仇，内举不避亲，他推举的唯一标准是对国家社稷有利的"唯德唯才"，而决不为私利，这就是"天下为公"。所谓君子群而不党，小人党而不群，只有本身贤德的人，才能做到慧眼识才、唯才是举，一秉大公、不谋私利。

天下为公体现在公务领域还应包含另一层含义，就是要公平、公正。治国之道中，实行法治还是实行人治，这是涉及到国家兴亡的大事，也是一件能否实行"天下为公"的大事。中华民族是一个重礼义的民族，但是秉公办事，不徇私情却又是我们民族最推崇的美德。秉公办事，不徇私情，不以情害义，而以义正情，才是真正的真情。古代法家主张法治，提出了"立法去私"的思想，认为实行法治就是为了"立公去私"。"法制礼籍所以立公义也。凡立公，所以弃私也。"制定法令就是为了树立一个公正、公平的标准，以去除当权者凭个人好恶，凭私意私情办事断案的情况。"立法而行私，是私与法争，其乱甚于无法。"法代表着公义，依法办事就代表着公正、公平，也是为公，即所谓秉公执法；以私情、私心处理公务，就是对法制最大的破坏，即所谓徇私枉法，其危害甚于无法。法的本质就是代表公义，立法是为了去私，法与私对立而不相容，这些认识很深刻，也构成我国古代政治文化的重要部分。所谓"王子犯法，与庶民同罪"、"大义灭亲"等，都体现了为公不为私、秉公不徇私的精神。在公与私、情与义之间如何作出正确的选择，从古到今不乏教益深刻、发人深省的实例。

汉代有位冀州刺史，叫苏章，办事认真，秉公执法，他在处理一个案子时，发现清河太守是个贪污犯，但这个人却又是自己的好友，苏章没有因朋友私情而庇护他，决定依法处置。在开审前，他把清河太守请到家中，以好酒款待，对方以为苏章念私情不会落罪自己，得意忘形地说：别人头上是一层天，独我头上有两层天。苏章听后，严肃地说：今晚请你喝酒，是尽私人的旧谊，明天开庭审案，是执行公理王法。苏章依法判处了清河太守。苏章并非不恋私情与友情，但他知道国家的情、人民的情重如泰山，国法与公德至高无上，只有不徇私情维护国家的利益，才会有国强民安，才会有更多的人享有友情。

成语“大义灭亲”的故事到今仍为人们广为传颂。卫庄公的爱妾有个儿子叫州吁，从小就很受宠爱，可是他不务正业，整天只喜欢舞刀弄枪。而当时，大夫石碏也有个儿子名石厚，与州吁臭味相投，两个人关系很好。后来卫庄公死了，公子完继位卫恒公。此时，石碏因年纪老迈又不满州吁的作为，便告老还乡。一天，卫恒公要到洛邑去见周王，州吁和石厚便借送行杀死了卫恒公，并夺取了王位，可是他们不得人心，于是他们商量找石碏帮助，以安抚民心。石碏告诉前来求助的儿子说：“你们只要去请陈恒公帮你们在周王面前说说，得到周王的同意就好了。”于是石厚和州吁，带上礼物赶往陈国。这边石碏暗中写信密告陈恒公，让他帮捉拿杀君王的凶手。当石厚和州吁来到陈国时就被抓起来了。接着陈王派人去问怎么处置这两个凶手。石碏就说：“这小子不忠不孝，留他又有什么用？”于是叫人把他杀了。石碏的这种做法得到后人的赞许,后来人们称这种行为是“大义灭亲”。

宋代包拯不畏权贵、铁面无私、秉公执法更是脍炙人口。北宋景祐三年(1036 年)，包拯首任天长(今属安徽)知县。他在任上，巧断了“断中舌案”，从此传出了包拯明察善断、办案如神的名声。皇祐四年至至和二年(1052～1055 年)间，包拯出任很多地方官。他先后任扬州(今属江苏)、庐州(今安徽合肥)、池州(今安徽贵池县)等知州，江宁府(今江苏南京市)和开封府(今河南开封市)知府。在各任上，他廉洁爱民，疾恶如仇，秉公执法。但是棘手的是庐州和开封府。庐州是包拯家乡，故人、亲党、熟人熟事，易受人情包围，徇私枉法。他调回本籍庐州，亲朋故旧，无不笑逐颜开，纷纷前来拜望，结果吃了闭门羹。所有亲戚、熟人来访，全部谢绝，概不接见。处之公事，绳之以法。即使遇到自家亲戚，也是有法必依，违法必究，执法必严。毫不留情面。其堂舅倚仗外甥包拯是现任知府，胡作非为，横行乡里。受害人向包拯告状，包拯立即把舅舅传来，开堂审讯，问明情况，命衙役依法打其舅舅七十大板。消息传开，百姓奔走相告，称赞包拯秉公执法，铁面无私。自此，亲族中再也没有人敢为非作歹了。但也有说他六亲不认，不近人情，沽名钓誉。包拯面对流言蜚语，挥毫写下一首诗，表达自己无所畏惧的性格和不苟且求荣的心迹："清心为治本，直道是身谋。秀干终成栋，精钢不作钩。仓充鼠雀喜，草尽狐兔愁。史册有遗训，毋贻来者羞。"诗意是：心地纯洁是治人的根本，直爽坦诚是处世的要领。笔直秀丽的小树，一定要长成栋梁之才；纯美的钢材，决不做弯曲钓钩。仓库里充满五谷，老鼠和麻雀就会喜欢；田野里草光地尽，狐狸、兔子便会发愁。历史上有多少遗训啊！为官便要清正，切莫留下耻辱，让后人笑骂。开封府是京师所在地，皇亲国戚、宦官权贵多。他们依仗权势，践踏法令，营私舞弊，欺上瞒下，不仅使政令不易执行，而且给黎民百姓带来痛苦。包拯到开封府后，首先改革不合理的诉讼程序。原来的百姓申诉，须把状纸交给"门牌司"，由他们收转。他们便从中勒索钱财，造成"天下衙门朝南开，有理无钱莫进来"的坏名声。包拯洞悉其弊端，撤销了"门牌司"，百姓可以直接到他面前投递状纸，有理无钱也能伸冤雪恨了。因此，包拯到开封不久，京师百姓中就流传说："关节不到，有阎罗包老！"说他不贪污，不受贿，不避权贵，执法如山。大街小巷，妇女儿童，没有不知道包公的。

明代海瑞铁骨为民罢官归田的故事同样流传至今。明穆宗隆庆三年，海瑞到苏州作应天巡抚。到职后，他访得当地官员互相勾结，夺田霸产，欺压百姓，无恶不作，便依法狠狠惩治了这些贪官污吏，为百姓伸了冤，报了仇，除了害。海瑞的行动，遭到了有权势的地方官吏的强烈反对，他们一起上书对海瑞进行诬告。不久，清官海瑞就被罢官归田了。

当然，在古代等级制度条件下，天下为公不可能得到真正的实现。三代以下，历代王朝实际上都是“家天下”，“视天下为莫大之产业，传之子孙，享受无穷”，把天下当做自己的产业，以皇帝一家的私利代表全国的公利，而吏治腐败、贪赃枉法也是古代社会的痼疾。但“天下为公”始终是古今先进人士追求的理想，以权谋私，徇私枉法始终受到谴责、鄙视，包拯、海瑞这样秉公执法、不徇私情的廉吏始终受到朝野的赞誉，被奉为官员的楷模。应该说，对天下为公理想的追求，“公私之交，存亡之本”和“立法去私”的思想，秉公执法，不徇私情的精神，才真正代表了我们民族的优秀传统。

三、天下为公是一种崇高的道德境界

实现“天下为公”，往往要为了国家的利益和社会的繁荣而放弃个人的利益，这种无私的行为有着高尚的道德境界。中国古代的思想家们常常喜欢讨论人们的道德境界，即人们通过修养锻炼和涵养而达到的一种情操。一般来说，思想家们总是喜欢把“廓然大公、”“无私无己”当做一种至高至荣的境界，即“公天下之身，公天下之物，其唯至人矣。”(《列子·杨朱》)而把“为我”、“为私”、私欲私己当做一种至低至辱的境界。在天下为公精神感召下，中国历史上涌现了许多感人至深的故事。

春秋时期“管鲍之交”的故事深深感动着后人的典故早已为人所熟知。管仲和鲍叔牙从小就是好朋友，互相帮助，真诚相待。他们经常一起游山玩水，交情深厚，相知有素。当初管仲穷困时和鲍叔牙合伙经商，每次分利时都是管仲分的多，而鲍叔牙并不认为他贪财；管仲做生意亏本时，鲍叔牙并不认为他愚蠢，而是说他时运不佳；管仲三次当官，三次被逐，鲍叔牙并不认为他没有才能，而是认为他生不逢时；管仲三次作战失利，鲍叔牙并不认为他怯懦，而是知道他家中有老母要照顾，他在受刑期间受了许多屈辱，鲍叔牙并不认为他鲜廉寡耻，而是认为他生不逢时才智无法显露。最后管仲感叹道："生我者父母也，知我者鲍叔也！"

后来管仲和鲍叔牙一同去齐国谋生。当时齐国的国君齐襄王有两个弟弟，一个是公子纠，一个是公子小白。说来真巧，管仲和鲍叔牙分别当了他们两人的老师。当时齐国的国君齐襄王非常残暴，经常不理朝政，荒淫无度，最后被大臣们杀死了。齐襄王死后，为了争夺王位，公子纠和公子小白展开了激烈的争斗，鲍叔和管仲也各随其主。公子小白夺得了君位，人们称之为齐桓公。公子纠出逃在外，被鲁国人杀死，他的老师管仲也成了囚犯。为了治理好国家，齐桓公问鲍叔牙有什么高见。鲍叔牙说："您需要一个才智过人的贤人来帮助。"齐桓公说："难道还有比您更能干的人吗？"鲍叔牙肯定地说："有，就是管仲。""管仲？"提起管仲，齐桓公便咬牙切齿，原来在公子纠与公子小白争王位的时候，为保公子纠做国君，有一次，管仲躲在树林中向公子小白暗射了一箭，幸好射在衣带的铜钩上才没受伤，所以结下了一箭之仇。鲍叔牙对桓公说，管仲是个非常有才干的人，他忠实于自己的主人，这并没有什么罪过。管仲的才能超过我十倍，您要是不记前仇，真心实意请他来，不但能治理好国家，恐怕其他各国也得听您指挥呢！如果桓公能够重用他，一定能够成就霸业。齐桓公采纳了鲍叔牙的建议，拜管仲为相国，位居鲍叔牙之上。管仲见齐桓公不记一箭之仇，非常信任他，就决定帮助齐桓公治理国家了。管仲很感激好友鲍叔牙，更对齐桓公的大度和睿智所折服，决心鞠躬尽瘁、竭尽全力报效齐桓公，他积极改革内政，发展经济，重新给农民划分土地。由于他从小经商，也很重视和其他国家通商和发展手工业。他还对国家常设的军队实行严格的训练和管理，使之成为战斗力很强的一支军队。由于管仲的改革，齐国在几年内就兴盛起来，获得了"九合诸侯，一匡天下"的地位，成就了齐桓公的霸业。有趣的是，有一次齐桓公和管仲探讨下任国相的问题，齐桓公问：假如你要是死了，谁接任你的国相为好呢？管仲竟不推荐曾推荐他的鲍叔牙，理由是鲍叔牙不能搞政治。一直到齐桓公说到第四人选时，管仲才说："那就是鲍叔牙了！"齐桓公说：我真的很奇怪，鲍叔牙对你那么好，听说以前你们一起做生意，他也老让着你，你辅佐公子纠，还射过我一箭，要不是鲍叔牙说情，我早就把你杀了，后来鲍叔牙又在我面前积极推荐你为国相，怎么现在请你推荐下任国相的人选时，你竟然把鲍叔牙放在第四人选的位置上呢？你对得起人家鲍叔牙吗？管仲说：我们现在是在谈论谁做下任国相最合适的问题，您并没有问谁是我最感激、最要好的朋友呀！我们的私交很好，但国家利益高于一切嘛！

无论是鲍书牙、管仲还是齐桓公，在“让贤”和“重用”问题上，都表现出了他们的“天下为公”的大智大勇和高尚的道德品质。敢于让贤的鲍叔牙胸怀如此宽广，如果没有“天下为公”的思想和高尚的道德情操，怎么能在向齐桓公举荐管仲之后甘居管仲之下？这是需要多么深厚的胸怀和气度！在“忠于为国，不私其友”的标准下，管仲能天下为公，把与自己有恩的鲍叔牙排在其他人之后，管仲所以为管仲、其伟大所以伟大就在于这里！

香港实业家李嘉诚先生于 1938 年出生在广东潮州的一个教师家庭。1940 年为躲避日本侵略者的压迫，全家逃难到香港。两年后，父亲病逝。为了养活母亲和三个弟妹，李嘉诚被迫辍学走上社会谋生。开始，李嘉诚为一间玩具制造公司当推销员。工作虽然繁忙，失学的李嘉诚仍用工余之暇到夜校进修，补习文化。由于勤奋好学，精明能干，不到 20 岁，他便升任塑料玩具厂的总经理。1958 年，李嘉诚开始投资地产市场。他独到的眼光和精明的开发策略使“长江”很快成为香港的一大地产发展和投资实业公司。当“长江实业”于 1972 年上市时，其股票被超额认购 65 倍。到 20 世纪 70 年代末期，他在同辈大亨中已排众而出。据美国《财富》1993 年列出的全球首富 101 人中，李嘉诚名列 16。他跨入亿万富翁行列后，想到更多的是怎样让财富为祖国效劳。1980 年，他毅然出巨资在汕头兴建一座现代化的一流大学——汕头大学。这所高校建成后，成为有二十多个专业的综合性大学，学校各方面成绩斐然，引起了海内外有识之士的注目，纷纷前来参观访问，进行科学研究。令人感叹的是，在这所倾注了李嘉诚心血和巨额财富的汕头大学校园内，你见不到李嘉诚三个字，他默默无闻地奉献。作为一个大企业家，他富甲天下，但生活十分节俭，1962

年他买了一栋房屋，现在还是住在老房子里，穿的是普通衣服，戴的是一般的手表。他有“天下为公”的崇高思想，他和他的家人衣着朴素无华，但是他对祖国各项事业的捐助，是慷慨的、令人感动的。20世纪 80 年代初，他回家探亲，了解到当地医疗条件差，就捐巨资改善家乡人民的医疗条件。当改革开放的号角在祖国吹响，外资、合资企业像雨后春笋般地在中国大地上不断涌现，李嘉诚对祖国建设进行了巨大投资：1988 年他在江苏投资 3.8 亿美元兴建发电站；投资 10 亿元人民币，改造上海港区；为海南洋浦港投资 100 亿港元；投资 29 亿港元兴建深圳外贸中心，他这样做的目的完全是为了中华的崛起。他从不愿在自己捐赠的地方留名，有人问他为什么对国家作了如此巨大的贡献而不愿留名时，他说：“我平生最高兴的事，就是能为祖国尽自己的一点力，当一件想为国家办的事做成了，心里就十分满足，要留名干什么。”这是多么高尚的“天下为公”的精神世界！这是多么伟大的道德情操！

科学家马祖光用自己的生命点燃科学之光就是科学家对“天下为公”思想的最好诠释。马祖光集中了当代知识分子所有的优点。在人格方面和科学追求方面，他是比较完美的，他这种精神是中国当代知识分子最需要的精神。作为我国激光研究领域从基础理论导出现实激光成果的少数先驱者之一，马祖光老师不仅在科学与教育事业中硕果累累，为我国科技事业的发展和教育事业的进步做出了重要贡献，而且集共产党人的优秀品质、中华民族的传统美德与新时期的时代精神于一身，以其大公无私的思想品格、高尚的精神情操、严谨的治学态度、严肃的学术道德和特殊的人格魅力，为我们竖立起一座精神丰碑。马祖光是中国科学院院士、我国光学界著名专家、国际激光领域知名学者、哈尔滨工业大学航天学院光电子信息科学与技术系首席教授。1950 年，大学刚毕业的马祖光响应国家号召分配到哈尔滨工业大学，担任物理教师，他勤勤恳恳，治学严谨，专业精通。分配到哈工大，他就参与组建了哈工大物理教研室，创办了核物理专业和激光专业。马祖光创办核物理专业时，对教师和学生提出了“基本理论、基础知识、基本技巧一定要过关”的要求，为核物理专业的教学和科研打下了坚实的基础。创办激光专业时，当时对激光领域还比较陌生的马祖光抽时间去省图书馆查阅、摘抄了大量外文资料，并把这批资料和文献卡片毫无保留地提供给学校。马祖光治学严谨，对学生要求严格，在学校是出了名的。学生以为几个数据就可以证实的实验，马老师一定要求采集更多的数据。在实验过程中，他对每一个操作细节都要求得十分严格。他常说，这些看起来似乎是微不足道的小事，但对于精密的仪器，有时极轻微的变化都会产生不同的结果。

马祖光院士在个人利益面前从不伸手，在奉献面前始终走在前头，他大公无私、淡泊名利，有两件事让人刻骨铭心。第一件事就是评院士。院士对知识分子来讲是最高荣誉，如果谁有这个条件，肯定是要。但是马祖光对评院士很淡泊，他说自己年龄大了，要评也评年轻人，学校推荐了他，两次他都拒绝了，第三次是学校书记给他做了许多工作他才同意了。第二件事就是关于文章和科研成果的署名。马祖光在许多科研方面都起了很关键的作用，比如出主意、提方案等，但是在申请到题目以后，马祖光总是让别人当组长。发表文章和著作时，马祖光总是把他的名字勾到最后。科研成果报奖时，他的名字也是排在最后。

马祖光为了祖国的荣誉则总是据理力争，苦心孤诣，赤胆报国。1980 年，马祖光到德国汉诺威大学作访问学者，他选定了“钠双原子分子第一三重态跃迁”这个许多科技先进国家都没有完成的难题。强烈的民族自尊心使马祖光暗下决心：“外国人搞不出来的东西，中国人不一定就搞不出来，这口气一定要争！”苦战了 3 个月，他终于成功了。德方认为马祖光的成果用的是德国的实验室设备，所以他们在马祖光写的发现新光谱的第一篇论文中，把马祖光的名字排在了第三位。在国内从不争名利的马祖光坚持认为，“这个发现不是我个人的事，这是中国人做出来的，这个荣誉应该属于中国。”最后，德国汉诺威大学研究所所长写下了这样的证明，“发现新光谱，这完全是中国的马祖光一人独立做出来的”。马祖光教授为祖国的科学事业奋斗了一生。他的敬业和献身精神、不懈的探索精神和高尚的道德境界、大公无私和忠厚谦逊的品格及他那灵魂深处的对祖国和党的深厚情感，他留给我们的精神财富，值得后人永远追念。

四、天下为公是一种伟大的爱国主义精神

在两千多年的传统道德思想体系中，天下为公思想以一贯之，并以此形成了中华民族伟大的爱国主义精神。“国而忘家，公而忘私；利不够就，害不苟去，唯义所在”正是这种天下为公的思想使中华儿女充满强烈的爱国主义情怀。

东汉班超“投笔从戎”的故事在历史上一直被传为佳话。公元62年，班超的哥哥班固被汉明帝召去做校书郎。班超因为家境贫穷，也只好到衙门里帮着抄写公文信件，挣钱补贴家用。有一天，他抄完一件公文，突然把笔扔到砚台边，叹道，男子汉大丈夫，应当效法傅介子去杀敌报国，像张骞那样立功西域，怎么能够只是在笔砚间讨生活呢！毅然投笔从戎。后来，他出使西域，打通了阻塞多年的东西交通大道，立下了赫赫战功。无论古今，像班超这样为了报效祖国、卫国戍边的英雄志士，数不胜数。他们出身各异，经历相殊，但都深知个人在国家中的地位和作用，以一种强烈的使命感投身社会。有了他们才有民族的强大和国家的昌盛。“青海长云暗雪山，孤城遥望玉门关。黄河百战穿金甲，不破楼兰终不还。”烈烈英姿、凛凛风骨诉说着炽热的爱国情怀。

两宋时期国事飘摇，这一时期涌现了许多伟大的爱国志士。北宋前期范仲淹的“先天下之忧而忧，后天下之乐而乐”奏响了爱国主义的千古绝唱，它使多少优秀的炎黄子孙为民族的繁荣富强竞折腰。至南宋，山河破碎，保家卫国、收复失地成为这一时代的强音。以陆游、辛弃疾、岳飞、文天祥为首的爱国志士更是在报国无门的愤懑中擂响着悲壮的战鼓，他们把爱国主义的主题弘扬到前所未有的高度，为羸弱的王朝注入了英雄之气。两宋文学家的社会责任感和忧患意识比任何一个朝代更为突出。他们以天下为己任，具有为国赴汤蹈火的精神。“休说鲈鱼堪脍，尽西风、季鹰归未？求田问舍，怕应羞见，刘郎才气。可惜流年，忧愁风雨，树犹如此！倩何人、唤取红巾翠袖，揾英

雄泪！”辛弃疾报国无门的悲壮长啸永远彪柄史册。范仲淹的“居庙堂之高则忧其民，处江湖之远则忧其君”和“先天下之忧而忧，后天下之乐而乐”的爱国主义情怀更为后人树立了爱国主义的永恒丰碑！

近代中华民族百年蒙羞，无数优秀的中华儿女为了拯救民族危亡置个人生死于度外,他们在前仆后继中抒写着中华民族悲壮的前行史。1894 年中日甲午之战后，清政府与日本签订了丧权辱国的《马关条约》，举国悲愤，祖国的命运岌岌可危。“时间无物抵春愁，合向苍冥一哭休。四万万人齐下泪，天涯何处是神州。”谭嗣同的这首诗喊出了无数爱国志士的心声。诗人不仅以他的诗作大声呐喊，更以他的生命实践了他的报国之志。“柳下爱祖国，仲连耻帝秦。子房报国难，椎秦气无仑。报仇侠儿志，报国烈士身。襄宇独立史，读之泪盈巾。逝者如斯夫，哀此亡国民。”国民党元老于右任先生的这首诗洋溢着炽热的爱国情怀，读着它，我们感到奔涌的刚烈雄风扑面而来。“投笔新从定远侯，登台誓饮月氏头。莲花剑淬胡霜重，柳叶衣轻汉月秋。励志鸡鸣思击楫，惊心鱼服愧同舟。一身湖海茫茫恨，缟素秦廷矢报仇。”这是一位 16 岁的少年在国破家亡时的慷慨悲歌，他叫夏完淳，像文天祥一样明知大厦将倾仍想力挽危垣，为了苦难的民族，这位中国历史上罕见的少年英雄和神童诗人面对明代降将洪承畴的威逼利诱大义凛然，慷慨赴死，那年他才 16 岁。林觉民的《与妻书》感动过多少后来人！“汝体吾此心，于啼泣之余，亦以天下人为念，乐牺牲吾身与汝身之福利，为天下人谋永福也。”夏完淳为抗击满清献出 16 岁的生命，林觉民为推翻满清抛掷 25 岁的韶华，中华民族正是因为有无数这样的英雄才生生不息傲立于世界民族之林！少年强则中华强，少年富则中国富，今日中华之崛起在我莘莘学子！

翻开中国历史的画卷，有多少英雄儿女在祖国和民族危亡关头断然奋起，把自己鲜红的热血洒在祖国苦难的大地上，他们堪称“中华民族之魂”。伟大的爱国诗人屈原在遭到佞臣诋毁，流放江南却终不忘自己的祖国和人民，坚决表示“虽九死其犹未悔”，最后投身汨罗江，以死明志。宋代著名的民族英雄岳飞，在祖国山河破碎之秋，立志“还我河山”，与金兵浴血奋战。岳飞的“精忠报国”精神光照日月，数百年来给中国人民以巨大鼓舞。奋力抗击元军入侵的文天祥，被俘后誓死不降，留下了“人生自古谁无死，留取丹青照汗青”的著名篇章。爱国诗人陆游，一生渴望恢复祖国的统一，他在《示儿》中写下了“王师北定中原日，家祭毋忘告乃翁”的感人诗句，致死不忘收复中原，统一中国的大业。明清之际的思想家顾炎武，以天下安危为己任，积极参加抗清斗争，他的“天下兴亡，匹夫有责”的壮语大义凛然，闪耀着爱国主义的光辉。

在中国近代历史上，民族英雄、爱国志士，更是灿若繁星。鸦片战争以后，外国殖民主义者和中国的封建统治阶级相互勾结，狼狈为奸，使中国沦为半封建半殖民地。面对深重的民族灾难，中国人民从来就没有屈服过。林则徐率领军民虎门销烟气壮山河，老将冯子村在抗法战争中大长我中华浩气，刘永福带领台湾军民为抗击日军占领而浴血奋战，秋瑾以巾帼不让须眉的大无畏气概，成为中国近代史上第一个伟大的女性殉道者，黄花岗七十二烈士甘愿“为天下人谋幸福”而牺牲生命，以死为荣。

林则徐的“虎门销烟”为中国近代史写下了令人振奋的篇章。他相信“民心可用”，倡办主勇，筹办海防，抵御外侮，屡败英舰的入侵，给不可一世的外国侵略者以迎头痛击。广州三元里人民自发武装起来抗击英国侵略军的战斗，发出了中国人民反对帝国主义的第一声呐喊。洪秀全领导的太平天国农民起义，声势浩大，下岳州克武汉，定都天京，使腐败的清政府和外国侵略者闻风丧胆。为了变法图强，谭嗣同甘愿以身殉难，他说：“各国变法，无不从流血而成，今中国未闻有因变法而流血者，此国之所以不昌也。有之，请自嗣同始。”孙中山先生是天下为公者的表率。他提出“天下为公”，唤起民众，联合世界上平等待我之民族，积四十多年的奋斗，在中国推翻帝制，实现了“天下为公”的共和国的经验。孙中山先生的一生留下的个人财产只有三样：一是生前衣物，二是二千多本书籍，三是旅居加拿大的华侨为他集资购买的一所住宅。伟大的革命先驱孙中山先生不愧为“天下为公”的楷模。在南京紫金山中山陵门上镌刻着他的手书：“天下为公”四个大字，正是孙中山先生一生的真实写照。

“江山如此多娇，引无数英雄竞折腰。”中华民族天下为公的传统，亘古历今，源远流长。我们伟大祖国之所以饱以内忧外患而始终巍然屹立，中华民族之所以始终保持旺盛的生命力，天下为公精神发挥了巨大作用。而那些忧国忧民、立志革新图强、为维护祖国的统一和尊严而英勇献身的爱国志士仁人，是中华民族的脊梁，是中国人民永远的骄傲。在革命战争年代，无数党员为了民族的独立、人民的解放献出了自己的宝贵生命。杨靖宇、赵尚志、赵一曼、吉鸿昌、张思德、白求恩、刘胡兰、董存瑞等英烈就是天下为公的典范。

东北抗日联军高级将领抗日英雄杨靖宇领导东北抗日联军第一路军，在八年的时间里，在极其艰苦的条件下与日本关东军展开殊死搏斗，在失去与党中央联系的情况下，他与全体抗联将士同生死、共患难，以百人的规模和劣势的军用装备牵制了五十万日军入关，有力地支援了关内的抗日斗争。最后由于叛徒的出卖，在冰天雪地里，在断粮十多天的情况下，与日寇进行惨烈的搏斗，最后不幸以身殉职，年仅 35 岁。敌人将杨靖宇的胃解剖后，发现里面只有树皮、草根和棉絮，日军被杨靖宇千古不朽的英雄形象所震惊，全体官兵脱帽致敬，俯首跪地表达对中国英雄的敬仰，纷飞的大雪为英灵送葬。

抗日民族女英雄赵一曼，“九·一八”事变后，被派往东北地区发动抗日斗争。1935 年秋，11 月间，东北抗日联军第 3 军第 2 团被日伪军围困于一座山间。时任第 2 团政治委员的赵一曼协助团长指挥作战，与敌激战数日，连续打退敌军 6 次进攻。团长让赵一曼带领部队突围。赵一曼果断地说：“你是团长，有责任将部队带出去，我来掩护！”赵一曼为掩护部队突围，身负重伤。后在珠河县春秋岭附近一农民家中养伤，被日军发现，激战中再度负伤，昏迷被俘。日军对她施以酷刑，用钢针刺伤口，用烧红的烙铁烙皮肉，逼其招供。她宁死不屈，严词痛斥日军侵略罪行。1936 年 8 月，在珠河被敌杀害。临刑前，她高唱《红旗歌》，高呼“打倒日本帝国主义！”“中国共产党万岁！”视死如归，从容就义，时年 31 岁。

为了缔造我们中华民族的这个幸福的社会主义的今天，永彪青史的无产阶级英雄模范，更是如璀璨的群星，难以胜数。新中国成立后，我们党成为执政党，始终坚持“立党为公，执政为民”的原则，毛泽东、周恩来、邓小平等老一辈无产阶级革命家为我们做出了光辉的榜样，雷锋、焦裕禄、王铁人、孔繁森，郑培民、任长霞、牛玉儒等时代先锋也给我们树立了好样子。他们的职业、职务、工作岗位不同，但他们模范行为的背后，都有一种共同的指导思想，这就是大公无私。这个大公就是全国人民的根本利益……他们一事当前，首先想到的是国家、集体、他人，把人民的利益看得比泰山还重。

党的好干部焦裕禄 1962 年 12 月，被调到兰考县担任县委书记。焦裕禄踏上兰考土地的那一年冬天，正是这个地区遭受连续 3 年自然灾害较严重的一年，全县粮食产量下降到历年最低水平。他从第二天起，就深入基层调查研究，他说：“吃别人嚼过的馍没味道。”他拖着患有慢性肝病的身体，在一年多的时间里，跑遍了全县 140 多个大队中的 120 多个。在带领全县人民封沙、治水、改地的斗争中，焦裕禄同志身先士卒，以身作则；风沙最大的时候，他带头去查风口、探流沙；大雨瓢泼的时候，他带头趟着齐腰深的洪水察看洪水流势；风雪铺天盖地的时候，他率领干部访贫问苦，登门为群众送救济粮款。他经常钻进农民的草庵、牛棚，同普通农民同吃、同住、同劳动。他把群众同自然灾害斗争的宝贵经验，一点一滴地集中起来，成为全县人民的共同财富，成为全县人民战胜灾害的有力武器。焦裕禄对同志对人民满腔热情。他常说，共产党员应该在群众最困难的时候，出现在群众的面前；在群众最需要帮助的时候，去关心群众、帮助群众。他的心里装着全县的干部群众，唯独没有他自己。他经常肝部痛得直不起腰、骑不了车，即使这样，他仍然用手或硬物顶住肝部，坚持工作、下乡，直至被县委强行送进医院。1964 年 5 月 14 日，焦裕禄被肝癌夺去了生命，年仅 42 岁。他临终前对组织上唯一的要求，就是“把我运回兰考，埋在沙堆上，活着我没有治好沙丘，死了也要看着你们把沙丘治好”。

五、天下为公是一种为大众谋福利的奉献精神

在中国封建社会的伦理纲常中，“天下为公”被看作个人“修身之要”，被看作人生价值的最集中体现。天下为公体现的是一种为大众谋幸福的奉献精神。早在反映中国西周时期的政治思想的《诗经》、《尚书·周官》、《左传》等典籍中，就有“夙夜在公”，“以公灭私，民其允怀”，“公家之利，知无不为”，“临患不忘国”的规范性要求。从哲学意义上来说，衡量人生价值的大小有着客观的标准，而最基本的标准，就是看一个人一生的全部活动，对社会进步和人民幸福所作贡献的大小。在中国传统道德中，从来就是把为“公”，把以人民大众和国家民族利益为重，看作崇高善良的美德，是无上光荣的举动；而把自私自利、损公肥私看作一种邪恶、一种罪过，是一种受人鄙视的、卑劣的思想和可耻的行为。这种伦理道德观念一直延续至今，并对中国人的人生观、价值观仍然发生巨大影响。正是在这一传统道德观念的长期影响和熏陶下，中华民族涌现出无数以“天下为公”的典范。他们从社会的需要出发，把个人的价值目标建立在对社会做贡献，为人民谋利益的基础上，处处把国家、民族、他人的利益放在前面，为了社会进步和人民的幸福甘愿牺牲个人的利益。

传说中的大禹时代，经常是暴雨肆虐，洪水泛滥，冲走庄稼，毁坏家园，人民在恶劣的环境中苦苦挣扎。大禹为了治理洪水，救民于危难，奔波劳顿于天下各疏水工程之间，“九年之间三过其门，闻呱呱之泣而不一省其子”。在九年的漫长岁月里，他三次走过自己的家门，甚至听自己孩子的哭声都没有停下为天下人操劳的步履，去与妻子、孩子作片刻的相会，他将自己的全部身心投入到为民众谋福利的治水事业。大禹一心为公、公而忘私的精神感动了其他人，大家齐心协力，终于治好了水患。人们为了感谢他，尊他为“禹神”，为他修庙筑殿。古人云：“人人好公，则天下太平。人人好私，则天下大乱。”大禹治水，是天下为公精神的体现，他之所以受到后人的怀念，就是因为他没有私利，做到了“公天下之身，公天下之物，其唯至人矣”。

千百年来，李冰父子修都江堰的故事一直流传于巴山蜀水乃至全国。李冰像大禹一样，被后人看作是“天下为公”的卓越代表。

约公元前 256～前 251 年，秦昭王派李冰到蜀郡出任蜀郡守。李冰到蜀郡时，川西平原水旱灾害经常发生，旱则赤地千里，涝则一片泽国，老百姓家家无隔夜之粮，无暖身之衣，百姓生活苦不堪言。李冰看到水灾给老百姓带来的无穷苦难，决心要把水利修好。他吸取了前任官员治蜀不重视治水的教训，根据人民希望根治水患的强烈愿望，认识到治蜀必须先治水。于是，他与儿子二郎，在当地几个有治水经验的老人引导下，跋山涉水，对岷江进行实地调查。他们征发民工在岷江流域兴修了很多水利工程，其中以“都江堰”最为著名，是镶嵌在“天府之国”上的一颗明珠。闻名中外的都江堰，就在李冰父子的精心设计和监造下完成了。这个工程集古代水利工程技术之大成，给当代乃至后代的千百万人民带来莫大的好处，真可谓造福人民、功德无量。“都江堰”这个伟大的水利工程，是由“鱼嘴”、“飞沙堰”和“宝瓶口”三个主要工程组成，这三者互相依赖、互相调节、互相制约，构成一座设计周密、布局合理、施工优质的水利枢纽工程。

李冰选择岷江自山地急进转入平原的灌县，作为施工筑堰的地方。这个伟大工程首先凿穿玉垒山，把这座山凿出近 20 米的缺口，叫做“宝瓶口”，把江水引到东边常发生旱灾的地方去。其次在江心填石筑分水堰，这个分水堤堰看来好像活鱼的嘴巴，所以叫做“鱼嘴”，把岷江分为外江和内江。外江是岷江的正流，内江又名都江，是都江堰灌溉工程的主要渠道。而宝瓶口可说是内江人工灌溉渠的总枢纽，类似现代堤坝的水闸，控制着交错复杂的灌水道，使成都平原成为千里良田，造福四川人民。“飞沙堰”工程建于内江右岸，是用竹笼装卵石筑成的低堰，它的作用是为内江分洪，在洪水期间内江水能从堰顶溢入外江，这就确保内江灌区的安全，保证了农业生产。都江堰这个世界最老、最成功的水利工程，不但位置选择适当，规划布局合理，就是鱼嘴分水、宝瓶口引水、飞沙堰溢洪的工程设计，都合乎现代“引水灌溉，分洪减灾”的科学原理。李冰的“天下为公”是一种群体主义精神，造福人民，富强国家，做到了“立德存乎至公”。都江堰建成后，控制了岷江的激流，使水势转为平缓，具有灌溉、防洪、航运等多种功能。四川从此沃野千里，旱则引水浸润，雨则堵塞水门，“水旱从人，不知饥馑，时无荒年，天下谓之天府也”。

上下五千年，以天下为己任者多如繁星，他们胸怀博大，高瞻远瞩，胸怀祖国，心忧天下；他们高风亮节，浩然正气，鞠躬尽瘁，死而后已。生活在春秋之际的孔子，为实现其“大同”的理想和抱负，率弟子周游列国，虽屡遭冷落，常受讥讽，但他矢志不渝，表现了他以匡世救民为己任的决心。墨家先师墨翟，为了天下利益，推行兼爱，不惜摩秃头顶，走破脚跟。汉武帝时，少年将军霍去病，为国忘家，马不卸鞍，衣不解甲，在抗击匈奴掠夺者的疆场上度过了戎马一生。实践着他“匈奴未灭，何以为家”的爱国名言。近现代以来，一心为公者的感人事迹更升华到了一个新的高度。清末留日学生陈天华，为了唤醒国民反对沙俄侵略中华，蹈海自尽，留下遗言：“坚忍奉公，力学爱国。”伟大的革命先驱孙中山“致力国民革命凡四十年”他曾不止一次地题写“天下为公”这四个大字，并以此为目标，全力以赴，执著追求。中国人民的领袖毛泽东，更是一位把天下为公精神弘扬到极点的马克思主义者，为了革命事业，毛泽东一家牺牲了六位亲人，丢失了四个儿女，他说：“我们干革命是为了造福下一代，而当时为了革命，又不得不丢下自己的下一代！”

天下为公并非只指大人物办的大事情，广义上，一个人有了“为公”的思想，为民办实事，就是天下为公，也就是古人提倡的“位卑未敢忘忧国”。

当年孙中山先生所书“天下为公”，是专门为中国电影先驱之一、中国纪录片之父黎民伟而题写的。黎民伟是广东新会人，为记录孙中山革命生涯和中华儿女英勇抵御外敌的珍贵历史画面，他曾拍摄反映孙中山在广东的革命活动、北伐、淞沪抗战等中国近代史重要事件的纪录片《勋业千秋》和《淞沪抗战纪实》。自 1913 年起，他拍摄了香港第一部故事短片《庄子试妻》、第一部故事长片《胭脂》、第一部新闻纪录片《中国竞技员赴日本第六届远东运动会》等。在中国电影界，黎民伟是第一个明确提出“电影救国”口号的人，也是最早有意识、有计划地将正在进行的大革命全面记录在胶片上，载入史册，为后人留下珍贵而形象的档案和第一手历史资料的艺术家。北伐刚刚开始的时候，黎民伟扛着笨重的摄影机，不顾自己的生命危险，在战火纷飞中拍摄了北伐军攻打惠州城的镜头，甚至还有他从飞机上俯拍战场的全景。这些战地摄影镜头，后来被剪辑成了在当时引起轰动的新闻纪录片《国民革命军海陆空大战》。为表彰黎民伟以摄影宣传革命的举动，孙中山特别为他书写了“天下为公”的墨宝，这也使黎民伟成为获此殊荣的唯一的一位电影人。非常遗憾的是，1941 年太平洋战争爆发时，黎民伟想将保存在香港的《国民革命军海陆空大战》等珍贵底片抢运回内地，可是船到广州湾时，遭日本飞机轰炸沉没，底片全部沉入海底。现在仅有极少数残缺不全的影片存世。

共产主义战士雷锋天下为公的故事更是家喻户晓。雷锋出身于湖南望城县一个贫农家中，7 岁就成了孤儿。在党和人民的培育下，雷锋从一个苦孩子成长为一个自觉的共产主义战士。他克己奉公，助人为乐，为集体、为人民做了大量的好事：把平时积存的 200 元钱无私奉献给抚顺人民公社建设和辽阳灾区人民，用自己的津贴费给丢了火车票的大嫂补票，主动帮助外出老人，利用闲暇时间担任校外辅导员……雷锋始终“把别人的困难，当成自己的困难；把同志的愉快，看成自己的愉快”。对自己他一向勤俭节约，艰苦奋斗，生活上从不乱花一分钱。1962 年，雷锋因公殉职，年仅 22 岁。1963 年 3 月 5 日，毛泽东主席亲笔题词“向雷锋同志学习”，全国掀起了学雷锋的高潮。雷锋精神开创了一代新风，它的实质和核心就是一种为共产主义而奋斗的无私奉献的精神；忠于党和人民、舍己为公、大公无私的奉献精神；立足本职、在平凡的工作中创造出不平凡业绩的“螺丝钉精神”；苦干实干、不计报酬、争做贡献的艰苦奋斗精神，归根结底就是全心全意为人民服务的精神。

和雷锋一样，张秉贵也是一个普普通通的劳动者，但他始终胸中有一团火，时刻温暖着顾客的心。张秉贵，1918 年出生于北京，17 岁到北京德昌厚食品杂货店当学徒。新中国成立后，人民有了自己的商业系统。1955 年秋，新建的北京百货大楼开张并招聘营业员，规定年龄在25岁以下，36岁的张秉贵前去参加招聘，因有多年的经商经验被破格录取。张秉贵认识到：人民是国家的主人，要为国家服务怎能不先为人民服务呢？他说："我们售货员要胸中有一团火，温暖顾客的心，树立'完全'、'彻底'为人民服务的思想。"北京百货大楼当时是全国最大的商业中心，客流量大，加之物资相对匮乏，顾客通常要排长队。一次，有两个女顾客悄悄评价他"服务态度还行，就是动作太慢"。张秉贵便下决心苦练售货技术和心算法，终于练就了"一抓准"和"一口清"的过硬本领。后来他又发明了"接一问二联系三"的工作方法，即在接待每一个顾客时，便问第二个顾客买什么，同时和第三个顾客打好招呼，做好准备。他在问、拿、称、包、算、收六个环节上不断摸索，接待一个顾客的时间从三四分钟减为一分钟。他还注意研究顾客的不同爱好和购买动机，揣摩他们的心理。为使说话亲切动人、言简意明，他又自学了语言学。赤诚的心和过硬的技术换来了荣誉。1957年，张秉贵被评为北京市劳动模范，1958年9月加入共产党，1959年参加了全国群英会。1978年，他又被北京市授予特级售货员称号，1979年被国务院授予全国劳动模范称号，成为商业战线上的一面旗帜，多次被授予优秀共产党员称号，当选为党的十一大代表，第五、第六届全国人大代表和常委。许多单位都邀请他去表演、讲课，作过一百多场正式报告，听众达十多万人次。他亲自传授技艺的徒弟也有25个，有的徒弟后来也成了"五一劳动奖章"获得者。

在当代像雷锋、张秉贵这样的人还有许多……

在广袤的豫东平原，李连成这人名字叫得很响。李连成是濮阳县庆祖镇西辛庄村党支部书记，心系群众，一心为民，廉洁勤政，甘愿吃亏，不忌前嫌，带领村民艰苦奋斗，稳定农业，发展工业，搞活商业，短短几年，把一个贫穷落后村，变成为年人均收入超过6 000元、两个文明同步发展的河南省文明村。他勇于进取，乐于奉献，甘于吃亏，深受村民的爱戴和尊敬，全体村民为自己的好支书赠送一块题为"一身正气甘心吃亏为百姓，两袖清风心底无私好楷模"的匾额，以表达崇敬感激之情。

作为一名普普通通的农村党支部书记，李连成何以赢得群众如此发自内心的爱戴？李连成常说，当干部就是要带头吃亏，只有干部肯吃亏，才能把群众的事情办好。为群众办事，李连成向来不计较个人得失。李连成上任后定了一条铁规矩：村里不设吃喝招待这项费用。当支书以来，他从未报过一分钱的招待费，也没让村里买过一盒烟、一瓶酒。他用自己所分红利买了一辆“夏利牌”轿车，后来为方便企业业务，就把车开到厂里供集体使用，多次大修都是自己掏钱。群众多次提出给他换辆新车，都被他拒绝。村里搞新村规划，李连成主动把自己建在村中心的二层小楼拆掉，把好宅基地让给别人，自己却选择了村南头一个偏僻的废坑塘，光垫宅基就花费了1.6万元。长期生活在农民群众之中，李连成最清楚他们盼望啥、反对啥。从当支书的第一天起，他就对全村人立下誓言：“我要是乱花村里的一分钱，就剁我的手指头！”更让村民们服气的是，李连成办事公道，讲究“一碗水端平”。凡是村里定了的事，任何人都不能改。村里明文规定：村办企业里，在全村劳力没安排完之前，不准外村人入股或上班。刚刚出嫁的女儿想入股，被李连成一口回绝；内侄儿想来村里上班，70多岁的老岳父跑几趟也没说动他，气得大病一场。为此，他把不少亲戚、朋友都得罪了，而对村里以前和自己有矛盾的人，他却跑前跑后忙着照应，有的还优先安排到厂里上班。时任中共中央政治局候补委员、中央书记处书记、中组部部长曾庆红到濮阳考察期间，专门听取了李连成的事迹汇报。他赞赏地说：“连成同志的事迹告诉我们很多道理。敢于自己吃亏，不让老百姓吃亏，这是李连成做好工作的秘诀呀！”

北京市公交总公司公汽一公司第一运营分公司21路公共汽车售票员李素丽说过这样一句话：“每一条公共汽车的线路都有终点站，但为人民服务没有终点站，我会永远用自己的真情和奉献同大家一起走向明天！”而李素丽的故事不知曾经感动过多少人。21路公共汽车北起北京北站，南到北京西站，沿线10公里分布14个车站。在这个平凡的岗位上，李素丽根据乘客的不同需求，给他们最需要的服务：老幼病残孕，怕摔怕磕怕碰，李素丽搀上扶下；“上班族”急着按时上班，李素丽尽量让他们上车；外地乘客容易上错车或坐过站，李素丽及时提醒他们；中小学生天性活泼，李素丽提醒他们：车上维护公共秩序，车下注意交通安全。李素丽习惯在车厢里穿行售票，车里人多，一挤一身汗，可她说："辛苦我一个，方便众乘客。"李素丽售票台的抽屉里总是放着一个小棉垫，那是她为抱小孩的乘客准备的，有时车上人多，一时找不到座位，李素丽就拿出小棉垫垫在售票台上，让孩子坐在上面……李素丽自1981年参加工作以来，20年如一日，在平凡的岗位上，把"全心全意为人民服务"作为自己的座右铭，用自己日复一日的劳动给人们带来真诚的笑脸、热情的话语、周到的服务、细致的关怀，真诚热情地为乘客服务，被誉为"老人的拐杖，盲人的眼睛，外地人的向导，病人的护士，乘客的贴心人，老百姓的亲闺女"。

有多少科学家为了全人类的幸福，不辞劳苦地进行科学探索，他们的研究成果，永久地成为人类享之不尽的硕果，在他们身上也同样体现出"天下为公"的思想。

被称为中国"两弹元勋"的邓稼先，当年为了试制祖国的核武器，毅然告别妻儿，来到位于大戈壁的军事禁区，隐姓埋名达28年。28个春秋过去了，中国有了自己的核武器，他却被癌症侵噬了肌体……临终前，他对妻子说的最后一句话是："我死而无憾！"邓稼先，1924年出生于安徽怀宁县一个书香门第之家。1935年，他考入志成中学，与比他高两届且是清华大学院内邻居的杨振宁结为最好的朋友。邓稼先在校园中深受爱国救亡运动的影响，1937年北平沦陷后秘密参加抗日聚会。在父亲安排下，他随大姐去了大后方昆明，并于1941年考入西南联合大学物理系。1945年抗战胜利时，邓稼先从西南联合大学毕业，在昆明参加了共产党的外围组织"民青"，投身于争取民主、反对国民党卖国独裁的斗争。翌年，他回到北平，受聘担任了北京大学物理系助教，并在学生运动中担任了北大教职工联合会主席。抱着学更多的本领以建设新中国之志，他于1947年通过了赴美研究生考试，于翌年秋进入美国印第安娜州的普渡大学研究生院。由于他学习成绩突出，不足两年便读满学分，并通过博士论文答辩。此时他只有26

岁，人称“娃娃博士”。

1950年8月，邓稼先在美国获得博士学位九天后，便谢绝了恩师和同校好友的挽留，毅然决定回国。同年10月，邓稼先来到中国科学院近代物理研究所任研究员。此后的八年间，他进行了中国原子核理论的研究。1954年，邓稼先加入了中国共产党。1958年秋，二机部副部长钱三强找到邓稼先，说“国家要放一个‘大炮仗’”，征询他是否愿意参加这项必须严格保密的工作。邓稼先义无反顾地同意，回家对妻子只说自己“要调动工作”，不能再照顾家和孩子，通信也困难。从此，邓稼先的名字便在刊物和对外联络中消失，他的身影只出现在严格警卫的深院和大漠戈壁。邓稼先就任二机部第九研究所理论部主任后，先挑选了一批大学生，准备有关俄文资料和原子弹模型。1959年6月，苏联政府中止了原有协议，中共中央下决心自己动手，搞出原子弹、氢弹和人造卫星。邓稼先担任了原子弹的理论设计负责人后，一面部署同事们分头研究计算，自己也带头攻关。在遇到一个苏联专家留下的核爆大气压的数字时，邓稼先在周光召的帮助下以严谨的计算推翻了原有结论，从而解决了中国原子弹试验成败的关键性难题。数学家华罗庚后来称，这是“集世界数学难题之大成”的成果。邓稼先不仅在秘密科研院所里费尽心血，还经常到飞沙走石的戈壁试验场。1964年10月，中国成功爆炸的第一颗原子弹，就是由他最后签字确定了设计方案。他还率领研究人员在试验后迅速进入爆炸现场采样，以证实效果。他又同于敏等人投入对氢弹的研究。按照“邓－于方案”，最后终于制成了氢弹，并于原子弹爆炸后的两年零八个月试验成功。这同法国用8年、美国用7年、苏联用4年的时间相比，创造了世界上最快的速度。1984年，他在大漠深处指挥中国第二代新式核武器试验成功。1986年7月29日，邓稼先去世。他临终前留下的话仍是如何在尖端武器方面努力，并叮咛：“不要让人家把我们落得太远……”邓稼先以他崇高的无私奉献精神，为我们树立了天下为公的典范。

六、天下为公与当代大学生树立共产主义远大理想

“天下为公”是中华民族最高的社会思想，也是中华民族传统美德思想体系中的一个重要组成部分。大同之世，天下为公：是中国古代儒家追求的理想社会，大同世界，最根本的特质是“天下为公”，只有人人树立天下为公的思想，才能实现一家。应当说，我们现在要努力实现的共产主义理想同中国历史上的“大同”理想有很多一致或相似之处。它们都是对未来社会制度的一种美好的向往和设想，都希望实现没有剥削、没有压迫、没有战乱和纷争，人与人之间和谐相处，人人共享太平的理想社会。正是从这个意义上说，马克思主义的科学社会主义、共产主义思想，无疑也是在继承了包括“天下为公”在内的人类一切优秀思想文化成果的基础上提出来的。正是“天下为公，世界大同”的精神境界，鼓舞并激励了中国共产党人，使他们自觉地也是自然地接受了马克思的共产主义理想。

但它们之间也有根本不同，共产主义的社会理想是基于对资本主义社会进行科学分析的基础上形成的，具有一定的阶级基础和实现的可能性；而历史上的“大同”理想都是没有现实基础的，只能是一种空想。况且以建立共产主义社会制度为最高奋斗目标的共产主义实践运动在世界上已经有 140 多年的历史了，在我国也有 80 多年的历史，我们现在所进行的建设有中国特色的社会主义实践，就是共产主义运动的一个实际步骤。实现共产主义的伟大理想是一个长期的、艰巨的任务，它需要很多代人的共同努力，不能遇到一点点挫折便动摇、怀疑或丧失信心，更不能因此就否认共产主义理想和共产主义实践的客观存在，或放弃对共产主义理想的追求。作为新世纪的一代青年，既要胸怀大志，又要脚踏实地把理想抱负与社会现实结合起来；既要关注世界，又要立足祖国，为实现共产主义贡献自己的聪明才智。

我国社会正处于社会主义的初级阶段，当代大学生是我国社会主义事业的建设者和接班人。这就要求青年们不仅要掌握先进的科学文化知识面，同时还要培养自己远大的理想和科学的世界观。一个人的

理想层次越高，其自身的才能发挥的就越快，其价值和社会价值就越大。从目前来讲，建设有中国特色的社会主义是现阶段我国各族人民的共同理想。建设有中国特色的社会主义理论是邓小平同志在总结中外社会主义发展历程中的经验和教训的基础上，创立起来的一整套用来指导中国社会主义建设的科学理论体系，是新时期马克思主义同中国实际相结合的产物。所谓共同理想，即是要在21世纪中叶，把我国建设成为富强、民主、文明的社会主义现代化国家。具体来讲，就是在经济上，人均国民生产总值达到中等发达国家水平，基本实现现代化；在政治上，建立人民当家作主的、具有中国特色的社会主义民主政治，实现政治生活、经济生活和整个社会生活的民主化；在文明程度上，要使整个中华民族的思想道德素质和科学文化素质得到极大提高，创造出以马克思主义为指导的，批判地继承历史传统而又充分体现时代精神的社会主义精神文明。这个共同理想深刻反映了我国各阶层劳动者的根本利益和共同愿望，它已经成为当前指引全体人民团结一致，共同奋斗，争取胜利的一面旗帜。作为新世纪的青年，应当深刻理解“天下为公”、“民为贵，社稷次之，君为轻”、“天下兴亡，匹夫有责”、“先天下之忧而忧，后天下之乐而乐”的警句名言，树立远大理想。懂得共产主义社会是人类历史发展的最高阶段，是最公平、最合理的社会制度。只有实现共产主义，才能真正实现“天下为公”的“大同世界”。共产主义不仅是人们的最高社会理想和道德理想，也是社会发展的总结，实践发展的必然归向。因此，当代大学生要继承中华民族“天下为公”的传统美德，以历代志士仁人及老一辈无产阶级革命家为榜样，逐步树立起共产主义世界观和人生观，树立大公无私的高尚道德品质，以天下为已任，从我做起，从身边的事情做起。在市场经济条件下，自觉遵守社会道德和法律，抑制拜金主义、极端利己主义和享乐主义的思想侵蚀，要正确认识和处理个人利益、集体利益和国家利益的关系，自觉地以国家、集体利益为重。

青年是祖国的未来，中华民族的繁荣富强要靠年轻一代的不懈奋斗，当代青年要继承中华民族天下为公的伟大精神，肩负起历史的重任，为实现中华民族的伟大复兴不懈奋斗！

第二章 自强不息

自强不息出自《周易·乾》“天行健，君子以自强不息”。其意是天上的日月星辰不分昼夜地永恒运转，并由此推动宇宙的年轮向前进，“天”是刚健前行的，君子应效仿天之“刚健”，张阳刚之气、健美之德，积极进取，永不停息。1914年冬，梁启超先生应邀到清华大学演讲，讲题就叫《君子》，用《周易》这句关于“天行健，君子以自强不息”激励清华学子发愤图强。在这里梁启超对“自强不息”作了如下的诠释：“乾象言君子自励犹天之运行不息，不得有一暴十寒之弊，且学者立志尤须坚忍强毅，虽遇颠沛流离，不屈不挠；若或见利而进，知难而退，非大有为者之事，何足取焉。人之生世，犹舟之航于海，顺风逆风，因时而异，如必风顺而后扬帆，登岸无日矣!”《老子》曰：“知人者智，自知者明。胜人者有力，自胜者强。知足者富，强行者有志。”能认知别人的人是机智的，能认识自己的人才算高明；战胜别人的人是有力量的，而战胜自己的弱点、缺点的人才算坚强。知道满足的人就是富有，努力勤奋的人就是有志气。朱熹在《四书章句集注·中庸》中说：“闻道有蚤莫，行道有难易，然能自强不息，则其至一也。”对于一个有志之士来说，不管年龄的大小，客观条件的好坏，自强不息是一种伟大的精神和品格。自强不息是中华传统道德的重要规范，也是中华民族精神的优秀传统。在中华民族漫漫五千年的历史中有过许多坎坷磨难，内部的动荡，外部的侵扰，天灾人祸，不断烙刻着深深的痛苦的印记，然而它都挺了过来，靠着一种顽强的民族生命力生存下来。文化精神绵延不断，历史传统一脉相承，这正是中华民族乐观、豁达、自信、进取的民族风范。

《周易》中说“天行健，君子以自强不息”。天地运行，永无已时，故称为健。“健”含有主动性、能动性和刚强不屈之义。君子效法天的意志品质，故应自强不息。自强不息要求人们自觉地努力向上，永远不懈怠，自胜自立，改革图强。自强不息的精神不仅铸造了历史悠久的中华文明，而且激励着中华儿女向着更加光辉的未来奋进。

在中国古代传统道德中，自强作为道德精神和规范，其主体不仅是指个人，而且也是指人民、国家和民族。《易经》所说的“自强不息”指的是君子；《墨子》所说的自强则包括朝政、理文、农稼、织工等各种职业群体；而《管子》所说的富强，其主体则是国家和民族。后来的各家各派以及名君名臣所说的自强，都包含有道德个体的自强内容，但更重要的还在于治国、平天下，在于推进国家和中华民族的自强。这里体现着中国古代思想家对道德主体的深刻理解。体现着儒家所说“得众动天”、“强我中华”的进取精神。

自强的道德精神，包含着改革进取的内容，这就是汤之盘铭记刻：“苟日新，日日新，又日新”，《易经》所说“通其变，使民不倦”。革新有的是讲时势变化，有的是讲礼法变迁，也有的只是讲某一方面的改革。“天行健”本身就是一种永恒的运动和变化，因此“自强不息”也就意味着永不满足现状，不断改革进取，应时以变，以开创之势治国、平天下。

今天，我们继承中华民族自强不息、改革进取的精神，对我国的社会主义现代化建设具有积极的现实意义。

一、自强不息是一种勇于攀登、敢于同艰难困苦作斗争的大无畏精神

自强不息，是中华民族崇高的民族道德精神，它激励中华儿女一代又一代地拼搏奋斗，改革进取。自从开天辟地以来，我们勤劳勇敢的祖先，披荆斩棘，铺路搭桥，谱写了一曲曲悲壮动人的颂歌。黄帝教民养蚕，制作舟车；炎帝斫木为耒耜，课民以农桑；尧帝设官定历，率民战胜旱灾；大禹为了治水，13 年走遍 9 个大州，疏通 9 个湖，开凿 9 座山，“三过家门而不入”，率百姓终于治服了水患。商周以来，涌现出许多奋发有为、励志图强、自强不息的思想家、政治家、军事家、科学家、教育家及无数能工巧匠。正是这种自强不息的精神，使中华民族能以造纸、指南针、火药和印刷术四大发明，为世界文明的

进步做出重大贡献。也正是这种自强不息的精神，激励着历代众多的杰出人物，开拓进取，奋斗不息，为国家、民族兴旺发展贡献出自己的聪明才智，使中华民族屹立于世界民族之林。

自强不息是一种对价值的追求，是一个人时刻的需求。一个人的一生，无论顺境或逆境，都应该自立自强。“百尺竿头，更进一步”。一个人无论事业上取得怎样的成就，都应该保持积极向上的精神。自强不息不仅仅是指超越别人，更是指超越自己。中国历史上从来都不乏自强不息的典范，他们功成名就，衣食无忧，生活无虑，家境富裕，但他们依然自强不息，奋斗不止。宋代大文豪苏轼，满腹经纶，诗词书画样样精通，堪称时之第一大才子，但他一生仕途坎坷，靠的就是豁达的心胸和自强不息的精神才渡过一个又一个难关，并在文学的长廊里留下灿烂的华章。文坛泰斗巴金，20 世纪 30 年代已是著名作家，到 80 年代仍然笔耕不辍，终于完成“一部说真话的大书”《随想录》；“亚洲飞人”刘翔夺得 110 米栏奥运冠军，成为世人瞩目的英雄，却将下一个目标锁定在打破世界纪录上；“水稻之父”袁隆平获得国际国内无数荣誉,仍在水稻研究方面孜孜追求……无数成功者的新目标、新追求昭示我们：成绩只能证明过去，决不能躺在已经取得的成绩上沾沾自喜，不思进取。

自强不息，不仅是指在常境和顺境中的奋斗，更是指在困境和逆境中的奋斗。自古以来，身处逆境而奋发有为者不胜枚举。从文王拘而演《周易》；仲尼厄而作《春秋》；屈原放逐，乃赋《离骚》；左丘失明，厥有《国语》；孙子膑脚，《兵法》修列；不韦迁蜀，世传《吕览》；韩非囚秦，《说难》、《孤愤》，《诗》三百篇，大抵圣贤发愤之所作也。到司马迁本人虽身受宫刑，但忍辱负重，发奋著书，终成《史记》；祖狄“闻鸡起舞”、“中流击楫”；蒲松龄落第不落志，以“有志者，事竞成，破釜沉舟，百二秦关终属楚；苦心人，天不负，卧薪尝胆，三千越甲可吞吴”，终成《聊斋志异》等，都堪称中华民族自强不息的典型。

伟大的思想家孔子赞赏“刚毅自强”精神，曰“岁寒然后知松柏之后凋也”，而他自己就是一个“发愤忘食，乐以忘忧”的圣人。孔子的一生，是自强不息的一生，无论在任何情况下，他总是以一种乐观、进取的精神对待人生。他一生“敏而好学，不耻下问”，孜孜以求，学而不厌；在教育事业上，他广收弟子，有教无类；循循善诱，在教学中他循循善诱，诲人不倦；在道德实践中，他不断反省自己，严以律已宽以待人，闻过则喜；为宣扬自己的政治主张和社会理想，他周游列国长达13年之久，饱受冷眼和饥寒，无数次的人生困厄都没有动摇他的理想和信念。他说：“士不可以不弘毅，任重而道远”，他坚韧不拔的毅力和为社会奉献的精神为后世树立了楷模。

西汉时期的司马迁，因为为投降匈奴的李陵辩护而获罪被处以腐刑，他承受了在当时士大夫阶层看来比死还难受的奇耻大辱，秉笔直书，写下了被鲁迅誉为“史家之绝唱，无韵之离骚”的《史记》；留下了富含哲理的“人固有一死，或重于泰山，或轻于鸿毛”的千古名句。

汉武帝天汉二年，又一次兴兵征讨匈奴。名将李广的孙子骑都尉李陵请求出击匈奴，武帝欣赏他的勇壮，派李陵为副帅率五千精兵和统帅李广利一起出击匈奴。李陵率五千精兵深入敌方腹地猝然遭遇了匈奴单于亲率的三万骑兵。两军大战，李陵孤军苦战，而李广利按兵不动。李陵让将士三处以上负伤的坐在车中，两处负伤的扶车随行，其余的仍旧跟随他死战不已，又使三千多敌骑横尸阵前。退入沼泽地的芦苇丛后，匈奴骑兵在上风向纵火，李陵突围退入山谷丛林中，匈奴军死伤惨重，李陵的军队也到了最危急的关头。他们退到了距过塞只有百余里的地方，却依然没有见到李广利的援军踪影，士兵们只好砍下车辐作为武器拼死战斗，一日之间，交战数十次，50万支弩箭消耗殆尽，陷入重围的李陵无助仰天长叹：只要再有几十支箭，就足以突围了。可惜英雄末路，箭尽兵败，全军覆没。李陵被俘降于匈奴。司马迁在《报任安书》中说：“李陵提兵卒不足五千，深践戎马之地，足历王庭，垂饵虎口，横挑强胡，仰亿万之师，与单于连战十几日，所杀过当，虏救死扶伤不给旃裘之君长咸震怖，乃悉徵左右贤王，举引弓之民，以国共攻而围之。转战千里，矢尽道穷，救兵不至，士卒死伤如積，然陵壹呼老军，士无不起躬流涕，沫血饮泣，张空拳，冒白刃，北首争死敌。”

李陵败讯传入长安，暴怒之下的汉武帝立即下令诛杀李陵全家，李陵派回的军使承受不了狂怒的责问，也被迫自杀身亡，群臣失色，纷纷随声附和，痛斥李陵叛国。这时与李陵平素交往不多，更谈不上什么感情和利害关系的司马迁却站出来为李陵辩护。他讲李陵平时的行为修养有国士之风，为人忠俭诚信，奋不顾身；讲李陵率偏师艰难转战，万死不顾一生；讲形势已无可奈何，身虽败没，功勋犹足以昭示天下，即便是自古以来的名将也不过如此而已。这样中肯的话汉武帝听不进去，他更不能容忍的是，如果肯定李陵的功绩，就不能不追究他本人作为最高策划者的失算。李广利是汉武帝宠姬李夫人的长兄，这次出征本来就是为了让他获取战功以享受恩宠，更何况这次出征又是汉武帝亲自发动以博取万世英名的。

而司马迁竟敢说这样的话。司马迁当即被指责为罔言诬蔑，企图诋毁贰师将军，为降将李陵开脱。他被定为死罪，投入监牢。依汉律，处死刑的人可以有两种减免的方法，或以重金赎死罪，或遭宫刑。司马迁家财不足以自赎；身陷囹圄，平时亲近交游的人更不敢替他说一句话，他只有选择死或者宫刑。

对于士大夫来说，可以选择的实际上只有一死，因为他们是士人。对于他们来说，行莫丑于辱先，诟莫大于宫刑。人格的尊严，是绝对不能受到玷污的。汉代大臣，如因犯法下狱，大多会自杀，这是他们对自己的节操和地位的尊重与维护：士可杀不可辱。死，不仅仅是对于肉体的，更是对于灵魂的。如果生命的终结真的只意味着一具皮囊的毁灭，而灵魂却会超脱永生的话，人对死亡的逼迫感不会那样急切，正因为灵魂也是与生俱灭的，所以死在某种程度上还意味着对一个生命的价值评判，因此中国有句古话：自古艰难唯一死。有人曾说：一个人年轻的标志，是可以为了一种理想去死；一个人成熟的标志，是可以为了一个理想而不死。敢于慷慨就死，自是一种浩然的英雄气概，而有的时候，敢于在极其艰难困苦的逆境中坚持下来，不以死来逃避追求的理想，更是一种大无畏。

司马迁面对宫刑奇辱的时候想到了忍辱佯疯的孙膑。司马迁想到了他的《史记》，想到了身为太史令的父亲的平生最大理想，他又想到了自己，20岁开始周游天下，搜求史料，踪迹几乎遍及全国。渡过泗水，寻访了韩信的轶事；南行会稽，考察过禹穴的遗址；在汨罗江畔，凭吊过屈原投江的悲愤；在芒砀山上，追想过高祖起兵的豪迈。汉武帝元封三年，38岁的他继任太史令，博览了政府收藏的大量历史书籍，并于太初元年开始动手撰写《史记》，这是一部上自传说中的黄帝，下至现世，纵贯三千余年的巨大史篇。在他的预想中，这部史书将纵论宇宙人生、自然社会，通究古今以来的沧桑变化，树立一家之言。为了这部书，他不能选择死。

苏醒之后，他变得沉郁而坚毅。在阴冷的狱中他艰难地继续写作，他把自己的激情、悲哀、痛苦都倾注到笔端，倾注到他为之隐忍苟活、呕心沥血的伟大史卷之中。经过几十年日日夜夜，一个字一个字地刻在竹简上，终于写成52万多字的巨著《史记》。

《史记》是中国历史上第一部纪传体史书，这部巨著从此奠定了史学界近两千年的传统。司马迁笑傲生死，以顽强的意志拼搏，获得了生命的升华。司马迁备受人生奇耻大侮，忍辱负重完成《史记》，因此《史记》中常常寓寄着他对人生荣辱的说明，也记载着他自强不息勇于同命运抗争的探索。

面对人生挫折，人们无不希望变挫折为坦途、赢得人生辉煌，但要战胜挫折，关键在于自身的发愤图强，努力奋斗。古谚曰“失败是成功之母，苦难乃人生财富”，其本意在于引导人们对挫折认真总结，吸取人生教训，科学地调整自己，积极寻求战胜挫折的方法。这样，挫折就如同“人生的良师”，引发我们变坏事为好事，一步一步地走向成功。如果在挫折面前消极忍耐，怨天尤人，甚至自暴自弃，那么苦难永远是苦难，挫折始终是挫折。战国时期的孙膑在人生挫折面前，想到的不是放弃，而是选择了奋起，与人生的逆境抗争，紧紧扼住命运的咽喉，做生活的强者，通过自己的艰苦奋斗，最终赢得命运女神的青睐。

战国时期，是一个群雄并起、雄才纷涌的时代，才华绝世的孙膑被嫉妒贤能的同窗、时在魏国身居高位的庞涓欺骗诬陷而下狱。庞涓将孙膑处以膑足、黥面的残忍刑罚，被剜却了膝盖骨的孙膑从此无法站立，面部被刺上字的孙膑从此要永远把耻辱刻在脸上，庞涓要看着孙膑绝望地乞求挣扎，直至像狗一样卑贱地死在他的脚下。对于天才来说,最残酷的戏弄就是强迫他在屈辱和无所施展的卑琐中苦度残生。孙膑可以去死，对于肉体来说，死意味着从所有痛苦屈辱中一下子解脱出来。但他没有选择死，他在猪圈里披头散发地装疯，把粪塞进嘴里大嚼，又哭又叫，等到看守他的人以为他真的疯了放松对他的看守时，他便暗中爬着拜访了齐国访魏的使臣。齐国使者感佩他的才华，便把他藏在使团的车里，帮他逃到了齐国。他终于运用自己非凡的智慧两度大败魏军，使庞涓身败自杀，为齐国也为自己报仇雪耻，同时他又为后人留下了不朽的《孙膑兵法》，他的英名永标史册。孙膑的故事昭示后人：对有志者而言，只要有无坚不摧的意志和远大的抱负就可以战胜任何艰难险阻实现自己的理想。

有人说“苦难是坚强者磨行意志的磨刀石，也是懦弱者自甘堕落的滑梯”。唐代高僧鉴真自强不息东渡日本的故事又一次对这句话进行了检验。故事中那位受人顶礼膜拜的长者，他的执著、他的信仰以及为信仰而奋斗的无畏和锲而不舍的精神不知感动过多少人。鉴真为了去日本讲学以传承佛学光芒的宏愿，一生共 6 次艰辛东渡。鉴真第一次东渡是在 55 岁时，可因被人诬陷而未能实现。第二次东渡，船出长江口就受风击破损，不得不返航修理。第三次出海，航行到舟山海面又因触礁而告失败。鉴真并不气馁，毅然第四次东渡，但不幸又失败了。鉴真进行第五次东渡，在海上漂流了 14 天后，到了海南岛南端的崖县，鉴真本人也因长途跋涉，暑热染病，双目失明。这时的鉴真已是 63 岁的天命之年，但他仍然初衷不改，在 66 岁那年以非凡的毅力与气魄第六次东渡，终于胜利抵达日本。在日本介绍了许多佛教教义。从此鉴真高僧不顾海波恶浪途程艰险，东渡日本讲学传经的故事在民间广为流传，成为后世学习之典范。

古今中外一切杰出人物，没有一个是一帆风顺走向成功的。在失败和不幸面前，他们无不是选择了发愤图强之路。唐人李咸有诗：“眼前多少难甘事，自古男儿当自强。”正是自强，才有了孟子平治天下，舍我其谁的豪迈；才有了司马迁含垢忍辱，“发奋著书”的坚忍；才有了曹操“老骥伏枥，志在千里”的雄心；才有了岳飞的“从头收拾旧山河”的爱国激情……在追求真理的漫漫长途之上，在人生的曲折坎坷之中，在保卫国家免遭外敌入侵的危难时刻，仁人志士用自己的行为实践着自强不息的誓言，书写着大大的人字。

孔子、司马迁、孙膑、诸葛亮、鉴真的自强不息令人感动，令人敬佩。而从古至今，中华民族伟大历史长河中尤其是到了近代以来，涌现出的像鉴真、司马迁一样的可歌可泣的英雄与圣贤则犹如天下繁星，数不胜数。自强不息、拼搏进取是中华民族的传统美德，是中华民族精神的象征，而拼搏进取则是自强不息的一项十分重要的内容。我国画坛一代宗师徐悲鸿青年时代的一段感人故事，淋漓尽致地诠释了这一内涵，他的崇高品质着实让人感动。

徐悲鸿早年在巴黎高等美术学院留学，他以勤奋好学赢得了绘画大师达仰的喜爱，却引起了一些人的嫉妒。有一次，同在美术学院学习的一位法国学生指着他说：“别以为进了达仰的门就能当画家，中国人愚昧无知，天生就是当亡国奴的料，就是把你们送到天堂去深造，天天让达·芬奇手把手地教，也成不了才！”徐悲鸿不允许外国人侮辱自己的祖国和同胞，他当面驳斥并提出了挑战：“先生，你不是说中国人不成才吗？那好，我代表我的祖国，你代表你的祖国，我们来比一比，等毕业的时候，看看谁能够成为真正的人才！”理屈词穷的外国人走了，但徐悲鸿却从此努力奋斗，发愤苦学。1924年，最终的决战开始了，他以无可争议的高水平作品在法国公开展出，轰动了整个法国美术界，不仅为他自己也为祖国争得了荣誉。“人不仅是为自己而生，而且也是为祖国活着。”就像柏拉图所说的一样，徐悲鸿用自己出色的表现，证明了自己的祖国并非是一个愚昧无知的国度，中国人也决非亡国奴。他说过一句话：“人不可有傲气，但不可无傲骨。”正是这句话使他成为画坛一代宗师，也正是这句话驳斥了那位侮辱我们祖国和同胞的外国人。

信念，理想，是使人奋斗的精神支柱和力量。徐悲鸿以祖国的富强为理想，以为祖国争光为信念，更显出他的难能可贵。只有对祖国怀着深厚的感情，才能迸发出无穷的力量；也只有以自身拼搏的行为，才能报效伟大的祖国。

随着社会的进步，自强不息被不断赋予新的时代内涵。20岁上不幸身染重病下肢瘫痪的史铁生，痛苦思索，探寻出路，经过长时间的努力，从一个初中毕业生最终成为著名的作家；体操赛场上不幸受伤以致瘫痪的小桑兰，她勇敢地面对自身的不幸，一直微笑着接受人生的痛苦，自强不息，现在成了《凤凰卫视》著名的节目主持人。这样的事例是很多的，他们的奋斗，无不是自强不息精神的激励。

自强不息，照亮了人生前途的不仅是史铁生、桑兰，还有“2006年感动中国”的洪战辉。洪战辉是河南省周口市东下镇洪庄村人，12岁那年他小学毕业时，家庭生活发生了改变。这年农历小年，患有间歇性精神病的父亲从外面带回了一个弃婴。家里太穷，负担不起哺育女婴的花费，母亲让洪战辉把女婴送人。洪战辉无奈地走出家门，抱着女婴走在刺骨的寒风中，一种爱怜油然而生，不忍心的他哭着又拐回了家。他对母亲说：“不管怎样，我不送走这个小妹妹……你们不养，我来养！”女婴留下了，洪战辉给她起名为洪趁趁，小名“小不点”。由于父亲患病，一旦没有药物维持，他就不可抑制地要狂躁。一旦发病，常常见谁打谁，家庭的重担全部压在目不识丁的母亲身上，她还经常遭受父亲无缘无故的毒打。

1995年秋天的某一天，洪战辉看到母亲吃完午饭，一直在蒸馒头，直到馒头多得足可以让一家人吃一个星期之后，她才停了下来。妈妈做这么多馒头干什么呢？洪战辉很纳闷。直到第二天早上不见了母亲，洪战辉才什么都明白了！家庭重担、丈夫的拳头，让母亲不堪重负，她选择了逃离。抱着“妹妹”，坐在冷清的房间里，洪战辉的眼泪流了下来。妈妈走了，父亲是病人，刚刚才1岁的“小不点”怎样才能带大。久坐之后，洪战辉告诉自己：既然一切已无法改变，那就承担吧。

那时候真的很难，因为家里太穷，“小不点”饿的时候不知道该让她吃什么。为了买奶粉养妹妹，洪站辉从小学时就做起了小贩，在附近的集市上，冬天卖鸡蛋，夏天卖冰棍。实在没钱的时候，有时就带着妹妹到有小孩的人家借口奶吃。喂奶是最难的，洪战辉知道温度应该适宜，他就将调好的奶水先倒点在手臂上，感觉不冷也不烫了才喂妹妹。吃饱了的“小不点”还算听话，洪战辉只要上学前和中午及时回来喂奶两次，她也并不哭闹。难熬的是晚上，也许是因受了惊吓，每到夜深，“小不点”就要哭闹一场。这时，洪战辉毫无办法，他不知道怎样哄她，只是抱起她来，拍打着她，在屋里来回走动。他还想着给“小不点”补充营养，最多的时候，是上树掏鸟蛋给妹妹做鸟蛋汤，为此，他不止一次从树上摔下来。

洪战辉挺直少年的脊梁承载着并且前行。1997 年，“小不点”3 岁了，洪战辉也顺利地完成了初中学业，成为东小镇中学考上河南省重点高中西华一中的三个学生之一。高中的学习不会再像初中那么空闲，更何况还要离开家到学校住读，抚养妹妹的难度无形中增大了好多，洪战辉想到了放弃。“接到高中录取通知书时，是我最困难的时候，当时我就想找到‘小不点’的亲生母亲，把她送回去，但没有成功。从那时开始，我已经切实感受到我和‘小不点’之间的亲情无法割舍。”

这年 9 月 1 日，考虑再三后，洪战辉带着“小不点”来到西华一中。他在“小不点”父母所给的 1 000 元中留下 500 元给父亲做药费，用余下的 500 元加上假期里打工所挣的钱交了学费。他在离学校不远的远房伯伯家借了间房，安置“小不点”，也作为自己的住处。两人的生活是需要钱来支撑的。为此，洪战辉还在校园里利用课余时间卖起了学习书籍。一次课余时间，他去别的班级卖书，不巧被那个班的班主任碰到，他被不明情况的班主任毫不留情地赶出了教室。

边挣钱边学习边照顾“小不点”，还得定时回家给父亲送药，在艰难中洪战辉熬了过来。然而，就在洪战辉进入高二时，父亲的病情恶化了，必须住院治疗。于是，洪战辉只得休学挣钱为父亲治病。

怀着不屈的信念，经过不懈的拼搏，2003 年 6 月，洪战辉终于走进了高考考场。7 月，高考成绩公布，洪战辉的分数过了专科线。在填报志愿时，洪战辉以收费最低廉为选择标准，最终报了湘西本科综合类名校——湖南怀化学院。

考上了大学，但学费也成了洪战辉的难题。在假期里，他在一弹簧厂打工挣了 1 500 元。考虑到学费还无法交清，去的又是新地方，开学的那段时间，洪战辉没有带“小不点”过去。他将“小不点”托付给伯母照顾，只身来到了怀化。

课余时间里，洪战辉在校园里卖过电话卡，为怀化电视台《经济E时代》栏目组拉过广告，还给一家电子经销商做销售代理。系领导得知他的真实情况后，问他有什么要求，他提出想带着失学在家的妹妹一起来上学。怀化学院的领导经过考虑，同意洪战辉将“小不点”接来，并单独给他安排了一间寝室，方便他照顾妹妹。随后，洪战辉来到学院附近的怀化市鹤城区石门小学，找到校长，提出了妹妹插读的要求，校长也同意了。从此，“小不点”又回到洪战辉身边，在艰苦的日子里，两“兄妹”尽享亲情之乐。2005 年 7 月，“小不点”在石门小学组织的期末考试中，语文考了 94 分，数学考了 96 分，并被学校授予“十佳少年”的光荣称号。看着“小不点”的奖状，洪战辉感触万千，“这个时候，我最幸福。”

他的生活从没希望中走出了希望。考入大学后，每年春节回家，他都能欣慰地看到父亲病情大有好转，2004 年底，母亲感到了愧疚，回到了久别的家中。洪战辉携妹求学 12 载的故事，经全国多家媒体的报道后，已成为近期社会关注的焦点，不断有人表示愿意捐款，以帮助他抚养妹妹。令人意想不到的是，12 月 8 日，洪战辉在某媒体上发表公开信，洪战辉在向关心他与妹妹的人表示感谢的同时，明确提出他可以养活自己和妹妹，不需要任何社会捐款。“我的态度是，我决不会在网上和媒体上公布自己的账号，也请大家务必注意，去年就有人冒充我的老师，以我的名义在网上公布捐款账号。不接受捐款，是因为我觉得一个人自立、自强才是最重要的。苦难和痛苦的经历并不是我接受一切捐助的资本。我现在已经具备生存和发展的能力！这个社会上还有很多处于艰难中而又无力挣扎的人们！他们才是需要帮助的！”

“自强不息”和“自暴自弃”是两种完全对立的精神状态和行为举动。中华民族一贯赞誉这种自我超越、不断进取的高尚品质。孟子从反面强调“自弃者，不可与有为也”，一个人，哪怕是天纵奇才，自暴自弃也终不能成就大事业。古人对“饱食终日，无所用心”，“惰其四肢”，“自暴自弃”严加批评：“蚕吐丝，蜂酿蜜，人不学，不如物。”自暴自弃的人对艰难的事、容易的事都不去做，只想坐享其成，到头来只能是一个向隅而泣的可怜虫。孟子讲到这种可怜虫时有云：“言非礼义，谓之自暴也；吾身不能居仁由义，谓之自弃也。”这样的人甘于落后，不求上进，别说前途、成就，连安身立命的基础也没有了。

自强不息的主体不仅是指个人，而且也是指人民、国家和民族。墨子认为：“今也王公大人之所以蚤朝晏退，听狱治政，终朝均分，而不敢怠倦者，何也？曰：彼以为强必治，不强必乱；强必宁，不强必危，故不敢怠倦。今也卿大夫之所以竭股肱之力，殚其思虑之知，内治官府，外敛关市山林泽梁之利，以实官府而不敢怠倦者，何也？曰：彼以为强必贵，不强必贱；强必荣，不强必辱，故不敢怠倦。今也农夫之所以蚤出暮入，强乎耕稼树艺，多聚菽粟，而不敢怠倦者，何也？曰：彼以为强必富，不强必贫；强必饱，不强必饥，故不敢怠倦。”在墨子看来，无论是王公大人、卿大夫，还是农夫，织工，都要自强不息。只有自强不息，才能不断改善个人和社会的生存状态。在中华民族几千年来用自己的智慧和血汗所绘制的历史画卷中，无论是小邦周灭大国殷，边陲小国秦灭六国一统天下，还是越王勾践、燕昭王复国雪耻，特别是近代以来中华民族反抗西方资本主义列强，最终在中国共产党的领导下由“东亚病夫”走上富强之路的历史事实，都在向我们诉说着这样一个道理：一个民族要不断地发展壮大、一个国家要自强于世界民族之林，就必须发扬自强不息的精神，不断地拼搏奋斗。

二、自强不息是一种为国为民的献身精神

中国传统道德的核心及其一贯思想，就是强调为社会、为民族、为国家、为人民的整体主义思想。可以说一切传统美德都是围绕着这

一整体精神而展开的。《诗经》中提出的“夙夜在公”，贾谊《治安策》中提出的“国而忘家，公而忘私”等，都不断强调着一种为国家为民族而献身的精神。自强不息是报效国家和民族的必由之路。自强不息是指人们为了国家、民族和人民的共同利益和共同理想，不畏艰难、顽强拼搏、锐意进取、奋发向上的精神风貌。自强不息作为中国传统道德精神，不是闭门修养，光自己做“圣人”，“修身齐家”是为了“治国平天下”，就是内心要修养得像圣人那样高尚、纯洁，同时要积极参加社会事务，积极改造社会，造福人民，即“得志泽加于民，不得志修身见于世。穷则独善其身，达则兼济天下”。历史上大凡忧国忧民的爱国志士往往也是以身许国、报效祖国的民族英雄。所谓以身许国，即是无条件地把自己的身家性命奉献给国家，用自己的实际行动报效祖国，为祖国的独立、富强“发愤忘食”，胼手胝足乃至牺牲生命。中华民族上下五千年之所以能够经历磨难而不衰，饱尝艰辛而不屈，千锤百炼而愈加坚强，巍然屹立于世界民族之林，凭的是一种顽强的民族生命力，凭的是我们中华民族仁人志士在国家危难之时勇于舍身奋斗的献身精神！每当国运危难时就会有一批改革家不计个人得失，忧心国事，“先天下之忧而忧，后天下之乐而乐”，励精图治，进行社会改革；每当统治者残暴无道之时，就会有一些刚正直谏之臣不顾个人安危，犯颜直谏，还会有那些不屈的斗士，挺身而出，为真理、为正义而斗争；每当外敌入侵、国难当头之时，就会有一批仁人志士勇敢地走出来，用他们的血肉之躯筑起卫国新长城。诸葛亮“鞠躬尽瘁，死而后已”的名句是这种不息的民族之魂的最好注脚。

“怒发冲冠，凭阑处、潇潇雨歇。抬望眼，仰天长啸，壮怀激烈。三十功名尘与土，八千里路云和月。莫等闲、白了少年头，空悲切。靖康耻，犹未雪；臣子恨，何时灭！驾长车、踏破贺阑山缺。壮志饥餐胡虏肉，笑谈渴饮匈奴血。待从头、收拾旧山河，朝天阙。”岳飞的这首《满江红》激励人心，气壮山河，成为永传后世的千古绝唱。岳飞少时勤奋好学，并炼就一身好武艺。19岁时投军抗辽。不久因父丧退伍还乡守孝。1126年金兵大举入侵中原，岳飞再次投军，开始了他抗击金军的戎马生涯。传说岳飞临走时，其母在他背上刺了“精忠报国”四字。岳飞投军后，很快因作战勇敢升秉义郎，不久金军攻破开封，俘获了徽、钦二帝，北宋王朝灭亡。次年，赵构建立南宋王朝，岳飞上书高宗，要求收复失地，被革职。不久随东京留守宗泽守卫开封，以战功转武功郎。宗泽死后，从继任东京留守杜充南下。

南宋建炎三年(1129 年)，金将兀术率金军渡江南侵，岳飞移军广德、宜兴，坚持抵抗，攻击金军后防。次年，岳飞在牛头山设伏，大破金将兀术，收复建康(今江苏南京)，金军被迫北撤。之后，岳飞升任通州镇抚使，拥有人马万余，建立起一支纪律严明、作战骁勇的抗金劲旅“岳家军”。绍兴三年(1133 年)，岳飞因剿灭李成、张用等“军贼游寇”，得高宗所奖“精忠岳飞”的锦旗。次年他又率部击破金傀儡伪齐军，收复襄阳、信阳等六郡。岳飞也因功升任清远军节度使。

绍兴五年，岳飞率军镇压、收编了杨么领导的农民起义军。随后驻军鄂州(今湖北武昌)，派人渡河联络太行义军。他屡次建议高宗大举北进，但都为高宗所拒绝。绍兴九年，高宗、秦桧与金议和，岳飞上表反对。次年，兀术进兵河南。岳飞奉命出兵反击。相继收复郑州、洛阳等地，在郾城大破金军精锐铁骑兵“铁浮图”和“拐子马”，乘胜进占朱仙镇，距开封仅四十五里。兀术被迫退守开封，金军士气沮丧，发出“撼山易，撼岳家军难”的哀叹，不敢出战。岳飞善于谋略，治军严明。在其戎马生涯中，他亲自参与指挥了 126 仗，未尝一败，是名副其实的常胜将军。

在朱先镇，岳飞招兵买马，积极准备渡过黄河收复失地，直捣黄龙府。两河义军也纷起响应。这时高宗、秦桧却一心求和，连发十二道金字牌班师诏，命令岳飞退兵。岳飞壮志难酬，只好挥泪班师。

岳飞回临安后，即被解除兵权，任枢密副使。不久被诬谋反下狱。绍兴十一年(1141 年)十二月二十九日，以“莫须有”的罪名与子岳云及部将张宪同被害于临安风波亭。宁宗时被追封鄂王。

明代以来，西方列强纷纷把爪牙伸向了中国，他们掠夺我财物，蹂躏我人民，瓜分我领土，无恶不作，残暴至极。面对着西方列强的侵略掠夺，中华民族的优秀儿女“结我团体，振我精神”，同帝国主义进行着前仆后继、不屈不挠的斗争，使得帝国主义无法灭亡中国，也永远不能灭亡中国。他们保家卫国、抵御外侮的浩然正气表现着中华民族“有同自己的敌人血战到底的气概”，有洗刷国耻、光复旧物的决心，有自立于世界民族之林的能力。

明世宗的时候,有一批日本的海盗经常在我国东南沿海一带骚扰。他们和中国的土豪、奸商勾结，到处抢掠财物杀害百姓，闹得沿海不得安宁。历史上把这种海盗叫做“倭寇”。

公元1553年，在汉奸汪直、徐海的勾结下，倭寇集结了几百艘海船在浙江、江苏沿海登陆，分成许多小股，抢掠了几十个城市。沿海的官吏和兵士不敢抵抗，见了倭寇就逃。

倭寇侵略越来越严重，使躲在深宫里的明世宗也不得不发愁了，叫严嵩想法子对付。严嵩的同党赵文华想出一个主意，说要解决倭寇侵犯，只有向东海祷告，求海神爷保佑。明世宗居然相信赵文华的鬼话，叫他到浙江去祷告海神。后来，朝廷派了个熟悉沿海防务的老将俞大猷(音 yóu)去抵抗。俞大猷一到浙江，就打了几个胜仗。但是不久，浙江总督张经被赵文华陷害，俞大猷也被牵连坐了牢。沿海的防务没人指挥，倭寇的活动又猖獗起来。朝廷把山东的将领戚继光调到浙江，才扭转了这个局面。

戚继光是我国历史上著名的民族英雄，山东蓬莱人。他到了浙江，先检阅那儿的军队，发现那些军队纪律松散，根本不能够打仗，就决心另外招募新军。他一发出招兵命令，马上有一批吃够倭寇苦的农民、矿工自愿参军，还有一些愿意抗倭的地主武装也参加了进来。戚继光组织的新军很快发展到四千人。

戚继光是个精通兵法的将领，他懂得兵士不经过严格训练是不能上阵的。他根据南方沼泽地区的特点，研究了阵法，亲自教兵士使用各种长短武器。经过他严格训练，这支新军的战斗力特别强。“戚家军”的名气就在远近传开了。

过了几年，倭寇又袭击台州(今浙江临海)一带，戚继光率领新军赶到台州。倭寇在哪里骚扰，他们就打到哪里。那些乱七八糟的海盗队伍，哪儿是戚家军的对手，交锋了九次，戚家军一次次都取得胜利。

最后，倭寇在陆地上呆不住，被迫逃到海船上，戚继光又用大炮轰击。倭寇的船起了火，大批倭兵被烧死或掉到海里淹死，留在岸上的也只得乖乖投降。

倭寇见到浙江防守严密，不敢再侵犯。第二年，他们又到福建沿海骚扰。一路倭寇从温州往南，占据了宁德；另一路倭寇从广东往北，盘踞在牛田。两路敌人互相声援，声势很大。福州的守将抵挡不了，向朝廷告急。朝廷又派戚继光援救。戚继光带了新军赶到宁德，打听到敌人的巢穴在宁德城十里外的横屿岛。那儿四面是水，地形险要。倭寇在那儿扎了大营盘踞，当地明军也不敢去攻打他们。

戚继光亲自调查了横屿岛的地形，知道那条水道既不宽，又不深。当天晚上潮落的时候，戚继光命令兵士每人随身带一捆干草，到了横屿对岸，把干草扔在水里。几千捆干草扔在一起，居然铺出了一条路来。戚家军兵士踏着干草铺成的路，神不知鬼不觉地插进倭寇大营。经过一场激烈战斗，盘踞在岛上的两千多个倭寇全部被歼灭。

戚家军攻下横屿，立刻又进兵牛田。到了牛田附近，戚继光传出命令，说："远路进军，人马疲劳，先就地休整再说。"这些话很快传到敌人那里。牛田的倭寇真的相信戚家军暂时停止进攻，防备也就松懈下来。就在当天晚上，戚继光下令向牛田发起总攻击。倭兵毫无准备，匆促应战，禁不住戚家军猛攻猛冲，纷纷败退。倭寇头目率领残兵逃到兴化，戚家军又连夜跟踪追击，一连攻下了敌人六十多个营寨，消灭了溃逃的敌人。到天色发白的时候，戚家军开进兴化城。城里的百姓才知道附近的倭寇已被戚家军消灭。大家兴高采烈，纷纷杀牛带酒，到军营来慰劳。

第二年，倭寇又侵犯福建，攻下兴化。这时候，俞大猷已经复职。朝廷派俞大猷为福建总兵，戚继光为副总兵。两个抗倭名将一起，大败倭寇，收复兴化。公元 1565 年，俞、戚两军再次配合，大败倭寇。到这时候，横行几十年的倭寇被基本肃清了。

郑成功从荷兰侵略者手里收复了我国神圣领土台湾，成为我国历史上杰出的民族英雄。郑成功少年时期就跟随他父亲到过台湾，亲眼看到台湾人民遭受的苦难，早就想收复台湾。他下决心赶走侵略军，就下命令要他的将士修造船只，收集粮草，准备渡海。

公元1661年3月，郑成功要他儿子郑经带领一部分军队留守厦门，自己亲率两万五千名将士，分乘几百艘战船，浩浩荡荡从金门出发。他们冒着风浪，越过台湾海峡，在澎湖休整几天，准备直取台湾。这时候，有些将士听说西洋人的大炮厉害，有点害怕。郑成功把自己乘坐的战船排在前面，鼓励将士说："荷兰人的红毛火炮没什么可怕，你们只要跟着我的船前进就是。"郑成功利用海水涨潮的时机，驶进了鹿耳门，登上台湾岛。台湾人民听到郑军来到，成群结队推着小车，提水端茶，迎接亲人。躲在城堡里的荷兰侵略军头目气急败坏地派了一百多个兵士冲来，郑成功一声号令，把敌军紧紧围住，杀了一个敌将，敌兵也溃散了。侵略军又调动一艘最大的军舰"赫克托号"，张牙舞爪地开了过来，阻止郑军的船只继续登岸。郑成功沉着镇定，指挥他的六十艘战船把"赫克托号"围住。郑军的战船小，行动灵活。郑成功号令一下，六十多只战船一齐发炮，把"赫克托号"打中起了火。大火熊熊燃烧，把海面照得通红。"赫克托号"渐渐沉没下去，还有三艘荷兰船一看形势不妙，吓得掉头就逃。

荷兰侵略军遭到惨败，龟缩在两座城里不敢应战。他们一面偷偷派人到巴达维亚(今爪哇)去搬救兵，一面派使者到郑军大营求和，说只要郑军肯退出台湾，他们宁愿献上十万两白银慰劳。郑成功扬起眉毛，威严地说："台湾本来是我国的领土，我们收回这地方，是理所当然的事，你们如果赖着不走，就把你们赶出去！"

郑成功呵退荷兰使者，派兵猛攻赤嵌。赤嵌的敌军还想顽抗，一时攻不下来。有个当地人给郑军出个主意说，赤嵌城的水都是从城外高地流下来的，只要切断水源，敌人就不战自乱。郑成功照这个办法做了，不出三天，赤嵌的荷兰人果然乖乖地投降。盘踞台湾城的侵略军企图顽抗，等待救兵。郑成功决定采取长期围困的办法逼他们投降。在围困八个月之后，郑成功下令向台湾城发起强攻。荷兰侵略军走投无路，只好扯起白旗投降。公元1662年初，侵略军头目被迫到郑成功大营，在投降书上签了字后，灰溜溜地离开了台湾。

林则徐是我国近代第一位民族英雄。一百多年来，林则徐这个光辉的名字，已成为鼓舞中国人民维护祖国尊严、抵御外侮的精神力量。林则徐虎门销烟，大长中国人民的志气。1838 年，林则徐在湖广总督任上，是时鸦片已成为严重弊害。林则徐颁布了六条禁烟章程，实行禁烟，取得一定效果。他从烟毒泛滥中预见到“贫民”、“弱种”的深远后患和“兵弱银涸”的政治危机，上书道光帝，痛陈鸦片之害，主张严禁鸦片。12 月，道光帝召林则徐到北京，任命他为钦差大臣，节制广东水师，到广州查禁鸦片。1839 年 3 月，林则徐到达广州。他与两广总督邓廷桢等采取措施，坚决惩办鸦片贩子，迫使外国鸦片商交出鸦片 20 200 余箱，在虎门海滩上当众销毁。与此同时，他积极筹备海防，修建炮台，于海口设置木排铁链，添置大炮，整顿水陆军，组织水勇，并发出告示：“英夷兵船一进内河，许以人人持刀痛杀。”因而多次打败英军的武装挑衅。他还积极了解外国情况，“使人刺探西事，翻译西书，又购其新闻纸”，以便“知其虚实”，“定控制之方”，并亲自主持编译《四洲志》。1840 年 1 月，林则徐任两广总督。6 月，英国发动侵略战争，由于林则徐战备认真，防守严密，英军在广东未能得逞，于是北上占定海，犯大沽。清政府把英军的侵略，归罪于林则徐。10 月，林则徐被革职，不久被发配新疆，在新疆垦辟屯田。林则徐在鸦片战争时期，主张严禁鸦片，积极抵抗外来侵略，维护中华民族的尊严，不愧是一位民族英雄。

抗日将领谢晋元。1905 年出生于贫困家庭，广东蕉岭人。1925 年，在广东大学预科肄业。同年 12 月，考入黄埔军校第四期政治科学习。1926 年 10 月毕业，在国民革命军第一师任排长，参加北伐战争。后调到第十九路军蔡廷锴部任连长。在济南讨伐孙传芳战斗负伤，愈后先后任武汉要塞、河南省保安处营长、中校团副及旅部参谋主任等职。1937 年“八·一三”上海抗战爆发时，任陆军第八十八师二六二旅参谋主任，参加闸北八字桥战斗。后任五二四团团副、团长，率部驻防北火车站，与日军对峙两个多月。10 月 26 日，日军疯狂地向驻地防线发动进攻。他率领第一营的 400 余官兵，坚守苏州河北的四行仓库，掩护大部队后撤。10 月 27 日，上千的日军进犯，他沉着应战，号召壮士“要人在阵地在，誓与日军血战到底！”激战一天，毙敌 80 余名。

率部孤军死守危楼、誓不投降的消息，迅速传遍上海，为国内外瞩目，赞誉他们为“八百壮士”。28日凌晨，官兵又在四行仓库屋顶升起中国国旗，表示捍卫祖国尊严，誓与侵略者战斗到底的决心。接着敌军攻势一次比一次猛烈，形势险恶。29日，他写下遗书：“晋元决心殉国，誓不轻易撤退，亦不作片刻偷生之计，在晋元未死之前，必向倭寇索取相当代价。余一枪一弹，亦必与敌周旋到底！”30日，接蒋介石“珍重退入租界，继续为国努力”的手令。31日，敌又以飞机大炮攻击仓库，他以3挺机枪掩护，率部冲出重围，退入租界。坚守仓库4昼夜，击退日军数十次进攻，毙敌200余名，写下中国抗战史上极为壮烈的一页。他受到上级通令嘉奖，升任为上校团长。部队退入租界后，正待整装再战，被英军解除武装，送往胶州路“孤军营”，受尽凌辱。他满腔悲愤，每日清晨带领孤军唱国歌，举行精神升旗仪式，出操上课，教育部属勿忘爱国军人的人格和国格。1938年8月11日晨，为纪念“八·一三”抗战一周年，率部升起国旗。当天下午遭到万国商团外籍军队包围，他们冲击营房，夺去了国旗。谢晋元指挥壮士展开搏斗，4名壮士牺牲，100余人负伤。孤军被送往外滩中央银行大楼幽禁。他下令开展绝食斗争。工部局被迫让步，将他们送回孤军营，奉还国旗，抚恤死难壮士，并对此事件表示歉意。1940年3月，汉奸汪精卫在南京成立伪国民政府，派人以陆军总司令的高官诱降，他严词斥道：“尔等行为，良心丧尽，认贼作父，愿作张邦昌，甘作亡国奴。我生为中国人，死为中国鬼，以保国为民为天职，余志已决，决非任何甘言利诱所能动，休以狗彘不如之言来污我，你速去，休胡言。”敌伪见软硬兼施无效，于1941年4月，收买叛兵4人在24日早操时，乘他不备，用凶器将其击死。遇害消息传出后，举国震惊。5月8日，国民政府通令嘉奖，追赠为陆军少将。上海10万民众前往瞻仰遗容。毛泽东高度赞誉“八百壮士”为“民族典型”。

令日寇闻风丧胆的抗联英雄赵尚志。赵尚志(1908～1942年)，辽宁朝阳人，1925年加入中国共产党，同年入黄埔军校学习。抗战时期，他指挥的抗日联军与日寇周旋在林海雪原，驰骋在松花江两岸，创造了东北战争史上的奇迹，被东北的父老乡亲称为“北国雄狮”。

1931年“九·一八”事变爆发后，赵尚志到东北宣传抗日主张，并很快地组织了一支抗日队伍。经过数次与日军战斗后，这支队伍创立了以珠河、宾县为中心的抗日根据地。赵尚志创建的东北抗日根据地不断扩大，日军逐渐将他视为眼中钉、肉中刺，1934年，日军决定对他组建的抗日游击队进行“围剿”。赵尚志带领抗日游击队采用机动灵活的游击战术与日军进行作战，多次跳出日军的包围圈，并在冰趟子对日军进行伏击，击毙日军200多名。对于赵尚志出色的军事才能，日军慨叹道：“小小的满洲国，大大的赵尚志！”

随着日军对东北抗日根据地“围剿”的加剧，东北抗联逐渐陷入了困境。1942年2月12日，赵尚志受特务刘德山诱骗，率领包括刘德山在内的4名抗联战士去袭击梧桐河警察分驻所。当他们快到梧桐河警察分驻所时，刘德山趁赵尚志不备，从背后向赵尚志开枪，罪恶的子弹穿透了赵尚志的腹部。身受重伤的赵尚志命令一名抗联战士带走所有重要文件后，向事先埋伏好的日军进行射击，但因他失血过多，不久昏迷过去，不幸被日军俘获。日军对赵尚志进行了突击审讯，他宁死不屈、视死如归，大义凛然地怒斥敌人：“你们离我远点，我闻你们腥！”并怒斥伪警察说：“你们不也是中国人吗！现在你们出卖了祖国……还有什么可问的呢。”当他听到受伤的战友痛苦呻吟时，他大声说道：“你叫就不疼了？叫也是死，你要有骨气。”赵尚志因伤势过重，不久壮烈牺牲，年仅34岁。凶残的日军把他的头割下运到长春，把他的躯体扔到冰冷的松花江中。

在抗日战争的英烈谱上，我们还要记住他的名字——回民支队司令员马本斋。马本斋出生于一个贫苦农民的家庭。幼年家境贫苦，只上了两年私塾，便辍学务农。后来他流浪到东北，但仍然没有出路，后到旧东北军中当了兵，到东北讲武学堂学习。1937年“七七”事变后，日本帝国主义大举侵略中国，中国共产党领导的抗日战争爆发了。马本斋领着弟弟和几十名群众，为了保卫家乡，抗击敌寇，也组织了回民抗日武装，同日本侵略者进行斗争。1938年初马本斋和党取得了联系。7月，在吕正操支持帮助下，成立了回民干部教导总队，马本斋任总队长。在党的领导下，马本斋对队伍进行了整顿，加强了党对部队的领导，队伍很快由三四百人发展到六七百人。在党的教育下，马本斋加入了中国共产党。

1939 年初，华北城镇相继沦丧，马本斋仍在河间、青县、沧县一带坚持抗日斗争。1939 年秋，回民教导总队改名为回民支队，马本斋任支队司令员。在他的领导下，回民支队在武器弹药不足的情况下，在定县、无极、深县等地仍然打了许多胜仗。由于马本斋指挥有功，战果显著，八路军冀中军区授予回民支队“攻无不克，无坚不摧，打不垮，拖不烂的铁军”的锦旗。

为了招降马本斋，消灭回民支队。1941 年秋天，敌人包围了东辛庄，抓走了马本斋的母亲。敌人威逼马母，让她说服儿子放下武器，但受到了马母的痛斥，她拒不进食，最后光荣牺牲。1942 年 5 月 1 日，日寇纠集了五万兵力向华北平原实行大“扫荡”。当时，马本斋率领回民支队在景县一带活动。为了避开敌人的合围，马本斋奉命巧妙地转移到阜城县，不但躲过了日军主力，还乘机消灭了三百多敌人。1944 年初，回民支队奉命调往延安，但是多年来的战争生活，使马本斋积劳成疾。这时，他患有急性肝炎，不能随部队一块前往。此期间，毛泽东也非常关心马本斋的病情，曾从延安发电慰问。但在当时艰苦的环境下，马本斋病情日渐加重，2 月 7 日，马本斋在山东莘县逝世，终年四十三岁。

马本斋逝世后，延安各界三百多人举行了追悼大会，毛泽东题了“马本斋同志不死”的挽联。朱德的挽联是“壮志难移回汉各族模范，大节不死母子两代英雄”。周恩来的挽联是“民族英雄，吾党战士”。

以天下为己任，自强不息，抗暴御侮，以身许国是中华民族凝聚力的深刻表现，是支撑我们民族战胜无数艰难险阻，一次又一次地衰而复振、转危为安的巨大精神力量，也是中华民族最重要的道德传统和道德精神。

三、自强不息是一种高尚的气节和崇高的精神境界

自强不息是一种高尚的气节和崇高的精神境界，这种气节和精神

境界令人振奋、令人敬重，也令人深深领悟到生命的意义。自强不息者绝不急功近利，他们往往把生命投向宝贵的精神追求。我们的祖先历来强调凡是有志、有道德、有本领的人，一定是自强不息的人。孔子曰：“三军可夺帅，匹夫不可夺志也。”“不可夺”就是独立的意思。他还曾对学生们说，君子“可欺也，不可赠罔也”。即君子可以被欺骗，但不可以被无理陷害。体现了君子宁折不弯、士可杀不可辱的气概。孔子对人格理想的论述，是自强不息在道德人格上的升华，对中华民族的人格塑造，起了极为重要的作用。在一般情况下，人们按道德原则办事，固然可贵，但更难、更可贵的是在事关个人穷达、宠辱、死生的关头，依然能够坚持自己的理想和信念，一往无前，义无反顾。孔子之后，对人格理想强调最多，并有所发挥的首推孟子。孟子曰：“志士不忘在沟壑，勇士不忘丧其元。”有志之士坚守节操，不怕弃尸山野，勇敢的人坚持原则，不怕丢掉脑袋。“居天下之广居，立天下之正位，行天下之大道。得志与民由之，不得志独行其道。富贵不能淫，贫贱不能移，威武不能屈，此之谓大丈夫。”孟子的话充溢着浩然正气，透出士人阶层为道义而献身的坚定志向，成为中华气节操守精神的经典标尺。“一部四千年中国史，正是一部浩气长存、正气磅礴的中国史，不断有正气人物、正气故事。故使中国屡仆屡起，屹然常在。”在中华民族的发展史上，无数仁人志士以充塞天地的浩然正气，书写了光辉灿烂的人生画卷。孟子养其浩然之气，李白不事高官权贵，李清照“生当做人杰，死亦为鬼雄”，夏明翰“砍头不要紧，只要主义真”等。不管是为了修身养性，还是伸张正义，也不管是为了保家卫国，还是为民请命，在他们身上都集中体现了“富贵不能淫，贫贱不能移，威武不能屈”的浩然正气。这是中华民族最为宝贵的精神财富，也是我们任何时期都能永远向前的不竭动力。

汉苏武牧羊的事迹可歌可泣，表现出中华民族的浩然正气。苏武在他 41 岁那年奉命以皇帝特使的身份前往匈奴。在公元前 101 年，匈奴的新任首领决定与汉朝求和，把被扣留的汉人送回国。汉武帝为了报答他的好意，特派苏武护送被扣留的匈奴人回国，并且带了丰厚的礼物送给匈奴的新王。苏武和他的百人代表团完成了使命。但是在归途中，他的副使张胜因为共谋劫持匈奴太后，东窗事发，结果连累苏武，苏武被抓，被带到匈奴王面前问罪。由于匈奴王对苏武有着深刻的印象，如果苏武肯投降，他愿意原谅苏武。苏武并没有接受他的好意，反而向匈奴王解释说：他自己虽然没有牵涉到劫持阴谋，可是他觉得应该对副使的行为负责，因为他使汉朝皇帝丢了脸，所以也无脸回国。他一面说，一面拔剑自杀。但苏武自杀不死，只是把自己弄伤了，后来经过匈奴医生的医治终于痊愈。过后，匈奴王对苏武的印象更好，就叫他的亲近大臣卫律再去劝苏武投降。卫律先以死作威胁，这使张胜惧怕投降了，但是苏武却无动于衷。卫律接着又以荣华富贵作利诱，但这也都给正直的苏武拒绝了。

匈奴王以为让苏武吃尽苦头会改变他的主意，就把他关进地牢里，不给他饭吃，也不给他水喝。苏武又饥又渴，只好去吃地上的冰雪充饥解渴，但却不肯背叛自己的国家。接着，匈奴王命令把苏武放逐到冰天雪地的东北去牧羊，并且告诉他在公羊生小羊之前，不准他离开那里的贝加尔湖。在冰天雪地的东北荒野上，生活是极端困苦的，但是苏武还是坚贞不移，保持效忠皇帝和国家的原则。后来，匈奴王派遣早先投降的汉朝官员李陵去劝苏武投降，但是，李陵却屡劝不成。李陵告诉苏武，他的两个兄弟在执行公务时自杀，他的母亲年老也死了，他的妻子显然已经改嫁，儿子好像也失踪了，回去也没有什么意思了。但是对于这一切，苏武还是不改初衷。相反，他却告诉李陵，如果一定要他投降他将立刻自杀。李陵劝降不成只好离去，他对苏武的正义行为和人格气节充满了钦佩。

经过了 19 年的牧羊生活以后，苏武终于得到匈奴新王的允许，准他回国。那时候苏武的头发已全白了，而他的代表团团员死的死，降的降，只剩下 9 个人陪他归国。当时汉武帝已经去世了，由汉昭帝继承皇位。为了奖赏他的坚贞爱国精神，汉昭帝颁赐厚礼给苏武，并且封地给他。但是，苏武还是过着简朴的生活，并把大部分财富送给别人。苏武在 83 岁那年病死。

中国古代有不少因维护人格、保持气节而不食的故事。“陶渊明不为五斗米折腰”就是其中最具代表性的一例。东晋后期的大诗人陶渊明，是名门之后，他的曾祖父是赫赫有名的东晋大司马。年轻时的陶渊明本有“大济于苍生”之志，可是，在国家濒临崩溃的动乱年月里，陶渊明的一腔抱负根本无法实现。加之他性格耿直，清明廉正，不愿卑躬屈膝，攀附权贵，因而和污浊黑暗的现实社会发生了尖锐的矛盾，产生了格格不入的感情。

为了生存，陶渊明最初做过州里的小官，可由于看不惯官场上的那一套恶劣作风，不久便辞职回家了。后来，为了生活他还陆续做过一些地位不高的官职，过着时隐时仕的生活。陶渊明最后一次做官，是义熙元年(公元 405 年)。那一年，已过“不惑之年”(四十一岁)的陶渊明在朋友的劝说下，再次出任彭泽县令。有一次，县里派督邮来了解情况。有人告诉陶渊明说：那是上面派下来的人，应当穿戴整齐、恭恭敬敬地去迎接。陶渊明听后长长叹了一口气：“我不愿为了小小县令的五斗薪俸，就低声下气去向这些家伙献殷勤。”说完，就辞掉官职，回家去了。陶渊明当彭泽县令，不过八十多天。他这次弃职而去，便永远脱离了官场。此后，他一面读书为文，一面参加农业劳动。后来由于农田不断受灾，房屋又被火烧，家境越来越恶化。但他始终不愿再为官受禄，甚至连江州刺使送来的米和肉也坚拒不受。朝廷曾征召他任著作郎，也被他拒绝了。

陶渊明是在贫病交加中离开人世的。他原本可以活得舒适些，至少衣食不愁，但那要以付出人格和气节为代价。陶渊明因“不为五斗米折腰”，而获得了心灵的自由，获得了人格的尊严，写出了一代文风并流传百世的诗文。在为后人留下宝贵文学财富的同时，也留下了弥足珍贵的精神财富。他因“不为五斗米折腰”的高风亮节，成为中国后代有志之士的楷模。

“天地有正气，杂然赋流形。下则为河岳，上则为日星。于人曰浩然，沛乎塞苍冥。”文天祥的《正气歌》告诉我们，浩然正气在自然界凝结为壮丽的山川形胜，灿烂的日月星辰；在人世间则集中表现为襟怀坦荡、光明磊落、刚正无私的精神境界。文天祥大约在 1256 年中状元，因父丧守孝而未受官职。1259 年蒙古军攻打湖北武昌，宦官董宋臣请理宗迁都以避敌锋，文天祥上疏请斩董宋臣，以振奋人心，并献御敌之计，未被采纳。后出来做官，1270 年，因得罪著名奸相贾似道而遭到罢斥。1275 年正月，元军东下，文天祥在赣州组织义军，开赴杭州，当时南宋的京城。次年被任为右丞相兼枢密使。其时元军已进逼杭州，被派往元营中谈判，遭扣留，押往北京。二月底，文天祥与其客杜浒等十二人，夜亡入真州。复由海路南下，至福建与张世杰、陆秀夫等坚持抗元。1277 年，进兵江西，收复州县多处。不久，为元重兵所败，妻子儿女皆被执，将士牺牲甚众，文天祥只身逃脱，乃退广东继续抗元。后因叛徒引元兵袭击，同年十二月，在广东海丰县被俘。元将张弘范迫其招降张世杰，乃书《过零丁洋》诗以诉之。次年，被押送今北京，囚禁四年，经历种种严酷考验，始终不屈。于 1283 年从容就义，年仅 47 岁。

文天祥被囚禁四年，面对各种诱惑他都抵制了，即使如已经降元的宋恭帝和当时元皇帝忽必烈的亲自劝降，文天祥都不为所动。忽必烈没有办法，只好下令处死文天祥，以成全其伟大气节。古语有云："慷慨赴死易，从容就义难。"文天祥做到了，所以他不但赢得了自己同胞的尊敬，也赢得了当时的敌人的尊敬。

文天祥以生命实践"人生自古谁无死，留取丹心照汗青"的千古绝唱，树立了气节精神的丰碑。我们中华民族千百年绵延不衰，正是靠这种大无畏的精神和顽强的生命力。

"砍头不要紧，只要主义真。杀了夏明翰，还有后来人！"这是中国共产党党员夏明翰在被国民党杀害前，写的一首气壮山河的就义诗，一直为人们所传颂。夏明翰，祖籍湖南衡山县，1900 年农历八月生于湖北秭归。1919 年五四运动波及湖南，夏明翰和同学们走出校门，开展大规模的爱国宣传活动，声援北京学生的反帝反封建斗争。

1921 年冬，经毛泽东、何叔衡介绍，夏明翰加入中国共产党。入党后，夏明翰在长沙从事工人运动，参与领导了人力车工人罢工斗争。1928 年初，夏明翰被党调到湖北工作，任中共湖北省委常委。由于叛徒的出卖，同年 3 月 18 日他不幸在武汉被敌人逮捕。夏明翰同志是一位意志坚定、宁折不屈，而且多才多艺、幽默善辩的革命家。敌人审问他，问他姓什么？他说：姓冬。敌人骂他胡说，明明姓夏，怎么姓冬？他说：“这是照你们的逻辑说的。你们杀人如麻，说是为政以德；你们贪污腐化，说是廉洁奉公……这样，我姓夏当然就应该说姓冬了。”敌人问他籍贯是哪里，他说：“革命者四海为家，我的籍贯是全世界。”敌人哭笑不得、无可奈何。3月20日清晨，他被敌人押送到汉口余记里刑场。敌人杀害夏明翰时，他没有低下自己高贵的头，而是面不改色心不跳。当敌执行官问夏明翰还有什么话要说时，他大声说：“有，给我拿纸笔来！”于是，夏明翰写下了上述那首气贯长虹、千秋传颂的就义诗。

“砍头不要紧，只要主义真。杀了夏明翰，还有后来人。”这首诗，掷地有声，响彻云霄，震撼江汉大地，鼓舞着革命者的斗志。为了中国人民的革命事业，夏明翰悲壮地牺牲了，时年仅28岁。

“恨不抗日死，留作今日羞。国破尚如此，我何惜此头？”这是抗日名将吉鸿昌临刑前写下的一首气壮山河的就义诗。

吉鸿昌，河南扶沟县人，1895年生。1913年入冯玉祥部当兵，因骁勇善战，屡立战功，从士兵递升至军长。他为人正直，不畏权势，人称“吉大胆”。1930年9月接受蒋介石收编，任第22路军总指挥兼第30师师长，奉命“围剿”鄂豫皖革命根据地，但不愿替蒋打内战，态度消极。1931年8月被蒋介石解除兵权，强令出国“考察”。遂环游欧美，发表抗日演说，寻求国际声援。1932年4月，吉鸿昌在北平加入中国共产党，按党的指示潜赴泰山联络冯玉祥出山组织武装抗日。随即毁家纾难，变卖家产6万元购买枪械。1933年5月，与冯玉祥、方振武在张家口建立察哈尔民众抗日同盟军，任第2军军长、北路前敌总指挥，率部向察北日伪军进击，连克康保、宝昌、沽源、多伦四县，将日军驱出察境。蒋介石反诬同盟军破坏国策，令何应钦指挥16个师与日军夹击同盟军。吉鸿昌率部战至10月中旬弹尽粮绝而失败。潜往天津继续从事抗日活动，1934年参与组织中国人民反法西斯大同盟，被推为主任委员，秘密印刷《民族战旗报》，宣传抗日，联络各方，准备重新组织抗日武装。11月9日，在天津法租界被军统特务暗杀受伤，遭工部局逮捕，引渡到北平军分会。敌人使出种种手段，让他招供。吉鸿昌大义凛然地说：“我是共产党员，由于党的教育，我摆脱了旧军阀的生活，转到工农劳苦大众的阵营里头来。我能够加入革命的队伍，能够成为共产党的一员，能够为我们党的主义，为人类的解放而奋斗，这正是我毕生的最大光荣。”24日，经蒋介石下令，被杀害于北平陆军监狱，时年39岁。

五千年来，历朝历代都涌现了许多自强不息、威武不屈、具有高风亮节的仁人志士。他们或一身正气，两袖清风，为人民鞠躬尽瘁，或刚正不阿，冒死请命，或毁家纾难，精忠报国，或血战沙场，马革裹尸，或临危不惧，舍身取义。他们的浩然正气，彪炳史册，光照千秋。正是这样的国魂精神推动着中华民族不屈不挠地征服千难万险，越过漫漫历史长河走到今天。

四、自强不息是一种“日新”精神

自强不息又是一种日新精神。汤之盘铭刻曰：“苟日新，日日新，又日新。”“日新”即天天更新，中华美德注重在自尊、自信、自强的基础上追求自新。《周易·系辞下》云：“神农氏没，黄帝、尧、舜氏作，通其变，使民不倦；神而化之，使民宜之。易，穷则变，变则通，通则久。”革新有的是讲时势变化，有的是讲礼法变迁，也有的只是讲某一方面政事的改革。天行健，君子以自强不息，这是贯穿中国古代的基本文化精神。“天行健”本身就是一种永恒的运动和变化，因此，“自强不息”也就意味着永不满足现状，不断改革进取，应时以变，以开创之势治国、平天下。观先秦诸子，孔子便是这一精神的积极倡导者和力行者，他一生奔波，希望能匡扶乱世，以至“发奋忘食，乐以忘忧，不知老之将至”。这便是对那些“饱食终日，无所用心”的人最大的蔑视，修身、齐家、治国、平天下逐步发展成了儒家的基本价值取向。除儒家外，法家的李悝、吴起、商鞅、韩非，兵家的孙膑、庞涓，纵横家的苏秦、张仪，无不是在以自己的行动，实践着抱负和理想。汉唐盛世，更是一个锐意进取的时代。卫青、霍去病、李白、杜甫，不论文人，还是武夫，哪个不是胸怀天下，抱负远大？他们乐观而自信，以天下为己任，关注国家和民族的命运，渴望着建功立业，幻想着风云际会。他们以豪迈的气质，坚定的信念，实践着自己的理想，不论成功与失败，都始终昂扬着旺盛的生命意识，昭示着我们民族的精神。

“日新之谓盛德”，“日新”是一种光辉完美的道德，能做到日新就是一个道德高尚的人。唐代大诗人白居易说：“千里始足下，高山起微尘，吾道亦如此，行之贵日新。”只有循序渐进，与日俱新，使“新我”不断地战胜“旧我”，才能学业进步，事业有成。所以，二程有云：“君子学必日新，日新者日进也。不日新者必日退，未有不进而不退者。”

“人之为善，须是日迁”，要做到“日迁”，就必须持之以恒，行之不辍。正如雕刻，锲而舍之，朽木不折；锲而不舍，金石可镂。修身养性，学习知识都是如此。只有坚持不懈，方能日有所进。常言道积善成德，这“积”便在于日积月累，如果心无恒心，性无常性，最终必然功亏一篑。这里有一个故事：周武王建立周朝做了天子，四方各国都来朝拜，当时的小国西戎也派来了使者，送给武王一只西域大狗和许多土特产，武王很高兴地收下了。这时武王身边的太保召公对武王说：“这都是因为您的功德啊！四方都归服于您，不论远近，都带着贡物来奉献，但您最好将这些珍宝再赏赐给那些同姓的小国。”武王不明白，召公解释说：“玩物这东西是谈不上贵贱的，关键是人的德行，无德行便分文不值，有德行才显出它的珍贵。德性要靠自己来修养。有盛德的人不可以沉溺于声色之中，沉溺于声色便会玩弄别人，把稀世的东西当成玩物会使人丧失志气，而把人当玩物便会丧失德行，这就叫‘玩物丧志，玩人丧德’。”召公接着说：“君子应该随时积累德行，时刻不忘修养德行，即使细微的行为也不能忽视。这正如要筑起一座九仞高的土台，需要一筐土一筐土地堆积，如果已经堆到只差一筐土就成了时候，你不把这一筐土加上去，那土台仍然是不成的。”这就告诉我们，为学行事，成在持之以恒；积善成德，贵在日积月累。一暴十寒，即使有良好的德性的萌芽，这萌芽也无法生长。循序渐进万事皆成，犹如小河流水奔腾不息，最终汇成大江大海。所以朱熹说：“‘日日新，又日新’只是要常常如此，无间断也。”

在中国古代，日新观念还包括更为丰富的内容。先哲们认为，自然界和人类社会的变化也是一个日新月异的过程，这就是所谓“天地之化日新”，由此，他们要求为政日新。日新的观念又成为历代变革者的理论武器。“德日新，万邦为怀”，德政不断更新进步，各国才能为之归向。要求为政者应永不满足现状，不断改革进取，应时以变，以开创之势治理国政，以达到强国富民的目标。

虽然中国古代乃至近代的变法革新不可避免地具有它的局限性和不彻底性，但是，历代改革者那种锐意进取，勇于向陈腐观念、旧的习惯势力、不合理的经济政治体制挑战的精神，却鼓舞了一代又一代的有识之士，促进了中华文明的发展。著名的有魏国的李悝变法、赵国的公连仲变法、楚国的吴起变法、韩国的申不害变法、齐国的邹忌变法、燕国的乐毅变法、秦国的商鞅变法等，前后八九十年间，改革的浪潮一浪高过一浪。其中尤以秦国的商鞅变法最为彻底，是改革家们津津乐道的经典个案，不仅因为它是春秋战国时期诸多变法中最成功的范例，其主人公商鞅悲剧性结局，令许多仁人志士和文人骚客扼腕长叹。

公元前 361 年，秦国的新国君秦孝公即位。他下决心要使秦国强大起来，于是下了一道命令，说谁能使秦国强大，就封谁做官。商鞅原来是卫国人，听到了这个消息，就来到秦国。商鞅和秦孝公谈论国家大事，一连谈了几天几夜。秦孝公非常赞同商鞅的主张。公元前 356 年，秦孝公任用商鞅，开始改革旧的制度。商鞅起草了一个改革的法令，但又怕老百姓不信他，他叫人在都城的南门竖起了一根很高的木头，并说，谁能把木头搬到北门，就赏谁十金。很多人都以为这是开玩笑。商鞅知道老百姓不相信他，就把赏金提高到五十金。人们在木头旁边议论纷纷，终于有一个人把木头扛起来，一直扛到了北门。结果商鞅真的赏给那人五十金。这件事在秦国引起了轰动，商鞅说到做到，在老百姓中有了威信，于是商鞅就把新法令公布了出去。

商鞅变法共进行了两次，变法的主要内容有：①废除了井田制，打破过去土地上的界限，国家承认土地私有，允许自由买卖。②生产粮食布帛多的人可以免除徭役。在战争中军功越大，授予的爵位越高，赐给的土地和房子也越多。旧贵族没有军功，就不能享受特权。③在全国设置 31 个县，由国君直接派官吏管理。

新法令刚刚开始推行，就遭到了旧贵族的强烈反对。太子的两个老师鼓动太子反对变法，商鞅就处罚了那两位老师，一个割掉了鼻子，一个在脸上刺了字。这样，大家就不敢反对了。秦国经过变法，成为新型的地主政权，国家富强起来，开始逐步向东发展。公元前 338 年，秦孝公死，子惠王即位，奴隶主贵族乘机反攻，商鞅被车裂的酷刑杀害。由于新法顺应了封建制发展的历史趋势，因而其成果仍沿袭不变，终于使秦走上日益强大的道路，为秦后来翦灭群雄、统一中国奠定了基础。

武灵王胡服骑射也是改革进取的典范。《史记·赵世家第十三》载武灵王是战国时赵国的有为君主，也是我国历史上著名的改革家，赵肃侯之子，公元前 325 ~ 前 299 年在位。

赵国原是从春秋时晋国分化出来的，在今河北邯郸一带。时置战国中期，“七雄”并立，各思自强。赵国受秦、魏、齐等国的威胁交迫于外，且又与胡、狄杂处，每相侵扰，在这种情况下，除改革自强之外，别无出路。所以，武灵王的改革，并非出于个人的偏爱，而实为形势所迫。不过，他把改革服饰装束作为当务之急，却独树一枝，而且也是符合时代要求的。因为这时的战争，已不同于春秋时代。战车已退居次要地位，骑兵已日益成为战胜攻取的决定性力量。若仍伺守宽衣博带的传统服制，就很难与强敌争胜。所以，他就决意“胡服骑射以教百姓”，并得到大臣楼缓与肥义的支持。但是，以他叔父公子成为代表的保守派贵族却“皆不欲”。说什么中国乃“贤圣之所教”、“仁义之所施”、“《诗》、《书》礼义之所用”，既为“远方之所观赴”，更为“蛮夷之所义行”，如此文明发达，又何必“舍此而袭远方之服，变古之教”呢？还是“如故法便”，否则就是“离中国”。对这种封闭保守的论调，武灵王进行了义正词严的驳斥。他理直气壮地说：“先王不同俗，何古之法？帝王不相袭，何礼之循……故礼也不必一道，而便国不必古。”所以，他得出结论说：“反古未可非，而循礼未足多。”他更以形象譬喻来阐明法古不足以制今之理，说：

"以书御者，不尽马之情；以古制今者，不达事之变。"这样，他就从指导思想上破除了泥古迷古的倾向，为变易古制提出了自己的理论依据。他认为从服制本身来看。所谓"服"，是为了"便用"的，"礼"是为了"便事"的，"乡异而用变，事异而礼易"，是以"果可以利其国，不一其用；果可以便其理，不同其礼"。根据当时的环境条件。他变服之意，并非为了"养欲而乐志"，而是为了"备燕、三胡(指林胡、楼烦与东胡)、秦、韩之边"，是为了"近可以便上党(即今山西上党)之形，而远可以报中山之怨"。他曾发誓说："虽驱世以笑我，胡地、中山吾必有之。"而今却有人阻挠变服，这不是"顺中国之俗而逆简、襄之意，恶变服之名以忘镐事之丑"吗？在他的坚持之下，公子成等虽心中不服，但也不得不表示"听命"。于是，"遂胡服招骑射"，并连续攻打中山而灭之，继而又"攘地北至燕、代(今河北中西部一带)，西至云中、九原(在今内蒙古包头一带)，且"欲从云中、九原直南袭秦"，基本达到了他的既定目标。

但是，这时他却因废立问题而招致杀身之祸。他原以长子章为太子，使田不礼为相，后又废之，而立王子何，使肥义为相，是为惠文王，而自称主父，居沙丘(在今河北钜鹿县东北)。公子章不服，遂与田不礼召王，并杀肥义。公子成乃起兵拒难，公子章败，往走主父。于是公子成乃围沙丘宫，杀章与田不礼，并围主父。"主父欲出不得，又不得食，探爵谷而食之，三月余而饿死"！武灵王虽遭惨死，但他勇于改革的精神永垂青史而为后人所敬仰。

谭嗣同戊戌喋血，热爱祖国敢于为变革舍身取义的崇高品质可歌可泣。谭嗣同(1865～1898年)，湖南浏阳人，字复生，号壮飞。少时博览群书，并学习西方自然科学。鄙视科举，好今文经学，对魏源、龚自珍等极为称赏，喜读王夫之《船山遗书》。他发挥了王夫之的"道不离器"说，认为"器既变，道安得独不变？"为变法提出理论根据。

中日甲午战争后，愤中国积弱不振，在浏阳创立算学馆，开湖南维新风气之先，并遍历北京、天津、上海、南京，吸收新学知识。光绪二十二年(1896年)入赀为江苏候补知府，供职南京，曾向杨文会学佛学，有"我不入地狱谁入地狱"之概。他发奋著《仁学》。在哲学上提出“以太”为世界物质本源的学说，认为世界上各种现象的关联、变化、结合和依存，都是“以太”的作用，并把“以太”这种沟通世界为一整体的作用叫做“仁”，而“仁为天地万物之源，故唯心，故唯识”。他尖锐地批判了封建专制制度的“纲常名教”，要求“冲决”一切“网罗”。在批判封建专制制度的同时，还提出了发展资本主义的政治、经济主张，赞美资本主义大机器生产。其变法主张是：变科举以育人材，开议院以达下情，改官制而少其层累，发展机器工业，开采矿产，修筑铁路，制造轮船，改订税厘章程，出口货免征税厘，进口货加重征税，不准贩卖鸦片，禁止洋商入内地贸易，以巩固国防，福利人民，富强国家。当这些维新活动遭到守旧派的反对和攻击时，他与之坚决斗争，认为“今日中国能闹到新旧两党流血遍地，方有复兴之望”。

1898年光绪颁“明定国是”诏后，被荐入京。7月擢四品卿衔军机章京，与林旭、杨锐、刘光第参与新政，时号军机四卿。以慈禧太后为代表的封建顽固派，反对新政，阴谋政变。在紧急关头，谭嗣同等维新派欲说服握有军权的袁世凯，幻想得到袁对变法维新的支持。但迅即被袁世凯出卖，促使慈禧太后于9月21日发动政变，对维新派残酷镇压。谭嗣同拒绝出走，矢志为变法献身，毅然表示：“变法，无不从流血而成。中国未闻有因变法而流血者，此国之所以不昌也。有之，请自嗣同始。”后被捕入狱。与林旭、杨锐、刘光第、杨深秀、康广仁等六人同时被害。他在狱中赋诗题壁曰“我自横刀向天笑，去留肝胆两昆仑”，为“戊戌六君子”之一。临刑绝命词书：“有心杀贼，无力回天，死得其所，快哉快哉!”其著作编为《谭嗣同全集》。

许多历史事实表明，人们在取得某些暂时的成功后，很容易产生固步自封、骄傲放纵的情绪，这就会使人失去正确认识和判断不断变化着的复杂环境的能力，最终导致行动的失败。先哲们有鉴于此，故而提出只有始终保持自强不息、不断进取的精神，才能维护自身和社会的存在与发展。要做到这一点，一方面要在主观上保持一种居安思危的忧患意识，在任何情况下都警觉谨慎，勤勉从事。如《周易·系辞》所说：“君子安而不忘危，存而不忘亡，治而不忘乱，是以身安而国家可保也。”另一方面还要善于根据变化了的环境条件，不断发明、创造新的应对措施，革故鼎新，以求在不断变化的社会历史条件下始终立于不败之地。这就是《周易》所倡导的“日新”精神，以及反对因循守旧的商鞅所倡导的“各当时而立法，因事而制礼”的通过改革、创新以图自强的进取精神。

当代大学生是21世纪中国社会主义现代化的建设者和接班人，只有从一点一滴做起，坚持修养，日有进益，使学业、德业得到不断更新，才不辜负历史赋予我们的重任。

如何才能“日新”，要注意以下两点：首先要做到不自满。一般来说，青年人的品性偏于骄傲、自负，这不仅影响人际关系的正常化，更重要的是，会影响自己的进步和提高。青年人应善于倾听别人的意见，“耳中常闻逆耳之言，心内带有拂心之事，才是进德修业砥石。若言言悦耳，事事遂心，便把此生埋在毒中矣。”这就是说，忠言逆耳利于行。其次要敢于反省自己。反省就是将当局者变成旁观者，将自己当成审视的对象，站在他人的立场、角度来观察自己、评判自己。凡人皆有缺点，善于反省才能发现自己的不足和缺点。反省之后如何对待优与缺、长与短，也是应认真思考的问题。老子说：“自胜者强。”“自胜”就是自觉克服、战胜自己的缺点、弱点。过失并不可怕，可怕的是没有反省的习惯、反省的勇气和反省的智慧。春秋时，宋昭公众叛亲离，弃国出逃，路上他对车夫说：“我知道这次出逃的原因了。”车夫问：“是什么呢？”昭公说：“以前，不论我穿什么衣服，侍从无人不说我漂亮；不论我有什么言行，朝臣无人不说我圣明，这样，我内外都发现不了自己的过失，所以才落得如此下场。”从此，昭公改行易操，安义行道，不到两年，美名传回宋国，宋人又将他迎回国，恢复了王位。他死后谥为“昭”，即有自知之明，能自省。反省是一面镜子，是一剂良药，拥有反省就意味着拥有日新和完美。

五、自强不息与当代大学生修养

中华民族以自强不息、立志勤学、求索攻坚著称。自强不息，自开天辟地以来，逐步形成，代代相传。“苦心人，天不负，卧薪尝胆，三千越甲可吞吴。”越王勾践自强不息，终于成功复仇，打败吴国，成为声明显赫的春秋五霸之一；智勇双全的孙膑忍辱负重，智斗庞涓，手刃仇人，围魏救赵，名垂千古；博学多才的司马迁受刑后发奋著作，终成《史记》，流芳百世；闻鸡起舞的祖逖、刘琨，一个中流击楫，一个顽强作战，均成名将，传诵后世；出身低微的狄青积极上进，御敌无数，终成大器……

有人说：“自强不息，励精图治，是艰苦年代的产物，世界进入现代化的信息时代，就不需要这种精神了。”

其实，人类的进步，社会的发展离不开自强不息、求索攻坚的精神。世界进入“信息时代”，知识更新加快，更需要弘扬继承自强不息的精神。当今时代，信息交流日益广泛、知识更新大大加快，科技经济竞争日渐激烈，社会对人才的要求日益提高。当代大学生只有迎接挑战，知难而上，加倍努力，才能使自己成才。但是青年学生中却有人虚度时光，不求上进，或逃课、旷课，或考试作弊，或沉湎于花前月下等，也有人不顾自身条件，一味讲究排场、追求名牌，花钱大手大脚，甚至有极少数人为了贪图享受而不惜以身试法。还有人或由于学习成绩达不到自己的目标，或由于无机会显示自己的才能和兴趣，或由于失恋，或由于受到老师当众的批评和同学的挖苦，或由于父母教育方法不当等原因，而心理失衡乃至轻生，甚至有少数学生在心理崩溃的情况下干出害人害己的事情。缺乏自强不息精神是出现上述情况的重要原因。当代大学生生长在和平年代和我国经济高速发展时期，既没有经历过战争年代血与火的考验，也没有体验过经济困难时期物质极端匮乏的痛苦，人生中所受的挫折和磨难较少。正因如此，有些人往往缺乏自强意识，缺乏对困难和挫折必要的承受能力。实际上每个人的成才之路既有顺境，也有逆境。遭遇逆境时，人们只有磨炼意志、砥砺品格，才能在逆境中奋起。孟子曰：“天将降大任与斯人也，必先苦其心志，劳其筋骨，饿其体肤，空乏其身，行拂乱其所为，所以动心忍性，增益其所不能。”无私无畏，顽强拼搏，才有希望达到光辉的顶点。所谓“艰难困苦，玉汝于成”，“自古雄才多磨难，从来纨绔少伟男”等说的也是这个意思。因此，我们应该通过弘扬自强不息的传统美德，培养当代大学生的吃苦意识，提高其承受能力，促进其尽快成才。

在大力发展社会主义市场经济的今天，我们更需要发扬自强不息的精神。因为社会主义市场经济提倡的是公正、平等基础上的正当竞争和良性竞争，个人只有通过爱岗敬业、努力拼搏，不断提高自身素质，才能在竞争日益激烈的社会中，找到自己的一席之地；企业只有通过不断改进产品和进行技术革新，节省原料与资金，降低成本，增强竞争实力，才能在日趋激烈的市场竞争中占据主动。可见，在社会主义市场经济条件下，无论是个人还是企业，贪图享受、不思进取是没有出路的，不讲道德、投机取巧更是没有出路的，只有自强不息、练好“内功”，才能获得生存和发展的广阔空间。

今天，在建设有中国特色社会主义的伟大事业中，我们同样要发扬自强不息的精神。在科学技术突飞猛进、国力竞争日趋激烈的当今世界，虽然我们取得了民族独立，也取得了令人瞩目的建设成就，但是我们仍然面临着西方发达国家凭借科技优势迫使我们接受其价值观和生活方式的压力和挑战。因此，中华民族的每一个成员仍然有必要继承和发扬这种自强不息的精神，以贡献祖国为荣，为中华民族的强大昌盛建立不朽的功勋。

对于当代大学生而言，自强不息不仅仅表现在征服自然的斗争中，也不仅仅表现在保卫民族利益的正义战争中，而更多地表现在为人类的发展勇于开拓的创新中，表现在追求真理和社会进步的无私奉献中。青年人要敢为天下先，以天下为己任。这方面，伊尹是值得我们认真学习的。伊尹是高汤时期的贤人，他居住在郊外的荒野中自耕自食，以尧舜之道为乐，专心于修养身心。如果不合道义，纵使以天下的财富为他的俸禄，都不能使他动心。汤曾几次派人去请他，他都平静地拒绝了。不久他改变了自己的态度。他说：我居住在这荒野中，由此以尧舜之道作为我个人的快乐，为什么我不可以使现在的君主做尧舜一样的君主呢？为什么我不可以使现在的百姓成为尧舜时代的百姓呢？我为什么不可凭我的努力使尧舜盛世在今天再现呢？于是，他担负起匡救天下的重担主动来到汤的宫中，辅佐汤讨伐夏桀，拯救百姓，最终成就了自己的功业。

古往今来，一代代仁人志士，他们立身处世的行为方式可能有所不同，但他们以天下为己任的报负却是相似的。不以物喜，不以己悲，居庙堂之高则忧其民，处江湖之远，济世安邦之志则长留于心，这不正是自强不息的民族精神在他们身上的体现吗？当代大学生要继承中华民族自强不息的精神，为中华民族的繁荣富强而奋斗！

第三章 厚德载物

厚德载物语出《周易·坤》：“地势坤，君子以厚德载物。”这句话的意思是大地以它宽阔的胸怀包容万物，哺育生灵，君子应效仿大地博大宽容的精神普爱众生，厚德待物。中国传统文化中的仁爱思想代表了厚德载物的精神。“仁者，爱人。”孔子站在他那个时代的高度提出仁爱思想，并以此构建道德伦理的基石。孔子的仁爱思想闪烁着古朴的人道主义光辉，在充满战争与杀戮的春秋时代它是划破阴霾的灿烂霞光，并且这霞光一直照耀着中华民族的文明进程，成为中华民族明理达人、宽厚包容的民族精神。以人为本，珍视人的生命与尊严，尊重人的价值，扶危济困，轻徭薄赋，使人民安居乐业是仁爱思想的核心内容。仁爱，是中华传统美德中极为重要而又最具特色的部分，是中华民族固有的民族精神，是各种道德中最基本的也是最高的德目，是道德生活中最普遍的德性标准。

仁是中国古代儒家基本的道德思想,也是最重要的道德规范之一。孔子对仁有过多方面的论述，并赋予仁以丰富的道德内涵。仁包括忠恕、克己、孝悌、自爱，还包括智、勇、恭、宽、信、敏、惠等美德及其规范。因此，仁常被儒家视为“全德”。诸子百家中，除儒家外，墨家亦为倡导仁爱最力者。墨子的“兼爱”，主张不分亲疏贵贱，一切人都真诚相爱。《墨子·兼爱中》有言：“天下之人皆相爱，视人之国若视其国，视人之家若视其家，视人之身若视其身”，在《墨子·尚贤下》中更进一步要求人们“有力者疾以助人，有财者勉以分人，有道者劝以教人。”这是一种更广泛、更理想的仁爱，表现了人类崇高的道德追求和伦理境界。

在儒家看来，仁的核心是爱人。孔子最早以“仁者，爱人”解释“仁”，尊重生命，普爱众生是“仁”的核心。孟子继承和发展了仁爱思想，提出“亲亲而仁民，仁民而爱物”的思想，并在此基础上提出“老吾老以及人之老，幼吾幼以及人之幼”的仁爱实践之路。儒家的仁爱是由己推人，由内而外，由近及远思想。墨家主张兼爱，兼爱的要求是“视人之国若视其国，视人之家若视其家，视人之身若视其身”。兼爱的理想境界是“天下之人皆相爱，强不执弱，从不劫寡，富不侮贫，贵不敖贱，诈不欺愚”。汉代以后，儒家学者在理论上对仁爱思想有了进一步的发展。韩愈在《原道》中提出“博爱之谓仁”。张载在《西铭》中提出“民，吾同胞；物，吾与也”的著名命题。朱熹认为，仁是“爱之理，心之德”，并以生释仁。后代的思想家康有为、谭嗣同等，对于仁爱思想都有所继承和发扬。

仁爱，是儒家伦理道德学说的总纲，几千年来它已成为中华传统美德的核心，成为正确处理人际关系的总的指导原则，是社会和谐相处的准则。仁爱思想倡导人与人彼此尊重相爱，倡导尊重人的价值和尊严，倡导助人为乐，扶危济困，它体现了伟大的人道主义精神。儒家仁爱思想强调爱国爱民，蕴含深厚的爱国主义精神和民本思想，强调推己及人、诚实守信、克己奉公、敬德保民，强调尊老爱幼、正己修身等，这些思想对我们今天加强思想道德建设具有重要的现实意义。

一、“仁”的提出和基本涵义

仁爱思想是中华传统文化中极其重要的内容，“仁”是儒家基本的道德原则与道德规范之一。

在孔子以前，仁这一概念就已经存在了。像《尚书》、《诗经》、《国语》等书中就经常使用仁字。但这些书籍对仁字的使用是零碎的、不系统的，其含义也是不确定的。如《尚书》：“予仁若考。”《诗·齐风·卢令》：“其人美且仁。”前句话的“仁”有人说是指“仁德”，有人说它相当于语法中的介词“而”，后一句话的仁含义是相对清楚的，它是在赞美一个人既有美好的外表，又有良好的品德。孔子的一大功绩是充分展现和完善了仁的含义，使它成为其哲学思想的中心范畴。

孔子思想体系的核心是“仁”。孔子并未给“仁”下一个确切的定义，却给它赋予了一切人类最崇高、美好的情感，赋予仁相当丰富的内涵和非常宽泛的外延。仅在《论语》中，就有八处是直接解答仁的，有十二处涉及到仁。“仁”字在全书中共出现了一百多次。但很难认定哪一条是他给仁下的确切定义，都只能看作是仁的一个侧面、一个组成部分。诸如：爱人、孝悌、克己复礼、忠恕、恭、宽、信、敏、惠、刚、毅、立人、达人、博施济众、成人之美、与人为善、有勇、泛爱众，等等。

孔子以后的几位思想家孟子、墨子和荀子都对仁爱思想有重要发展。尤其是孟子将孔子的仁爱思想发展为“仁政”学说，影响后世极大。孟子把“恻隐之心”看成“仁之端”。孟子看到了人生具有的良知、良能，看到了人所共有的怜悯、同情之心，进而把仁看成人之所以为人的根本依据，因而孟子说：“无恻隐之心，非人也。”有道德的人就是保存了先天的仁德的人，具备了仁德，才能以仁爱之心处世待人。

秦汉以后，孔、孟的仁爱思想不仅产生了积极影响，而且还在后世的实践和阐发下继续得到了发展。秦由暴政而亡的教训给汉初统治者们带来太多的思考，当战争的烟尘散尽后，汉初政治家和思想家不能不认真总结秦朝灭亡的教训。陆贾撰成《新语》，认为秦“用刑太急”，不知教化，是导致强秦速灭的重要原因。贾谊在《过秦论》中的话更是切中了要害，这便是“仁义不施而攻守之势异也”，这对汉初的政治产生了一定的影响。

宋明时期，理学兴起。孔孟之道取得了独尊地位，以仁为核心的伦理本体建立起来。理学家集从前仁爱思想之大成并有重大发展，他们以仁为理、为太极，将仁的实质归结为“天地生物之心”，使仁的思想更加丰富，仁爱思想也真正成为一种时代精神。在此背景下，王安石乐做“亲民之官”，立志改革；范仲淹“先天下之忧而忧，后天下之乐而乐”，倡导革新；张载立志“为天地立心，为往圣继绝学，为万世开太平”。更多的人在反对权奸或者挽救民族危亡的关头表现出高风亮节，视死如归，谱写了一曲又一曲的“正气歌”。明末清初的黄宗羲、顾炎武、王夫之等人更心系“万民之忧乐”，在社会政治思想方面为理学时代的仁爱思想做了极好的总结。

近代以来，内忧外患、民族危机空前严重，谭嗣同的《仁学》、康有为的《大同书》是批判继承发展仁爱思想的代表，体现了仁爱思想在近代的新变化、新面貌。前者以仁作为冲决罗网的动力，他提出“民本君末”、“君权民授”，提倡仁说，谓“仁以通为第一义”；后者以仁为未来理想社会的价值基础，吸收了民主、自由、人权等资产阶级思想，与孔孟仁学有“实质”区别，但其深层核心处却依然体现了孔孟仁学的价值标准。

儒家“仁”的基本涵义有：一是孝悌。孔子解释仁的根本涵义时曰：“君子务本，本立而道生。孝悌也者，其为仁之本与！”孝就是指子女要尊敬、顺从父母、长辈；悌就是弟对兄要恭顺。反过来，父母对子女必须慈爱，兄对弟要友善和爱护。孔子认为这是“仁”的出发点，因为一个连父母兄弟都不爱的人是不可能爱其他人的。孔子又曰：“入则孝，出则悌，谨而信，泛爱众而亲仁。”孔子认为孝敬父母，恭敬兄长，诚实守信，亲近有良好德行的人都是仁的表现。二是忠恕。孔子提出著名的忠恕之道“己欲立而立人，己欲达而达人”、“己所不欲，勿施于人”。孔子认为做人做事要设身处地为他人着想，要推己及人，要有成人之心。孔子提出的忠恕之道对维系人与人之间的良好关系及社会的和谐安宁具有重要作用，这一观点对后世产生了深远影响。三是仁政。仁政思想是儒学仁爱思想的重要内容。孔子曾说“节用而爱民，使民以时”、“为政以德，譬如北辰居其所而众星拱之”。统治者要有爱民之心，要实施仁政和德政，为老百姓谋利益，使老百姓能够安居乐业。统治者要有与民同忧、与民同乐之心，“乐以天下，忧以天下”，“省刑罚，薄税敛，深耕易耨”。让老百姓能够安心生产，深耕易耨；老百姓所要求的，设法满足他们；不想要的，不要强制他们接受，“得其心有道：所欲，与之聚之；所恶，勿施尔也”。四是自尊自爱。孔子的学生子张有一天问孔子什么是“仁”，孔子说“恭、宽、信、敏、惠，能行五者为天下，为仁矣”。孔子进一步解释说：“恭则不侮，宽则得众，信则人任焉，敏则有功，惠则足以使人。”自重、宽厚、诚信、勤奋、关爱他人，一个人如具备了以上品德就具备了“仁”的品质。

孔子的仁者爱人，虽有“泛爱众”之说，但也不是无原则的爱人，更不是爱所有的人。他的爱人是有原则的爱，如同他的恨人，也是有原则的恨。所以，“为仁”的另一个作用，是能够以正确的态度去爱人和恨人。在孔子看来，“唯仁者能好人，能恶人”。孔子讲“仁”，不仅讲“爱”，也讲“恶”。有原则的爱是“仁”，有原则的“恶”同样是“仁”。这一点，实为孔子思想的精彩之处，《论语》中着墨不多，我们却不应忽视。

孔子思想的各个组成部分都是围绕着“仁”而形成的整体。孟子继承了孔子的仁爱精神，终生致力于构筑以“仁爱”为核心的精神宫殿，力图在“仁爱”中落实内圣外王的价值理想。“仁”不仅是儒学的伦理思想，更是儒学兼济天下必备的道德品质。

二、仁爱思想的现代解读

1. 仁者爱人

在仁的丰富道德内涵中，其核心是爱人。《论语·颜渊》记载：“樊迟问仁，子曰‘爱人’。”这两个字最直接、最明确地说明了仁的核心，在孔子看来，对人有爱心是一切美好品德的开端。“仁”之一字从人从二，有处理人与人关系之意，引申为爱人。爱人是仁的基本含义，也是孔子仁学思想的首要含义。孔子认为就人和物的关系而言，前者比后者重要。据《论语·乡党》记载：“厩焚，子退朝，曰，‘伤人乎？’不问马。”当马厩失火后，孔子当下即问伤着人没有，而不问伤马没有。在视奴为畜，一匹马可换五个奴隶的时代，这是孔子人道思想的很好例证。在孔子的心目中，马的价值与人是无法比拟的，故而只问人而不问马。孔子时代丧葬习俗中已出现以俑殉代替人殉的做法，这无疑是一种进步。但孔子对此也不能容忍，怒骂道：“始作俑者，其无后乎！”孟子解释说：孔子之怒，“为其像人而用之也。”因为俑像人，用俑作陪葬是对人的一种污蔑，对人的生命的极大不尊重。所以，孔子咒骂始作俑者将断子绝孙。至于草菅人命，孔子就更不能姑息。他指责“苛政猛于虎”，批评“不教而杀谓之虐”。极力主张“博施于民而能济众”。凡此种种表明了孔子对人的爱惜、尊重。他有句“老者安之”，“少者怀之”的名言。这句话典型地体现出他对人的态度。通览孔子对其弟子问仁的解答，也都与爱人有关。举例如下：

仲弓问仁，孔子曰：“出门如见大宾，使民如承大祭；己所不欲，勿施于人；在邦无怨，在家无怨。”出门在外要像会见宾客一样敬慎，使用人民要像承办大祭一样郑重。“如见大宾”、“如承大祭”表示对人的恭敬、尊重，它既是严肃的爱，又是真诚爱人的首要条件。“己所不欲，勿施于人”，自己不喜欢的东西不强加于别人，也体现着爱人的思想。“在邦无怨，在家无怨。”无论是在国还是在家，都没有人对自己有怨言，这正是爱人的结果。

子张问仁，孔子曰：“能行五者于天下，为仁矣。”又问五者的具体内容，孔子解释为：“恭、宽、信、敏、惠。”恭，对人的礼仪要恭敬；宽，待人要宽厚；信，为人做事要忠诚有信；敏，为人做事要勤快；惠，对人慈爱。这五点，无一处不贯彻着真诚的爱人之心。

司马牛问仁，孔子曰：“仁者，其言也讱。”仁人的言谈是谨慎的，不多言，不急躁，以免轻率伤人，使人难堪。这也是替别人着想的仁爱精神。

由此可见爱人是仁的第一要义。孔子后来的思想家对此亦有阐述。孟子称仁为“恻隐之心”，即是一种怜悯爱人之心。凡遇他人遭遇艰难困厄就会产生一种责任感，随之以行动去帮助，这就是“仁之端”。韩愈曰：“博爱之谓仁。”朱熹云“仁是爱的道理”，程颢言“切脉最可体仁”，认为仁爱之心对于仁爱对象一触即发，如见到他人疾苦，自会生出同情之爱，见到尊长者，自会生出敬重之爱。总之，仁的核心内涵就是爱人。

2. 孝悌为仁之本

儒家仁爱学说的特点是由己推人、由近及远。孟子曰：“老吾老以及人之老，幼吾幼以及人之幼。”这是儒家的原则。因此，儒家强调孝悌是仁的基础。在孔子的思想中，仁为至德，而行孝则是达到仁的第一步。孝是家庭，家族中的伦理，而仁则是普遍性的适用于天下的。从孝到仁就等同于从家族到天下。孝为仁之基础，子女对父母能孝，才会对其他人有亲情爱意。对人类之爱的培养必然以天伦之爱为根本，这可以说是孔子对仁的培养的根本主张。孔子肯定孝，但最终追求的是仁，孝只是人最根本的德行。

万物皆有其根，人之根便是决定其所从来的血亲，故在仁爱的所有对象中，以爱亲为本。爱人始于爱亲，基于家族生活中的自然亲情。孔子曰："君子务本，本立而道生，孝悌也者，其为仁之本与！""弟子入则孝，出则悌，谨而信，泛爱众，而亲仁。"君子应该致力于根本，根本有所立，做人的原则就会形成，而"孝悌"正是血缘亲情的首要关系，是仁爱的根本所在。所以君子的道德修养应从孝悌做起。孟子亦认为"仁之实，事亲是也"，仁之实乃是对待亲人长辈的情爱，置根于血缘家族的亲和力，仁者所爱、所关怀、所尊重之"人"，首先是亲人。孔子十分看重血缘亲情之爱，视孝为仁的基础。"君子笃于亲，则民兴于仁。"(《论语·泰伯》)正是对血缘亲情之爱的作用的解释。所以针对宰我以"三年之丧"太久，想改为一年，并以"君子三年不为礼，礼必坏；三年不为乐，乐必崩"为由进行狡辩。孔子愤怒地驳斥说："宰我之不仁也，子生三年，然后免于父母之怀，夫三年之丧，天下之通丧也，予也有三年之爱与其父母乎。"(《论语·阳货》)在孔子看来，一个人生到这个世界上，必须经过三年才离开父母之怀。所以父母去世后为之守丧三年是一种对父母哺育之恩的报答。尽管以"守孝三年"等外在形式来禁锢人性的"愚孝"在今天已不可取，但是爱人者首先爱亲则是弘扬仁爱思想的情感基础。人的不忍之情，不是抽象的说教，而是体之于身的一种自然涌现的感情。在孝中体现的对父母的爱，正是这种感情中的一种最基本的感情。一个人如果对养育自己并给自己以厚爱的父母都不报之以爱，对他人的爱——"仁者爱人"就更无从谈起。因此，作为一个君子，必须带头尽孝，以身作则，促使民德归厚。"君子笃于亲，则民兴于仁"，"亲亲"是兴仁的关键，如果上上下下都能以孝为本，人人都能厚待于亲，那么社会的安定稳固也就可以实现了。

孟子多次明确指出侍奉、敬顺自己的父母是仁最根本的内容。《孟子》认为所谓“亲亲，仁也”。“仁之实，事亲是也。”同时“孝”还是一切宗法社会伦理的基点，甚至关系到天下的治乱，提出“尧舜之道，孝悌而已”，“人人亲其亲，长其长，则天下太平。”“孝”作为本然之善，在人生中应始终坚持而不放失。因此，身为人子就理应做到“终身慕父母”，“慕”者，恋也，念也。父母在子女心中应当永远是第一位的。凡事应优先考虑到父母，所谓“仁者无不爱也，急亲贤之为务”，“仁主于爱，而爱莫切于事亲”。对于那些随着成家、立业、得子而将父母抛于脑后的行为，孟子认为是不仁之举，曰：“无父无君，禽兽也。”

孔子“仁”虽然生根于血缘亲情之爱，然而并不止于此，而要推己及人，由近及远，立足于家庭，渐次推行于国家天下，把父母兄长的亲情之爱扩充之为对整个社会人群的爱，即由亲亲，推广到普爱天下人的“仁民”、“泛爱众”，把对父母的敬衍化为对君主、他人、上级、长者的忠诚、仁慈和尊重。如此，仁便转化为社会中人与人一般关系的基本准则。《论语》有这样的记载：仲弓问仁，子曰：“出门如见大宾，使民如承大祭。己所不欲，勿施于人，在邦无怨，在家无怨。”樊迟问仁，子曰：“爱人。夫仁者，己欲立而立人，己欲达而达人，能近取譬，可谓仁之方也已。”(《论语·颜渊》)在这里，孔子已经把亲情之爱推广开来，主张“泛爱众”。就是爱一切人，“仁”就由亲情之爱转化成了人与人的一般关系的准则。这种爱人之仁体现的是一种对他人的基本精神、态度和情感。它是以理性为主导的。正是从这个意义上，孔子充分肯定了管仲之仁。

管仲为齐公子纠的师傅，鲍叔牙为齐公子小白的师傅，后来公子纠与公子小白争夺王位。管仲本来是帮助齐桓公的劲敌也是兄弟公子纠的，管仲曾经用箭射齐桓公，而且射中了。只是很凑巧，刚好射在腰带的环节上，齐桓公命大没有死。后来齐桓公成功了，公子纠手下的人都被杀光了。找到管仲的时候，管仲把手在背后一反剪，让齐桓公的手下绑起来，自己不愿自杀，而被送到齐桓公面前。因为他心里清楚，有一个好朋友鲍叔牙在齐桓公面前做事，一定会保他。齐桓公一看到管仲就对其恨之入骨，必欲杀之。鲍叔牙就对齐桓公说，你既然要成霸主，要治平天下，在历史上留名，就不能杀他。鲍叔牙这一保证，齐桓公就重用了他，后来果然做了一代名臣。

子贡因为管仲的不忠而怀疑管仲非仁者，很显然，公子纠被齐桓公杀死，管仲非但不殉节，反而“相之”，是有悖于仁的。孔子的回答是“管仲相桓公，霸诸侯，一匡天下，民到于今受其赐。微管仲，吾其别发左衽矣！岂若匹夫匹妇之为谅也，自经于沟渎而莫之知也”(《论语·宪问》)。这里，孔子比较了两种情况：管仲如果为公子纠而死，所谓“士为知己者死”，在孔子看来，那才算不得仁者，或者说，不过是匹夫匹妇之仁而已；现在管仲转而相桓公、霸诸侯、合天下、惠人民，这才真是君子之仁，而非小人之仁。对管仲的这种评价，孔子还说：“子路曰：‘桓公杀公子纠，召忽死之，管仲不死，曰未仁乎？’子曰：‘桓公九合诸侯，不以兵车，管仲之力也。如其仁！如其仁！’”(《论语·宪问》)可见孔子所谓君子“仁者爱人”，不是偏狭的爱某个人或某些人，哪怕他是自己的亲人、主人，而是“泛爱众而亲仁”，即韩愈所说的“博爱之谓仁”。博爱才是君子之仁，否则只是小人之仁。在孔子看来，仁者并不是拘泥古板的殉道主义者，更不必为某一个人而无益地去牺牲。对于政治家来说，最大的仁则是他能顺乎历史潮流，从根本上爱护人民、造福人民，这才是“仁者爱人”、“泛爱众”的精义所在。

孟子则提出，“亲亲而仁民，仁民而爱物”(《孟子·尽心上》)。他指出，人之“所以异于禽兽者”，就在于人有“不忍之心”、“恻隐之心”，即对他人怀有怜悯与同情心。对此孟子曾有精彩的描述：“所以谓人皆有不忍人之心者，今人乍见孺子将入于井，皆有怵惕恻隐之心。”(《孟子·公孙丑》)正是这一瞬间的心理活动淋漓尽致地表现出人最本质的品性，这也就是人能爱人的深层原因。然而“恻隐之心”远非完美的“仁”德，而且它在人心中是“求则存之，舍则失之”。因此，人应以积极主动的精神努力存养、扩充“仁心”，使其逐步发展成普遍的、完善的“仁爱”美德，即以博大的胸怀爱人，进而爱物，此谓“亲亲而仁民，仁民而爱物”。

孟子认为“仁爱”的存养、完善是一个施由亲始，推己及人，由内向外，循序渐进的推衍过程。孟子强调“仁”的阶段性和过程性，认为爱随亲疏而有差别，他将“仁”具体地分为“亲”、“仁”、“爱”，亲之于亲，仁之于民，爱之于物，三者各有不同的规定和内容。在具体施仁时，人们以“亲亲”为始，再而推及到“仁民”，最后达到“爱物”，这三个阶段拾阶而进，感情上逐级递减，所谓“君子之于物也，爱之而弗仁；于民也，仁而弗亲”。同时道德境界却逐步提升，由贤而圣，最终达到“神”的极致。

可以说，有功于天下的“仁民”、“仁政”也就是最大的“孝”，所谓“尊亲之至，莫大乎以天下养。为天子父，尊之至也，以天下养，养之至也。”同时，“亲亲”之道经过“仁民”、“仁政”的社会化过程，不仅坚持了“仁”的道德意义，而且使“仁”具有了人道精神和社会效用，进而使“仁”的内涵更加深刻、全面。

3. 忠恕之道

忠恕之道是对孔子仁爱的最完备的解释，是实行仁爱原则的基本途径和方法。孔子对学生曾参说：“吾道一以贯之。”曾参又解释说：“夫子之道，忠恕而已矣。”即是说孔子的学问有一个贯彻始终的基本观念，为了践行仁德，要能够做到忠和恕。

所谓忠，就是要尽己为人。它要求自己端正对人对事的态度，真心诚意，积极为人，勤勉办事，恪尽职守。用孔子的话即是“己欲立而立人，己欲达而达人”。“立”是有所成而足以无倚，“达”是有所通而能显于众。自己求立，并使人亦立；自己求达，并使人亦达。也就是自强不息而又善为人谋。忠是仁者爱人的积极方面。所谓恕，就是推己及人，以己度人。恕字从如从心，所以有“以己量人谓之恕”。恕要求人们视人如己，以己之心去测度他人之心，遇事反求诸己，以博大的胸怀宽恕谅解他人的不周、不妥、不到之处，以实现人与人的和睦相处。恕属于更高层次的道德心理品质，是仁德中最具有普遍意义的一项内容。孔子甚重恕，子贡问，“有一言可心终身行之者乎”？孔子答曰“恕”，“恕”可表述为“己所不欲，勿施于人”，每个人都有自己的主观意志，因此要尊重别人，把自己与他人放在同等的位置上。自己不想干的事，不能再强加于人，要设身处地地为他人想一想。如，我不愿意他人对我骄傲，我即不对人骄傲；我不愿意他人嫉妒我，我即不嫉妒他人。生活中在与父母、兄弟、同学、同事、朋友、上级等的交往中，以这种推己及人的方法处理问题，往往可以创设一种重大局、尚信义、不计前嫌、不报私仇的氛围。

忠恕是中国古代道德自律本质的体现，是传统伦理为人待人的精神结构与正心、比心、交心的人情原理之结合。它对于个人修养来说是一种情感体验方法，而就人际关系而言是一种人际沟通方式。忠恕要求人们凡事反求自我，推己及人，甚至要躬自厚而薄责于人，由此沟通思想，交流感情，加深理解，消除误会，实现人际间的相互和谐、相互宽容。在忠恕之德的基础上，中国人形成了“四海之内皆兄弟”、“老吾老以及人之老，幼吾幼以及人之幼”、“不独亲其亲，不独子其子”、“路径窄处，留一步与人行，滋味浓的，减一分让人尝”的宽广情怀和安老怀少的社会风尚，形成了中国社会关系中浓烈的人情味和生活情趣。

梁启超在《先秦政治思想史》中对忠恕之道的解释是：“恕主于推其所不欲，仁主于推其所欲。我现在所欲立之地位，必与我之同类相倚而立。我将来所欲达之地位，必与我之同类骈进而共达。何也?人类生活方式，皆以联带关系行之。非人人共立此地位，则我决无从独立；非人人共达此地位，则我决无从达。‘立人达人’者，非立人达人之谓，乃立达人类之谓。彼我合组成人类。故立达彼即立达人类，立达人类即立达我也。”

由此可见，孔子的忠恕之道就是要求人们从自身利益和需求出发，主动关心人、帮助人这种行动应该是利他的，而非利己的。

孔子用“仁”来处理公众关系，要求社会每一成员都应怀有仁爱同情之心、“恻隐之心”，善于为公众着想，即所谓“己欲立而立人，己欲达而达人”、“己所不欲，勿施于人”。他提倡为天下人排患解难，做到“博施于民而能济众”。推己及人，爱人利人。看到别人有困难、有痛苦的时候，出以爱心，施以关怀，送去温暖。当别人失意或遭受到不幸时，设身处地地为他人着想，从而热心地助人。用自己的友爱之情，去融化他人心头的冰霜。唐代大诗人杜甫，于公元 759

年抛官去职，携带家眷由华州(今陕西华县)辗转来到成都。在友人的帮助下，杜甫在城西浣花溪畔盖了一座草堂。那茅草屋四壁空空，周围杂草丛生。在这穷困潦倒的时候，乡亲们“雪中送炭”，为他送来了吃的、用的，使他得以绝处逢生，在这里写出了“安得广厦千万间，大庇天下寒士俱欢颜”的不朽诗篇。

4. 由爱人到爱物

仁爱精神不仅仅是爱人，而且还蕴含着万物一体的超越意识，这是儒家仁爱精神更高一层次的内涵。《论语·述而》载：“子钓而不纲，弋不射宿。”孔子钓鱼，而不用大网横断流水来取鱼；射鸟，不射归巢的鸟。不仅爱人，对物亦给予关爱，这正体现了孔子在处理人和自然关系上的价值取向。孟子继承和发展了这一思想，明确提出“亲亲而仁民，仁民而爱物”，仁者由“仁民”而“不违农时，不以数罟入垮池，斧斤以时入山林。”可谓“爱物”(《孟子·梁惠王》)；由“仁民”进而“君子之于禽兽，见其生，不忍见其死；闻其声，不忍食其肉。是以君子远庖厨也。”可谓“爱物”(《孟子·梁惠王》)；君子“配义于道”养成“浩然之气”，“塞于天地之间”；“居天下之广居，立天下之正位，行天下之大道。”(《孟子·滕文公》)此可谓“爱物”。爱物范围之广，已远远超过了人的族类局限性，它已将仁遍施于天地间的一切事物。

仁者通过爱物将自身融入无尽的宇宙，同时又把宇宙纳入自身之中，达到了物我一体、天人合一的境界。正是主体自觉与万物相容才使“仁”的努力化育周边，凸显出“仁”的文化意蕴。至此，“仁”业已推及到至深至广的境地，“爱物”也就是“仁”充养的极致和必然结论。这一境界与庄子所追求的“天地与我并生，万物为我其一”的境界可谓是相映成趣。

宋代张载也说“民吾同胞，物吾与也”。主张应视老百姓为我的同胞兄弟，万物为我的朋友。在儒家及其后学者看来，大千世界中，万物纷纭，分而视之，各不相同；合而视之，则万物同体，互不相离，相辅相成。个人应越出小我的境界，超越一己一私之偏，视人我为一体，人类也应超越出人这个小我的境界，视人物为一体。尊重一切生命，平视宇宙中的一切存在，不仅要爱己爱人，还要爱天地、爱自然，不仅要对自己国家、对民族负责，也要对自己赖以生存的环境负责，从而达到与天地同流、滋润养育万物而无私的境界。

清代著名书画家、诗人、“扬州八怪”之一的郑板桥在《潍县署中与舍弟墨第二书》中郑重地说：“平生最不喜笼中养鸟我图娱乐，彼在囚牢，何情何理？而必屈物之性以适吾之性乎！——夫天地生物化育劬劳，一蚁一虫，皆本阴阳五行之气絪缊而生，上天亦心心爱念。而万物之性人为贵，吾辈竟不能体天地之心以为心，万物将何所托乎？”这是告诉人们要体念天地万物的存在，心怀恻隐之心，一蚁一虫不肯伤残，一缕一丝勿容贪冒，如此才可为民立命，为天地立心。

传统文化中的爱物思想体现着一种博大而和谐的生命精神，在人类生存环境日益恶化的今天，对于解决当今世界由于工业化和无限地征服自然而带来的环境污染、生态平衡遭到破坏等问题都具有重要的启迪意义。

5. 为仁由己

仁是人的一种内在品性，一种特殊的内涵；仁是人的一种特殊内涵，因为它是人经过努力之后达到最高境界的道德品性。所以，仁存在于人，虽然可以通过他的言行举止得以体现，却不同于礼之于人那样可以直截了当地确认和表达。《论语·公冶长》记述了这样一件事：孟武伯问：“子路仁乎？”子曰：“不知也。”又问。子曰：“由也，千乘之国，可使治其赋也，不知其仁也。”“求也何如？”子曰：“求也，千室之邑，百乘之家，可使为之宰也，不知其仁也。”“赤也何如？”子曰：“赤也，束带立于朝，可使与宾客言也，不知其仁也。”子路、冉求、公孙西三人，是孔子最亲近的学生，孔子对这三个人的才能了如指掌：子路善治军，冉求善治政，公孙西善交际。然而，孔子却不能确认这三位学生的道德品性是否达到了仁这一境界。由此可见，对于一个人的仁的认定，是极其困难的。

仁爱是孔子最高的道德理想和至高的精神境界，也是孔子一生孜孜以求的价值目标。仁爱作为人类道德的最高境界，并非每一个人都可以成为仁人。孔子认为，“为仁”的基础，在人的品质。根据人的品质差异，大致分为“近仁”与“鲜仁”两种类型。近仁，亦即与仁的距离近，这是“为仁”的基础，是通过“为仁”最终成仁的必要条件。“近仁”的品质未必一定能“成仁”，但是若无“近仁”的品性就一定不会“成仁”。什么样的品质属于“近仁”类型呢？孔子认为：“刚毅、木讷，近仁。”孔子认为具有刚强、果断、质朴、谨慎这四种品质的人，接近于仁。

那么，究竟哪些人与仁的距离比较远，很少能转化为仁的呢？“巧言令色”是最令孔子切齿的：“巧言令色，鲜矣仁！”“巧言、令色、足恭、左丘明耻之，丘亦耻之。匿怨而友其人，左丘明耻之，丘亦耻之。”巧言令色，与刚毅、木讷正好相反，察言观色、善于辞令，肉麻地取悦别人，甚至明明心里怨恨对方，表面上却装出一付友善的样子，这种人，不仅撰写《春秋》的大学者左丘明认为可耻，孔子也直斥其可耻。为什么这种品德可耻，为什么具有这种德性的人远离“仁”？原因就在于不直，即这种行为不是真实情感的直接表达，而是以假象示人，实现自己的私欲。

然而，“真”具有两面性。人的真实品性，很多时候可能失之偏颇。若仅仅依凭本真在社会上行事做人，就会出现杂乱无序的状态。因此，必须对真实品性有所加工，使本真的东西向好的、合理的、正确的、符合人类共同利益的方向发展。正如一块玉，它的素质是美的，但还必须对它进行琢磨，才可以成为一件完美的器物。对人加工琢磨的方法就是学礼，学各种道德规范。以礼自律，自约其身，视、听、言、动莫不循礼。只有如此方能成为仁者。仁与礼是德行的两大支柱，仁好比洁白的底子，礼好比彩绘，若底子不白，即使再鲜艳的彩绘也不会使之绚丽。因此，只有将礼内化为自己的“真”，才能真正提高一个人的道德境界。

仁爱并非不要原则不分是非曲直的庸俗之爱，姑息之爱。仁不仅是爱，仁者有时亦恶人。孔子曰：“惟仁者，能好人，能恶人。”就是说，只有仁人才能以正确的态度去喜爱某个人或厌恶某个人。在原则问题上，仁者应力行正道，坦荡磊落，爱憎分明。为此，孔子厌恶“乡愿”之人。认为这种人是巧言令色、取媚于世、随波逐流、见风使舵的世故小人，和仁者的品性格格不入。

仁爱美德是至高的精神境界，是几千年来中国知识分子孜孜以求的价值目标。为使仁爱精神充溢天下，《论语》倡导每个人都应当努力追求仁，以仁为己任。成为仁者，成为仁人，这也是儒者的终生所求。在去恶扬仁方面，人的主体作用是至为重要的。“苟志于仁矣，无恶也。”孔子认为“为仁”的根本途径是自我修养，核心是“为己之学”，而不是“为人之学”。对此，《论语》中讲得非常清楚：“为仁由己，而由人乎哉？”“古之学者为己，今之学者为人。”《大学》中也说：“自天子以至庶人，壹是皆以修身为本。”可见，“为仁”的关键是“为己”。一个人能否成就仁德，不是取决于他人，而是完全取决于自己。所以，孟子归结道：“仁者，心也。”任何道德都根植于理性自觉，仁作为善德的总和，当然更是用“心”的结果，是自我修养的功夫。

在自我修养的过程中，仅有“欲仁”还不够，还要努力“求仁”，即把道德观念付诸于道德行动、道德实践，才能真正成仁。孔子认为“能近取譬，可谓仁之方也已。”“为仁”，理所当然要采用“譬”式方法；取譬的材料，是从最近处着手；最近处是什么？是自己：“夫仁者，己欲立而立人，己欲达而达人。”自己想立的业，也帮助别人立；自己想达到的目标，也帮助别人达到。这种推己及人的胸怀，便是仁人的胸怀。按照这一胸怀去行事，就是“为仁”。因而仁是平实简易的，人人都有行仁的能力。人之所以不为仁，并非力不足，而是有力而不用，他说：“我未见力不足者。”因此，孔子特别重行，“力行近乎仁”，他反对言过其行和只说不做。仁者惟惟真实力行，不肯取巧亦不肯多言美言，不避难而就易，更不事空谈。

当然，这种以己所欲推及他人所欲，并帮助他人实现所欲的“为仁”，会受到个人能力的局限，亦即一个人的“为仁”能力总是有限的。子贡曾问孔子：“如有博施于民而能济众，何如？可谓仁乎？”如果能够广泛地周济民众，是否就是仁人？孔子告诉他：“尧舜其犹病诸！”广泛周济民众的事情，连尧、舜这样的圣人都做不到。“为仁”之事，只能由近及远，一个一个地去做，能做多少算多少。

帮助他人为仁，不强加人也是为仁。孔子经常向学生讲的一句话就是“己所不欲，勿施于人”。《论语·颜渊》中进一步论述了这句话：孔子这一番话的核心，就是要仲弓尊重别人。自己不想得到的，不要强加给别人。如果说“如见大宾”、“如承大祭”还是表现形式，那么“己所不欲，勿施于人”便是实实在在的内容。子贡问老师，有没有一句话可以终生奉行的？孔子便告诉他：“其恕乎！己所不欲，勿施于人。”这一次，孔子不仅讲了“己所不欲，勿施于人”，而且将这一句话的意思进一步作了概括，提炼为一个字“恕”。能够推己及人，必有宽佑他人之心，这是一种高尚的境界，即“仁”的境界。如果终身奉行“恕”，自然就是一位仁人。

但是，“己所不欲，勿施于人”的境界既不是人人都能达到，也不是一个人未经磨砺就能达到。大概是在子贡拜师的早期，也曾向老师谈论过这个问题，“我不欲人之加诸我也，吾亦欲无加诸人”。孔子则告诉他：“赐也，非尔所及也。”意思是，这种“仁”的境界，你还没有能力达到。

所以，由近及远的“为仁”方法，包括向身边的人学习，从切近的事情中磨砺自己。“工欲善其事，必先利其器”，便是孔子的一个形象譬喻。向谁学习、如何磨砺呢？孔子向问“为仁”之方的子贡细说道：“居是邦也，事其大夫之贤者，友其士之仁者。”事奉大夫中的贤者，与士中的仁人交朋友，自觉营造一个良好的环境条件，目的在“善其事”，这个“事”，就是“为仁”。

有了“为仁”的方法，便要实践“为仁”的内容。孔子曾告诉学生子张，怎样才能达到“仁”的境界：“恭、宽、信、敏、惠。”恭敬，不会招致耻辱；宽厚，便能获得众人拥护；诚实，便能获得别人的信任；敏捷，做事便能成功；慈惠，便能获得别人的鼎力相助。子张是一位勇武之人，孔子针对他的具体情况，因材施教，希望他从五个方面作“为仁”的实践：“能行五者于天下”，成为一个仁人。

从切近处着手的“为仁”方法和“为仁”内容，上升到“礼”的高度，便是“克己复礼”。“克己”的“克”，不是压抑，而是去除；

“克己”的“己”，不是自己的所有欲念，而是“非礼”即不符合礼的欲念。所以，孔子在颜渊追问“为仁”的要目时说：“非礼勿视，非礼勿听，非礼勿言，非礼勿动。”联系孔子肯定父为子隐、子为父隐的合理性，可以看到他是把人的欲念分为两部分，一部分是不违礼的合情合理的欲念，这种欲念不但不能“克”，而且要如实表达出来；不表达这种真情，反而远离了“仁”。另一部分是“非礼”的欲念，这类欲念必须“克”；只有“克”掉这些欲念，才能成为仁人。去除“非礼”之欲的过程，也就是“为仁”的过程。所以当学生子思问“克、伐、怨、欲不行焉，可以为仁矣？”时，孔子告诉他：“可以为难矣，仁则吾不知也。”意思是，能克制住好胜、自矜、忿恨、贪欲，使之不表现出来，已经很难能可贵；这是否算达到了仁，就不知道了。孔子为什么“不知”，原因就在“不行”与“克”有区别，“不行”是止住不让表现，“克”则是去除。只有去除，才能真正“为仁”，才能“天下归仁”，被人们认可。人人共立此地位，则我决无从独立；非人人共达此地位，则我决无从达。‘立人达人’者，非立人达人之谓，乃立达人类之谓。彼我合组成人类。故立达彼即立达人类，立达人类即立达我也。”

三、历代英杰博爱大众、关心民生的情怀

在儒家仁爱精神的启迪下，我国历代英杰在思想修养方面，都非常注意培养博爱大众、关心民生、利人济世的高尚品格，并努力将之付诸实践，自觉为劳苦大众谋利益。

唐代进步思想家柳宗元，以“受命于生人之意”为已任，在政治上关心民生，反对苛政。他曾把统治者强加在老百姓身上的苛重赋税，比为毒蛇。“余闻而愈悲。孔子曰：‘苛政猛于虎也。’吾尝疑乎是，今以蒋氏观之，犹信。呜呼！孰知赋敛之毒有甚是蛇者乎！”这表明柳宗元非常了解老百姓的疾苦，并自觉地为他们鸣不平。他在柳州任刺史期间，为了给当地百姓办实事，大力提倡薄赋轻徭、垦荒植树、除诬戒杀、释放奴婢，并帮助受灾百姓赎回卖出的儿女，使“柳民既

皆悦喜”。时至今日，柳州群众仍念念不忘柳侯的功德。唐代杰出的医学家孙思邈，以“光发大慈恻隐之心，誓愿普救含灵之苦”为己任，全心全意为老百姓治病，帮助患者解除疾苦，努力将我们民族“博爱大众”和“舍己救人”的奉献精神付诸实践。他要求自己，“若有疾厄来求救者，不得问其贵贱贫富、长幼妍媸、怨亲善友、华夷愚智，普同一等，皆如至亲之想；亦不得瞻前顾后，自虑吉凶，护惜生命。见彼苦恼，若己有之……。昼夜、寒暑、饥渴、疲劳，一心赴救，不得起一念蒂芥之心，是吾之志也。”表现了无比关心民众疾苦的高尚情操。

宋代进步思想家范仲淹，十分体恤民众疾苦，主张“爱民”、“顺民”。他说：“爱民则固其根本，为体则厚其养育……谓民之爱也，莫先乎四体；谓国之保也，莫大乎群黎。”但是，当时的统治者推行的弊政，却使老百姓生活不下去。为此，他呼唤政治改革，在宋仁宗的支持下提出了十大改革主张。这十大主张虽然由于历史条件的限制，未能全部付诸实践，但在解除群众疾苦方面还是起了很大作用的。他的“先天下之忧而忧，后天下之乐而乐”的高尚情怀，已经成为我们民族万古传颂的伟大格言，它将永远鼓励我们树立无比高尚的忧乐观。

清代著名书画家、诗人、“扬州八怪”之一的郑板桥曾在潍县两任知县七年，政绩卓著；他公正廉明，关心民众，为潍县百姓做了大量好事。郑板桥做官是想“立功天地，字养生民”。因此，先后居官谨慎，唯恐不了解民情而办错事。他在《家书》中写道：“人皆以做官为乐，我今反以做官为苦，既不敢贪赃枉法，积造孽钱以害子孙，则每年廉俸收入，甚数寥寥，鬻书卖画，收入教多于廉俸数位。”初任潍县知县，很想做一番事业，以实现“达则兼善天下”的愿望。然而严峻的现实使他意识到，要真正为民做一番事业是很难的。然而难能可贵的是，板桥先生署潍期间，尽力为民，因而他在潍县百姓的心中，留下了难以忘怀的形象。当郑板桥去官之日，对潍县父老依依惜别之时，曾画竹题诗留别：“乌纱掷去不为官，囊囊萧萧两袖寒。写取一枝清瘦竹，秋风江上作渔竿。”作为官吏，他任职知县一尘不染，别潍县两袖清风。知道他临终那年画竹还说：“宦海归来两袖清，逢人卖竹画清风。”他的正直廉明，如同翠竹清风一样坚贞高洁。郑板桥做潍县知县虽仅七载,可他毕竟给潍县人民留下了一个清官的形象，给人们留下了不少的诗文、书画，有许多轶事、传说至今流传不衰。郑板桥先生是一位杰出的诗人，他的诗作在清代的诗坛上占有重要的地位。郑板桥先生的诗，继承了自《诗经》以至杜甫等人的现实主义的优良传统，具有进步的思想内容和优美的表现形式，同情民间疾苦，揭露豪门权贵的骄奢淫欲，郑板桥堪称是独步一时的诗人。板桥先生作诗文，力求有时代气息，着力反映社会现实，切于日用，板桥先生十分推崇杜甫关心人民群众的生活，写了不少忧国忧民的诗篇。他在一首诗中写道：“衙斋卧听萧萧竹，疑是民间疾苦声。些小吾曹州县吏，一枝一叶总关情。”此诗展现了郑板桥先生时时想着民间疾苦，处处记挂民间疼痒的爱民之心，可谓思想艺术完美结合的经典之作。

明代改革家张居正，在为官期间，站在“保民”的立场上，极力主张励精图治，革除弊政，曰：“愚尝伏而思之，夫法制无常，近民为要；古今异势，便俗为宜……法无古今，惟其时之所宜与民之所安耳。时宜之，民安之，虽庸众之所建立，不可废也；戾于时，拂于民，虽圣哲之所创造，可无从也。”可见，张居正革新的原则主要有两点：一是符合安民的需求，二是适合时代的要求。为了解决“贪吏剥下”和“暴强兼并”的社会问题，他强力推行《一条鞭法》。虽然，张居正推行《一条鞭法》旨在为封建王朝“炼石补天”，但也与他体恤民众疾苦，主张“保民”、“为民”的思想不可分割。他曾指出“天之立君，以为民也”。但当时统治者的奢侈腐化，却给劳动人民造成“藜藿不饱”、“短褐不完”、“宵啼露处”的痛苦生活。他对此予以尖锐的批判，表明其忧民之真切。

中国近代伟大的民主革命家孙中山一生戎马倥偬，南征北战，其所从事的革命活动，可以用两个字来概括，就是“为民”。所以，他把自己的施政纲领概括为“三民主义”，即“民族”、“民权”、“民生”。他在谈到“民族”、“民权”、“民生”三者的关系时说：“吾党之责任盖不卒于民族主义，而实卒于民权、民生主义，前者为之始端，后者为其究极也。”这就告诉我们，民族主义乃为革命的第一步，而终极目标则是实现“民权”与“民生”两个主义。强调“民权”与“民生”，正是强调围绕人民根本利益实行社会变革的必要性。尽管由于历史条件的限制，他的“三民主义”无法实现，但他的“博爱大众”的思想还是深入人心。毫无疑问，以上一批志士仁人的博爱情怀，同儒家所倡导的“仁爱”精神的培育有着直接关系。

四、仁爱美德与当代大学生修养

国父孙中山先生在《三民主义·民族主义第六讲》中有言：“仁爱也是中国的好道德……把仁爱恢复起来，再去发扬光大，便是中国固有的精神。”温家宝总理在美国波士顿发表演说，说“中华民族传统文化有许多珍贵品”时，首举“仁爱”。2006 年 4 月胡锦涛主席在美国耶鲁大学演讲，谈中华文明时首举尊重人的尊严和价值，“天地之贵，莫贵于人”，不仅提到“亲仁”，而且强调这是中华文明五千多年从未中断的根本原因。这样的文明既影响了历史，也影响了现代。“敬民如父母”、“爱民如赤子”，是周恩来同志一生的光辉写照。周恩来常说：“我们共产党人要切实关心人民的疾苦。”1956 年 4 月，国务院常务会议讨论关于职工伤亡事故报告规程，有关部门谈到旅大有两只渔船沉没，原因是渔业公司领导对群众的生命安全不负责任。气象部门本来已发出大风预报，渔业公司竟扣压了 24 小时才发报通知渔船，报文开头不是让渔船转移到安全地带，而是问鱼捕得怎么样？周恩来听后十分气愤地说：封建时代的马厩被烧了，孔子还问人不问马，“贵人贱畜”；今天，我们共产党的某些干部却问鱼不问人。他对这件事提出了严肃批评，并责成有关部门在起草安全生产规章时，要以具体事例说明这样一个道理：关心工人，事故就少；不关心工人，事故就多。关心人、贵人，是每个干部的责任。

感动中国 2006 年度人物——林秀贞，是河北省衡水市枣强县王常乡南臣赞村农民。她 30 年如一日，克服了常人难以想象的各种困难，义务赡养了 6 位与自己及家庭成员无任何血缘关系的孤寡老人，在精神和物质生活等各方面对 6 位老人付出了儿女般的照料和孝道。林秀贞学科技、学经济，带头创办个体企业，并把经营企业作为扶贫济困奉献社会的基础。多年来，为8位残疾人传授了玻璃钢和橡胶生产技术，不但在自己的企业为他们安排就业岗位，还帮助他们解决了婚姻、疾病救治等许多生活困难。林秀贞热心乡村教育事业，先后出资4万多元帮助乡村中小学改善办学条件。还资助本村和邻村14名贫困家庭子女步入大中专院校，收养救治了一名出生仅40天的患病弃婴。她热心公益事业，积极为村里修路、打机井、文化娱乐队伍建设等公益事业捐资出力。这位朴实的农村人，始终记得她母亲的朴素教诲：人人管闲事，世上没难事；人人都帮人，世上没穷人；千千治家——用一千分的力量来治理自己的家，万万治邻——用一万分的力量来治理邻里关系。“感动中国”为林秀贞的“颁奖词”是：用30载爱心让一村之中老有所终，幼有所长，鳏寡孤独废疾者皆有所养。富人做这等事是慈善，穷人做这等事是圣贤，官员做这等事是本分，农民做这等事是伟人。这位农妇让九州动容。

仁爱精神源远流长，是我们的人民亲和共处所依凭的准则。千百年来，经过世代哲人先贤的琢磨锤炼，激浊扬清，仁爱思想升华凝聚，成为中华民族构建伦理道德大厦的基准和标尺，并广为人民所认同，成为中国知识分子和广大民众追求的一个切实而高远的人生目标。在浓郁的仁爱思想的熏陶下，历史上曾经涌现出了大批的仁德君子、志士仁人。在新的历史时期，仁爱精神对于人的道德修养尤其是对青年人的成长，依然有着重要的现实意义。

仁爱精神有利于融洽社会成员之间的关系，增进人与人之间的友爱，促进整个社会的和谐。仁爱渗透到社会生活的方方面面。在家庭里，讲究亲慈子孝、兄友弟恭、夫妇和顺；在朋友间，讲究互信互义；在社会中，讲究尊长爱幼、忠恕之道。仁爱所赋予的家庭关系及社会关系中的那种彼此友爱、相互关怀、将他人命运与自己命运紧密联系在一起的情感和理性精神，对于人类的共生共存有着积极意义。一个社会，不管其社会制度、经济结构、人口素质等因素如何，都需要一个安定和谐的环境和氛围才能有所发展。而要营造这种环境，除了应有一整套健全的政治经济法律等社会制度以外，还须从人际关系的角度处理好两方面的关系：一是家庭生活中的人伦关系，二是社会活动中的人际关系。家庭是社会的基本细胞，以家庭为核心而形成的各种人伦关系的融洽与否直接关系到整个社会的稳定。而各种社会活动是维持一个社会的正常运转的基本内容，这些活动是否有序与正常，关系到整个社会的安定与团结。因此可以说，处理好家庭生活中的人伦关系和社会活动中的人际关系是营造一个安定和谐的社会氛围的重要条件和内在因素。而仁爱正是这样一种有益的精神力量。同时，在仁爱的哺育下这种和谐、相互关爱的社会氛围，对青年人的生存发展和心理健康，有着极其重要的意义。青年人在道德行为选择中，培养利他之心和仁爱意识，这是一个人完善自我，成就事业的基点。而传统仁爱意识的最基本的要求，也是人际关系的最基本要求。因此，青年学生应从中汲取营养，努力培养自己的仁爱之心，并引申为乐于助人的利他行为，培养社会主义新时代的无私奉献精神，培养爱祖国、爱人民、全心全意为人民服务的精神。

仁爱精神蕴含着强烈的使命意识，这是任何社会所不可缺少的。仁爱精神强调在处理个人与社会的关系时，要有强烈的社会责任感和历史使命感。认为个人命运和群体命运、社会命运紧密相联。人是社会中的一员，人要爱自己就必须爱他人、爱社会，提倡个人要努力使自己成为“社会人”，优化社会的风俗习气。孔子一生为了自己的理想而孜孜不倦，孟子终身宣扬仁政，他们莫不将个人伦理生活中的仁道原则推行于社会。对他们来说，成人与成己、造就社会与造就个人同样重要。当代青年应积极弘扬这种仁爱精神，积极投身到为他人、为社会、为国家的行动中，“先天下之忧而忧，后天下之乐而乐”，担当社会责任，倡导社会正义。

仁爱精神中同样蕴含着生生不已、自强不息的生机活力，这是青年成长和进步不可缺少的精神力量，“当仁不让于师”、“任重而道远”等，以其蕴含的高昂人生格调向人们昭示出一种奋发向上的生命意识，它将时代与历史融为一体。特别是它所包含的于逆境中求生存、求发展的顽强毅力更是每个人、每个民族不可或缺的，对于铸造大学生崇高的精神品格，增强承受挫折的能力，培养乐观的心态有着积极的作用。

第四章 尊老爱幼

尊老爱幼一直是中国千百年来推崇的一种美德，也是中华传统道德中十分重要的规范。尊老爱幼，就是指要尊重老人关心爱护幼者，也就是中华传统美德中所指的“父慈子孝”，父慈指亲代对子代的关怀爱护，它主要是父母对子女成长的关心、期待、培养和教育。子孝指子代对亲代的敬顺，最基本的要求不只是养亲，更是敬亲、爱亲、尊亲。儒家视孝慈为仁、义的根本，“人伦之公理”。《孝经》说“夫孝，德之本也，教之所由生”。强调孝为道德之本，并宣扬和培养孝德，认为孝敬双亲是道德教育的出发点。在源远流长、博大精深的中华文明中，尊老爱幼的理念不仅见诸于思想家的浩瀚书典中，还体现在统治者的执政理念上，更深入到普通百姓的日常生活中。尊老爱幼的传统美德在中国历史上曾产生过巨大的作用，其影响涉及家庭、政治、文化乃至经济生活的方方面面，尽管它与宗法等级制度密切相关，带有不平等的烙印，但其中的不少思想和某些具体要求，对于我们今天调节家庭成员之间乃至人与人之间的关系，促进道德文明的进步，仍具有重要的现实意义。

一、孝亲尊老是中华民族的传统美德

我国是尊老的国度，世世代代的炎黄子孙始终把孝亲尊老奉为立身处世之大德，相沿成习。孟夫子的“老吾老以及人之老”是提倡尊老，尊老是我们中华民族的传统美德。尊老就必须从孝敬长辈、尊重老人做起。中国文明的发展史，是由家族到国家、宗法血缘的纽带将国与家联结起来。因此，在中国人的意识深处，家庭成了国家的缩影，国家则是家庭的扩大。正是从这个意义上，历代思想家就家庭伦理提出了许许多多的道德理论和行为规范，并把家庭伦理作为整个社会伦理道德的核心和基础。在家庭伦理中的核心就是尊老敬老，晚辈尊老敬老的核心就是孝顺。

在中国历史舞台上，“孝”是进入家庭生活最早的伦理道德范畴，是中华民族累积的一条光芒万丈的人性准则。据考证，孝道成于父系氏族时期；在商代，已把不孝看成是最大的罪行。儒家道统认为“孝”是百行之首，《论语·学而》载：“孝悌也者，其为仁之本欤!”《史记·仲尼弟子列传》记载曾子与孔子经常谈论“孝道”，深得孔子的赞许。“孔子以为能通孝道，故授之业作《孝经》”。《孝经》上更明白地说：“夫孝，德之本也，教之所由生也。”中国近代伟大的民主革命家孙中山先生概括说：“讲到孝字，我们中国尤为特长，尤其比各国进步得多。《孝经》所讲究的孝字，几乎无所不包，无所不至……所以孝字更是不能不要的。”几千年的封建社会中，历代王朝无一不主张并实施以孝治天下。可以说，一方面，“孝”被异化为封建统治阶级统治人民、维系政权的一个最重要的工具；另一方面，“孝”从它本身意义出发，所包含的尊老、敬老、养老，以及亲亲、爱人、爱国，孝是中华民族的一大传统美德，是中华民族家庭和睦、邻里相亲、社会稳定的重要内在因素。因此，孝道已被列为中华传统道德教育的重要内容。

孝的观念，早见于《书》、《诗》等文献，渊源久远，影响至深。《诗经》中有这么一段话：“父兮生我，母兮鞠我，拊我蓄我，长我育我，顾我复我，出入腹我。欲报之德，昊天罔极。”很早，人们就意识到父母的恩德像天一样无边无际。中国有句古话云：“百善孝为先，万恶淫为首。”汉以后统治者往往标榜“以孝治天下”，皇帝的谥号每称“孝文”、“孝武”，足以见孝在传统道德中特殊重要的地位。究竟什么是“孝”呢？东汉许慎在《说文解字·老部》解曰：“孝，善事父母者。从老省，从子，子承老也。”在许慎看来，“孝”是个会意字，其上部是一个省略了笔画的“老”字，下部是个“子”字，子女“善事父母”，即为“孝”。“孝”产生于处理家庭人伦关系的需要，孔子是系统阐发孝道的第一位思想家，是孝道的奠基者。孔子的伦理学说就是以仁学为核心，以孝道为基础而展开的。他首次将孝纳入国家安定、天下太平的角度加以考虑，认为一个人如果能遵守孝悌之道，也就不会犯上作乱了。并且认为孝是仁之本。一个人不能做到孝，就绝对不是一位仁人。传统的孝道，肯定了亲子之爱，强调要善待亲人，是有着不可忽视的积极意义。

1. 人伦之义，孝为公理

孝是人类诞生以来父母子女之间相生相养的一种亲子之情，是中国社会上至天子下至庶民最基本的一项行为准则和伦理道德规范。在以儒家伦理为主导的中华民族几千年的伦理思想文化史中，孝是一个极其重要的组成部分。在儒家看来，“孝”是“立德之本”，人不论其尊卑贵贱都是不可或缺的，其“格物致知、正心诚意、修身齐家、治国平天下”的理论纲领中，处处贯穿着孝的伦理思想。

“孝”是“立德之本”，为“人伦之始”。《论语·学而》明确指出，“孝悌也者，其为仁之本欤！”孔子教弟子的第一件事就是：“入则孝，出则悌。”孟子认为孝悌是至高无上的。“仁之实，事亲是也；义之实，从兄是也。”“亲亲，仁也；敬长，义也。”这就把仁义礼智信等儒家重要的道德规范统一在孝敬父母，尊敬兄长的家庭伦理之中了。而《孝经》中则全面集中地阐述了孝之重要与广泛。可见，孝是一切道德规范的基础及其发展前提，是“人伦之公理”。

2. 善事父母，养亲敬亲

孝敬父母及长者，是中华民族优秀传统美德之一。传统道德十分重视孝敬双亲，许慎所谓“善事父母为孝”，《尔雅·释训》云“善父母为孝”，体现了“孝”最重要的表现就是善待父母，侍奉双亲。孔子亦云：“事父母，能竭其力。”孝就是要奉养父母，替父母做事，尽心尽力。

对父母尽孝，一方面要善侍父母，赡养双亲；另一方面要敬爱父母，尊亲谏亲。在中国古代，赡养父母被视为儿女的家庭义务和道德责任，强调子女报答父母养育之恩。奉养父母，是孝的最基本的含义，如果对父母连奉养都谈不上，那更谈不上爱亲、敬亲、尊亲了。

赡养父母是孝之基本，但不是真正完全的孝。“孝”的道德规范里，还包含着敬爱父母的内容，只养不敬不是孝。孔子曰：“今之孝者，是谓能养。至于犬马，皆能有养。不敬，何以别乎？”就是说对父母只赡养而不亲敬与养犬马无别，不是孝。敬爱父母，就要尊重父母。《论语》记载："子夏问孝，子曰：色难。有事，弟子服其劳；有酒食，先生馔，曾是为孝乎？"做到孝，最难的就是和颜悦色。若是冷眼板脸无奈这样做，而不是心里尊重父母，那就不是孝。敬爱父母，还要能直谏父母，当父母做错事时，要规劝。当父母亲有不义之举时就应当直言相劝，若不劝而听从，则不是孝。善事父母，养亲敬亲，是优秀传统道德，同时它也具有超越时代和阶级的普遍意义，值得我们继承和弘扬。

孔门高徒之一的曾参发展了孔子的关于孝的学说，对孝进行了更加细致的分析："孝有三：大孝尊亲，其次不辱，其下能养……孝有三：大孝不匮，中孝用劳，小孝用力。博施备物，可谓不匮矣；尊仁安义，可谓用劳矣；慈爱忘劳，可谓用力矣。"（《大戴永经·曾子大孝》)所谓博施，即博施天下以仁义，以德教化天下百姓，为天下做出榜样，受天下人的敬养；"备物"，即富有四海，用四海之内的物产来祭祀自己的宗庙，为祖宗显身四海光宗耀祖，即"大孝尊亲"。"中孝用劳"指勤劳王事，为国家建功立业，但是居官理民，要遵循仁义，不杀无罪，不取不义，故能"不辱"其亲。曾子认为，这才是尽到了"孝"道了。所谓"小孝用力"指一般的老百姓行孝道。如《孝经》所说："用天之道，分地之利，谨身节用，以养父母。此庶人之孝也。"即顺应天时，按季节播种、耕耘、收割、保藏、尽地利，因地之利种植各种作物，恭谨诚实地劳动，节约开支，服侍父母，这也就是"慈爱忘劳"。孟子也曾论道："孝之至，莫大于尊亲。"《孝经》中又云："教以孝，所以敬天下为人父者也：教以悌，所以敬天下为人兄者也；教以忠，所以敬天下为人君者也。"这同孟子"老吾老以及人之老，幼吾幼以及人之幼"有异曲同工之妙。正应了传统的家、国、天下的道德秩序。从敬亲、养亲发展到爱亲、爱家、爱国进而爱天下。正合了现在道德教育的自然的循序渐进的规律。儒学提倡的这种孝道，不仅仅是一种通过行为表现出来的人伦道德和博爱思想，而且还是一种社会性行为，行孝者肩负着社会责任，对社会公德负责。

孔子关于孝的理论被其以后的学者发展继承。秦汉之际，中国出现了第一部关于孝的理论著作——《孝经》，相传为孔子的弟子曾参所作。《孝经》在唐代被尊为经书，南宋以后被列为《十三经》之一。在长期的封建社会中它被看作是“孔子述作，垂范将来”的经典，对传播和维护封建纲常起了很大作用。墨子指出“父子不慈孝，天下之害也”；孟子更说“老吾老以及人之老”。人们要努力生产，才能“仰足以事父母，俯足以蓄妻子”，孝敬父母不仅是思想家们的道德见解，而且也是社会生活的真实写照，从社会到家庭，“孝敬”作为一种社会公德，成为每个人必须自觉遵守的行为规范。

关于孝，在中国古代许多伟大的思想家都论述过这个问题，有关他们对于孝亲敬长理论阐述集中体现在《孝经》、《劝报亲恩篇》、《教儿经》、《劝孝歌》、《劝孝文》等经典著作。今天看来，中国古代孝文化、孝道思想当中，有些论述至今仍具有积极因素，无疑是完全可以肯定的，是值得我们重视和借鉴的。古代关于孝的思想内容主要包括以下方面：

(1)重孝。中国古人十分重视孝文化的社会价值，他们对孝文化、孝道思想，有些论说和评价达到的高度、深度、广度，比起我们今天的认识可能还要高。如把孝放在治国齐家的高度，“夫孝，天之经也，地之义也”；把能行孝看成能行善避祸，“万善都在孝里面，为人不孝祸无边”；行孝不分男女，“孝贵心诚无它妙，孝字不分女与男。天下儿孙尽学孝，一孝就是太平年”。古人已充分认识到孝对社会安宁和谐所起到的重要作用。

(2)尊老。把孝敬父母提到了家庭生活中至高无上的地位，包括孝顺老人要心平气和，心理和谐“为人须当孝父母，孝顺父母如敬天”；不要直言老人的过错，“万一爹娘有了过，委屈婉转来相劝”；对老人的呼唤要有应声，“呼唤应声不敢慢，诚心诚意面带欢”。

(3)养老。中国是一个重尊老养老的国家，养老不在乎子女的经济条件如何，在乎儿女能否尽孝，“能孝何在贫和富，量力尽心孝不难。……富孝孝中有乐趣，贫孝孝中有吉缘”。养老包括要关心老人的冷暖起居，“夏天爹娘要凉快，冬天宜暖不宜寒”；要调养好老人的饮食，“米要舂熟饭要烂，菜要新鲜味要匀。皆因父母年纪大，无汤无水口难吞”。

(4)爱老。爱老不仅从饮食起居上关心老人，更要从心理上关爱老人。爱老包括困难的事不要告诉老人，不要让老人为自己担心受累，“但愿自己受委屈，莫教爹娘受艰难”、“劳苦莫叫爹娘受，忧愁莫叫爹娘担”；扶持老人要细心，“出入扶持须谨慎，朝夕侍候莫厌烦”；做儿女的要拒绝酒色等诱惑，“宝局钱场休我往，花街柳巷莫游玩。保身惜命防灾病，酒色财气不可贪”；不要让老人生气，“孝亲不止在吃穿。孝亲不教亲生气，爱亲敬亲孝乃全”。

(5)助老。扶老助幼是中华民族的传统美德，也是一个人有仁慈品德的表现。助老不仅表现在对自己的父母，更表现在对孤寡老人的扶助。

中国是一个重孝道的国家，历代统治者都把“孝”作为治理天下的措施之一。《史记》说舜年二十以孝闻，帝尧闻之，遂以天下让焉。在物质匮乏的古代，孝敬老人无疑反映了一个人的品德。同时，“孝”在维护老年人的地位方面，在维护家庭的自然衔接与演进方面，在稳定家庭与稳定社会方面都有极其重要的作用。孟子的“五不孝”被各姓氏宗族广泛录于谱牒，视为圭臬。自秦代后，“不孝”被定为十恶大罪之一，不赡养甚至辱骂殴打父母或祖父母者，都要受到宗族甚至官府的严厉处治，有的被处以绞刑或腰斩。以后历代统治者都十分重视孝道的伦理贯彻。在汉朝，建国伊始就改“马上治天下”为“以孝治天下”的国策。汉朝颁布《孝廉法》以选拔官吏，虽则有博学宏词、贤良方正等科，唯以孝廉为重。孝者，孝悌；廉者，廉洁。孝则忠君，廉则爱民。如刘邦高祖二年在乡、县设三老以教化人们孝敬老人，“举孝廉”选贤良充官吏；文帝刘恒设立《孝经》博士，制定各级各类人的孝廉行为规范。如官吏要“忠顺不失，以事其上”；庶民百姓要“谨身节用，以养父母”。《孝经》曰：孝是“德之本也，天之经也，地之义也”，“教民亲爱，莫善于孝”。有人说秦亡汉兴的根源不仅仅是秦政暴、汉政宽，汉代统治者用新的思想、方法继承传统道德文化，并且在继承的基础上创立新道德文化，是维护汉天下四百年统治的关键所在。到了魏文帝以后，竭力提倡孝道，由此使得历代帝王在政治思想和政治措施上，形成了“圣朝以孝治天下”的名训和准绳。然而“孝道”是宗法社会氏族中心的家庭教育的标准，它有时与国家观念或忠君思想，不能两全其美。唐代以后，为求“忠孝”思想的统一，便将《孝经》和“大孝于天下”的精神调和贯穿，而产生过去中国文化思想上的名言：“求忠臣必于孝子之门”的定训。到清康熙更加注重运用“以孝道治天下”的政策。他要满族的王公大臣，必须熟读《孝经》，极力揭示“圣朝以孝治天下”的古训。把《孝经》配合他的“圣谕广训”，规定在乡的秀才或族长们，在每月的初一、十五，必须讲解诵读以规训子弟。不容回避，康熙把中国文化“孝道”的特征深入到民间社会和家庭方面去，这是他的一大德政，也是他奠定清政权的一项最有效的措施。

“孝”是家庭最重要的伦理道德，它对于维护家庭和社会的和谐与稳定有重要的作用，不可想象一个不孝敬父母的民族能有良好的道德风尚，一个不孝敬父母的人能有奉献社会的精神。毛泽东在战争年代曾指出忠孝问题，他说我们提倡忠孝不是忠于某一个人，孝于某一个人，为国家尽忠，为民族尽孝就是最大的孝。把古代“不独亲其亲”，“老吾老”的传统美德，熔炼提升为革命传统美德。在这种思想道德观念的支配下，许多革命烈士通过尽“忠”去实现尽“孝”，积极投身革命，解放全中华的父老双亲，使其从根本上改善政治经济地位，实践了最大的“孝”，体现了最大的“忠”。

孝敬老人，和睦亲人，自古以来就是中华民族优秀的文化传统，在中国早已形成一种文化现象，它既存在于文字载体之中，又存在于人民群众的言语、行动之中，存在于社会风尚之中。在中国古代民间孝子榜样被辑集，作为宣传孝道的蓝本。《孝经》有云：“夫孝，德之本也。”就是说孝亲敬老是各种道德的基础。在家孝敬父母，是做人的基本道德标准与要求。中国古代历史上历代名儒雅士、英雄好汉们，对孝道均极为推崇，并身体力行，有关孝道的典故、事迹多得不胜枚举，可谓层出不穷。几乎每个时代，都会出现一批杰出的孝子与孝女，成为人们行孝的楷模。这些典故、事迹集中体现在元代郭居敬辑录古代24个孝子的故事，编成《二十四孝》。《二十四孝》是千百年来在民间广为流传的动人故事。它所表现的是儿女对养育自己的父母必尽的义务，是对父母的理解和报答。它所倡导的是做人的最基础最人本的精神。有关“二十四孝”文字记述并不多，其故事原型也很久远，它曾经还被当做封建糟粕批判过、冷落过，然而它却在民众中深深扎了根，成为一代又一代人所受启蒙教育的内容，经过不知多少人的演绎和深化已成为中华传统美德的重要组成部分。我们在这里试举几例。

孝感动天：上古时期五帝之一的舜，是瞽瞍的儿子。从小就很孝顺父母。他父亲是个老实厚道的农夫。舜的生母在舜十几岁时故去了，舜的父亲瞽瞍是个盲人，据说很有音乐天才。他娶了一位后妻，性情粗暴凶狠。舜的母亲因家境贫困，常对他父亲出言不逊，横加指责。她生了一个儿子名叫象。象长大后亦变得凶残蛮横，也常对父亲傲慢不恭敬。只有舜始终如一，不怨天尤人，对父母恭顺如常，对弟弟加倍关心照顾，引导其改过自新。此超常之大孝心，感动上天。当舜在山下耕田时有神象相助，又有神鸟帮忙锄去荒草。当时的尧帝听说舜的孝行，特派九位侍者去服侍瞽瞍夫妇，并将自己的女儿娥皇和女英嫁给舜，以表彰他的孝心。后来尧把帝位也“禅让”给舜。人们赞扬说，舜由一个平民成为帝王纯由他的孝心所致。

弃官寻母：朱寿昌，字康叔，北宋扬州天长(今安徽天长县)人。生身母亲刘氏，是父亲朱巽的小妾。父亲的正房太太因自己没有儿子，生性妒嫉不断虐待刘氏。朱巽平时就怕太太，又听信谗言竟狠心地将刘氏赶出家门。当时寿昌只有七岁。刘氏离开朱家后，迫于生计忍辱改嫁他人。从此儿子与母亲天各一方，毫无音讯。自母亲离家后，寿昌整日思念，常常在夜间哭醒。长大后他步入仕途，为了找到母亲，吃饭时从不摆酒肉，每次与别人谈及母亲都泪如雨下。宋神宗熙宁初年，朱寿昌已五十多岁，决然辞官寻母。他对家人说：“此次出去找不到母亲，今生今世决不回家！”他记得母亲离家时，父亲正在陕西做官，就一路西行来到陕西寻母，没想到在同州(治所在今陕西大荔县)巧遇母亲。母子二人从分手到相遇，已过了将近 50 年，这时母亲已 70 多岁。寿昌高兴地将母亲一家接到自己家里，精心侍候母亲和继父，极尽孝道。

戏彩娱亲：据《史记》、《高士传》、《列女传》记载，老莱子是春秋末年楚国隐士，与孔子同时。老莱子对待双亲十分孝顺。当时社会动荡，到处混战，老莱子为使父母免遭兵荒马乱之苦，就带领全家来到蒙山(今山东中部)南麓隐居，靠开荒种地，自食其力。老莱子七十岁时，父母年龄更大，为了双亲身体健康、心情愉快，他想法子逗老人乐。有时穿五色花衣服，在地上翻跟头，学狗叫，像小孩一样，把父母逗得乐哈哈他才作罢。有一次，他端着汤饭给父母喝，上台阶时，不小心摔了一跤，他便乘势坐在地上，像小孩一样哭起来，急得二老赶忙来扶，他却站起来开心地笑着说："我是故意逗你二老玩。"

单衣顺母：周朝闵损，字子骞，是个孝子。母亲早逝，父亲怜他衣食难周，便再娶后母照料闵子骞。几年后，后母生了两个儿子，待子骞渐渐冷淡了。一年，冬天快到了父亲未归，后母做棉衣偏心，给亲生儿子用厚厚的棉絮，而给子骞用芦花絮。一天，父亲回来，叫子骞帮着拉车外出。外面寒风凛冽，子骞衣单体寒，但他默默忍受，什么也不对父亲说。后来绳子把子骞肩头的棉布磨破了。父亲看到棉布里的芦花，知道儿子受后母虐待回家后便要休妻。闵子骞看到后母和两个小弟弟抱头痛哭，难分难舍，便跪求父亲说："母亲若在仅儿一人稍受单寒，若驱出母亲，三个孩儿均受寒。"子骞孝心感动后母，使其痛改前非。自此母慈子孝，合家欢乐。

亲涤溺器：黄庭坚，字鲁直，号山谷，北宋洪州分宁(今江西修水县)人，从小聪明颖慧，读书过目不忘。一天，他的舅舅李常在书架上随便抽出一本书向他提问，黄庭坚对答如流，李常十分惊奇，称赞他的学业真是"一日千里"。英宗治平年间，他考中进士；神宗时，任国子监教授。黄庭坚在文学上成就颇高，与张耒、晁补之、秦观同为"苏门四学士"。诗文与苏轼齐名，世称"苏黄"，并开创了文学史上著名的江西诗派。书法上，他擅长行、草，与苏轼、米芾、蔡襄并称"宋四家"。黄庭坚为官刚正不阿，官至知州、吏部员外郎。尽管他地位高名声大，侍奉母亲仍一丝不苟。平时母亲的起居饮食都是自己亲自动手，连母亲用的马桶都是自己亲自刷洗。别人劝他说："你做了大官，洗刷马桶之类的事，就让婢女去做，何必自己动手呢？”黄庭坚说：“职位再高，也要讲孝道。侍奉母亲，没有什么高贵与下贱之分。”

卖身葬父：汉代时有一个闻名的孝子，姓董名永。他家里非常贫困。他的父亲去世后，董永无钱办丧事，只好以身作价向地主贷款埋葬父亲。丧事办完后，董永便去地主家做工还钱，在半路上遇一美貌女子。拦住董永要董永娶她为妻。董永想起家贫如洗，还欠地主的钱，就死活不答应。那女子左拦右阻，说她不爱钱财，只爱他人品好。董永无奈，只好带她去地主家帮忙。那女子心灵手巧，织布如飞。她昼夜不停地干活，仅用了一个月的时间就织了三百尺的细绢，还清了地主的债务。在他们回家的路上，走到一棵槐树下时，那女子便辞别了董永。相传该女子是天上的七仙女。因为董永心地善良，七仙女被他的孝心所感动，遂下凡帮助他。

怀橘遗亲：陆绩，字公纪，三国时吴国吴县(在今江苏省)人，小时聪明伶俐，人称“神童”。父亲在东汉灵帝时官居郡守，一天，去九江拜访世家大族袁术，陆绩随父同去。这时他仅六岁，对袁术的提问应答如流。袁术破例给他赐坐，又摸着他的头对他父亲说：“这孩子秀外慧中，冰雪聪明，日后在文学上一定会有成就。”随后让人端来一盘柑橘。陆绩吃了一个后，感觉味道鲜美，想到母亲平时喜爱吃柑橘，就悄悄拿了几个揣在怀里。起身告辞时，不料怀中的柑橘一个个掉在地上。袁术取笑说：“小儿郎是我家贵客，怎么还偷东西啊？”小陆绩不慌不忙地说：“我母亲平日爱吃柑橘，我见你家柑橘味道特别甜美，就带几个回家给母亲尝。”袁术及周围的人听了都很感动。

《二十四孝》所列榜样十分典型、突出，更具有广泛的代表性。从时间上看，有虞、周、汉、魏、晋、唐、宋；从层次地位上看，有帝王、大夫、书生、百姓；从年龄上看，有老者、成人、儿童；从内容上看，有至贫孝亲的、有危难救亲的、有显贵孝亲的。《二十四孝》今天看来尽管有愚孝成分，但它的主流突出体现了中华民族敬老养亲的优良传统和美德，淳朴中蕴涵了真挚。从这一点看，我们今天受到这些孝敬父母的故事教育之后在心里也会埋下“孝”的种子。

儒家提倡孝，特别是汉代独尊儒术，以孝治天下，每一个皇帝去世以后，在谥号前都加一个孝字，如孝文皇帝、孝武皇帝等。儒家也提倡忠，孔子讲："君使臣以礼，臣事君以忠。"后代流行于世的一对口号是：君叫臣死，臣不死，臣为不忠；父叫子亡，子不亡，子为不孝。今人称此口号为愚忠愚孝。人们以为孔子、孟子都是提倡这种愚忠愚孝的。其实不然。孟子说："君之视臣如手足，则臣视君如腹心；君之视臣如犬马，则臣视君如国人；君之视臣如土芥，则臣视君如寇仇。"(《孟子·离娄下》)君臣关系是对等的关系。虽然说"君为臣纲"，但并不是绝对服从的关系。儒家有的说"君不正臣投别国"，有的说无道之君，要诛之，或者换掉。关于孝德的问题，孔子也不是主张愚孝。在《韩诗外传》有这么一个故事：孔子的学生曾参是著名的孝子。一天，曾参有了过失，即锄草时误伤了苗，他的父亲曾皙就拿着棍子打他。曾参没有逃走，站着挨打，结果被打休克了，过一会儿，才渐渐苏醒过来。曾参刚醒过来就问父亲："您受伤了没有？"鲁国人都赞扬曾参是个孝子。孔子知道了这件事以后告诉守门的弟子："曾参来，不要让他进门！"曾参自以为没有做错什么事，就让别人问孔子是什么原因。孔子说："你难道没有听说过舜的事吗？舜作儿子时，父亲用小棒打他，他就站着不动；父亲用大棒打他，他就逃走。父亲要找他干活时，他总在父亲身边；父亲想杀他时，无论如何也找不到他。现在曾参在父亲盛怒的时候，也不逃走，任父亲用大棒打，这就不是王者的人民。使王者的人民被杀害，难道还不是罪过吗？"在父亲失去理智的时候，拿着大棒乱打，如果打死、打伤或者打成残废，他冷静后会感到十分懊悔。这会给父亲的心灵留下沉重的阴影，永远无法摆脱。这是"不逃"给父亲造成的精神创伤。真正的孝子要逃避父亲的盛怒，避免给父亲造成精神伤害。不管当时鲁国人怎么夸奖曾参，孔子还是严肃地对待此事，以便给后人留下正确的意见。很显然，上述父叫子死的说法，孔子是不同意的。不该死的，就不能轻易地去死，即使有父命。

战国后期的大儒荀子认为："从道不从君，从义不从父，人之大行也。"(《荀子·子道》)当鲁哀公问孔子："子从父命，孝乎？臣从君命，贞乎？”孔子没有回答，出来告诉他的学生子贡说：“子从父，奚子孝？臣从君，奚臣贞？审其所以从之之谓孝、之谓贞也。”子从父，怎么能说是孝子呢？臣从君，怎么能说是贞臣呢？要看在什么样的情况下从命，才可以说是孝、是贞(忠)。可见，听话、盲从的，孔子不认为就是忠孝的臣子。

孝文化在中国源远流长，传统孝道盛行千年，是中华民族的文化珍宝。历史与现实中，无论何人，自家的长辈总是要孝敬的，否则，非人伦也。这是对孝的简单理解。孝文化内涵丰富，正确引导能够派生出许多健康的社会规则：家庭有孝，尊老爱幼，其情融融；单位有孝，上行下效，竭忠尽智，事业兴旺；社会有孝，人人抱有一份尊重情怀，社会便会和谐。

二、中华传统伦理——父义母慈

父义母慈是中国传统的伦理道德，是古代处理家庭成员关系的重要道德伦理规范，它要求父母对子女要慈爱，做父亲的要教育子女深明人生大义，做母亲的要勤劳持家，慈爱儿女。我们民族不仅重视孝道，也非常重视慈道。《礼记·大学》曰：“为人父，止于慈。”作为父亲，能履行慈道，就达到了上爱下的最高境界。《管子·形势解》亦曰：“慈者，父母之高行也。”对子女慈爱，是做父母的最高德行。西汉《韩诗外传》中有言：“夫为人父者，必怀慈仁之爱，以畜养其子。”这些论述，都从不同角度说明了慈道的合理性。那么，怎样才能算作“慈”呢？仁孝文皇后《内训》曰：“慈者，上之所以抚下也。上慈而不懈，则下顺而益亲。”也就是说，父母既要教给孩子适当的行为规范，也要给孩子温暖和关爱，保持家庭和睦。《三字经》曰：“养不教，父之过；教不严，师之惰。”其大意就是要“教之以方”。汉代学者刘向《说苑·建本篇》中云：“贤父之于子也，慈惠以生之，教诲以成之，养其谊，载其伪，时其节，慎其施。”近代学者梁启超在《新民说·论公德》一文亦曰：“父母之于子也，生之，育之，保之，教之……”毫无疑问，他们都在一定程度上揭示了慈道的客观内容。关于慈道的论述，在内容上虽有种种不同，但就其基本精神而言，至少有两项是大致相同的：一曰“养”，二曰“教”，即对子女尽养与教的道德义务。在古代先贤后来，对于父母而言，基本的伦理规范是父义母慈(亦统称为慈)，具体表现为以慈育儿、对儿女生之养之、爱之教之，使儿女成家立业，有所作为 。父义母慈，自古流传下来，成了炎黄子孙传统文化中极其重要的一部分。

1. 养育子女

父母养育子女是传统慈道的合理“内核”，是放之四海而千古不变的通则。孩子从出生到自立之前，在生活上需要父母予以关怀、抚养，从婴儿时期的喂奶、把尿，到幼年和童年时期的吃饭、穿衣，处处都离不开父母的照护、帮助。这些既是父母应尽的义务，也是子女应享有的权利。对于这一切，做父母的不但没有异议，而且身体力行，甘愿奉献，形成传统美德。《劝报亲恩篇》在描述父母抚育儿女的艰辛过程时，有这样一段感人的文字：

“要知父母恩情大，听我从头说一番……生来不能吃东西，食娘血脉当饭餐。白天揣着把活做，到晚怀里揽着眠。左边尿湿放右边，右边尿湿放左边。左右两边全湿透，将儿放在胸膛间。偎干就湿身受苦，抓屎抓尿也不嫌。孩子醒了娘不睡，敞着被窝任儿玩。纵然自己有点病，怕冷也难避风寒。孩子睡着怕他醒，不敢翻身常露肩。……儿子欢喜娘也喜，儿子啼哭娘不安。这么拍来那么哄，亲亲吻吻蜜还甜。……小裤小袄忙里做，冬日棉来夏日单。不会吃饭使嘴喂，惟恐儿女受饥寒。结计冷来结计热，结计吃来结计穿。娘疼儿女心使碎……恩亲难报这三年。”这段文字，把母亲抚育儿女的艰难过程描述得惟妙惟肖、细致具体，深刻说明了母亲的伟大、慈爱的高尚。它集中反映了中华民族重视养育儿女的传统美德，是人类真情的写照。

2. 端蒙重教

一般来说，对于儿女的抚养，做父母的大多能竭尽其力，很好地履行这一义务。但对于教育子女则不是所有父母都能做好的。故古往今来，历代教育家们，多在教育子女方面劝导天下父母们。《左传》曾明确提出“父慈而教”的主张，强调“爱子”应“教之以义方”；

《管子·五辅》也说：“为人父者，慈爱以教”；宋代司马光指出：“为人母者，不患不慈，患于知爱而不知教也。”李惺《老学究语》中亦曰：“不怕饥寒，怕无家教；惟有教儿，最关紧要。”可见教育子女被视为是父母应尽的道德义务。由于子孙担负着延续家族、光宗耀祖的重任，因而传统慈道历来都十分注意子女的教育。在教育的时间上，强调“蒙以养正”，认为端蒙养“是家庭第一关系事”，甚至主张胎教；在教育的宗旨上，提倡“爱子有道”，反对溺爱、宠爱，要求进德修身、清白做人；在教育的内容上，强调励志勉学、自立自重、谨慎处世、慎重交友等。不仅如此，围绕对子女的道德教育，前人积累了许多成功的经验，其中有许多经验在今天看来仍然值得我们认真吸取、借鉴。

3. 正身率下

家长以身作则、正身率下也是父道的基本要求。司马光的《居家杂仪》指出：“凡为家长，必谨守礼法，以御群子弟及家众。”李昌龄认为，为父为师就要遵守为父为师之道，而“为父为师之道无它，惟严与正而已”；“为父而不能尽父之道，则家无孝友之子”。因为只有家长身正，才能“不令而行”，才能保持父子关系融洽、家庭和谐。正如赵鼎《家训笔录》所论：“唯是主家者持心公平，无一毫欺隐，乃可率下。不可以久远不慎，致坏家风。”

4. 爱子贵均

传统父道还强调子女多的大家庭的家长更要对子女一视同仁、憎爱不偏，不因子女贤或不肖、聪慧或者愚笨而喜恶。如：“为人父，止于慈，不当因其子之贤愚而异爱”；“贤不肖皆吾子，为父母者切不可毫发偏爱，偏爱日久，兄弟间不觉怨愤之积，往往一待亲殁而争讼因之。”这样爱子不偏，大大减少了家庭成员间的矛盾，保证了家人之间的和睦相处。

“爱幼”一直是中华民族的传统美德，也是促进家庭和谐和社会和谐的重要因素。历史上为后人留下许多动人的故事。相传唐代的元德秀，表字紫芝，幼小就没有了父亲。服侍母亲，非常孝顺。母亲死了，他就在坟旁边搭起茅草房住着。后来他的哥哥和嫂嫂都死了，遗下一个侄儿，才是周岁的孩子。元德秀没有法子想了，日夜很悲哀地哭着。抱了侄儿，把自己的乳头给他含着。过了差不多十天的时候，他的乳头里竟流出了乳汁来。等到侄儿自己能够吃饭的时候，他的乳汁才没有了。天宝年间，在鲁山地方做了县官。天下的人敬重他的品行，都叫他元鲁山。那时候的宰相房琯见了元德秀，就叹着说：一看见紫芝的眉宇，使人争名夺利的心都没有了。元德秀死了以后，他的谥法，就叫做文行先生。

宋代，有个陆九思，表字子疆，中了进士。当他最小的弟弟陆九渊初生下来的时候，乡里的人，有要想领他去做螟蛉子的。他的父亲和母亲，因为自己的儿子太多了，就要答应他们。陆子疆竭力劝阻，才把父亲母亲的念头打消了。在陆九渊出生的那一年，刚巧陆子疆也生了一个儿子，名叫陆涣之。于是陆子疆就对妻子说：我们的儿子，可把他寄到种田人家去，你可自己给小叔吃着奶。他的妻子也就很欢喜地答应了。陆九渊长大了，服侍哥哥嫂嫂，像服侍父亲母亲一样的尊敬。后来在荆门地方做官，把哥哥嫂嫂都迎接了去，并且侍奉他们。

唐代韩会的妻子郑氏，就是昌黎先生韩愈的嫂嫂。韩愈生下了才周岁，父母都死了，全靠郑氏的抚养。天气冷了，给他添衣服。肚子饿了，给他吃食物。小心爱护，是很辛苦的。韩愈在很年幼的时候，跟了哥哥到泰州上任去。后来哥哥遭了诽谤，贬到韶州，因此忧郁死了。离故乡有万里，孤儿又小。郑氏到了这种凄凉的境地，多么的艰难困苦呵。但是她抖起精神，带着幼弱的孤儿和丈夫的灵柩，回到河阳去安葬。有一次，她用手抚摩着儿子，并且指着叔叔韩愈，流着眼泪万分凄楚地说：韩家两代，只剩你们两个孤苦伶仃的叔侄了。说到这里，眼泪像雨一般地落下来，真有说不出的难过。后来把叔叔韩愈教养着，勉励他上进，终于成了一个唐代有名的读书人。这都是他嫂嫂的功劳呵。

需要特别指出的是，中国古代是一个典型的血缘宗法社会，家族的绵延被视为极重要的事项，所以中国古人对后代的关怀爱护集中体现在重视养子教子。爱幼更多的表现在爱中有教，慈中有严。古人留下的《诫子书》、《家训》等大量有关教育子女的著作是中华民族一笔宝贵的道德遗产。父母是孩子的第一任教师，孩子的意志品质、个性的形成与父母的言传身教都有着密切的联系。古人在教育子女方面，给我们做了好榜样，下面举几个典型的例子。

曾子杀猪：曾参(公元前 505～前 436 年)是孔子的学生。有一次，曾参的妻子要上街，小儿子拉着母亲的衣襟又哭又闹，要求跟着去。曾参的妻子被闹得没有办法，就对孩子说："你留在家里，妈妈回来杀猪给你吃！"孩子被哄回家去了。曾参的妻子从街上回家，只见曾参拿着绳子在捆猪，旁边还放着雪亮的尖刀，正在准备杀猪呢。妻子赶忙制止说："我刚才是和孩子说着玩的，并不是真的要杀猪啊。"曾参说："孩子是不能欺骗的。孩子小，什么也不懂，只会学父母的样子，听父母的教训。今天你说话不算数骗了孩子，就是在教孩子说假话。再说，母亲骗了孩子，孩子觉得母亲的话不可靠，以后你再对他教育，他就不容易听信了，这是很不利的。" 结果，曾参说服了妻子，还是把猪杀了煮了。

汉代疏广、疏受叔侄两人的教子方法别具一格。疏广是汉宣帝时的太子太傅，他的侄子疏受同时为太子少傅，都是辅导太子的官。每次太子朝见皇帝，他们都一起陪同，太傅在前，少傅在后。五年以后，太子读通了《论语》、《孝经》。疏广对疏受说："我们官也当了，名声也有了，这个时候再不引退，怕有后悔之事。我们叔侄还是辞官归故乡以享天年，何如？"疏受叩头道："听长辈的。"于是两人辞官回乡，去过悠闲的生活。 回到家乡后他们每日摆酒，宴请族人和以前的老朋友。过了些时候，疏广的子孙实在心疼，托人向疏广说情，让疏广买点田宅，以便留给后代子孙。疏广听后，慢悠悠地说："我难道已糊涂到成为想不到自己子孙的人了吗？只因为家中原来薄有田产子孙们如果勤奋劳作，可以享有和人家差不多的生活。倘使我现在给他们多买田产增加他们的盈余，只会让他们变得懒惰。人贤而多财，则捐其志；人愚而多财，则增其过。而且人一旦富有了总会被旁人嫉妒怨恨。我既然没有什么用来教他们，总不能再增加他们的过失，让他们遭嫉恨。至于我带回来的金子，那是皇上让我养老的，我拿来和族人、朋友共同享受不是很好吗？"大家听了心悦诚服。

王羲之教子习书法：王献之是王羲之的第七个儿子，自幼聪明好学，在书法上专工草书隶书，也善画画儿。他七八岁时始学书法，师承父亲。有一次，王羲之看献之正聚精会神地练习书法，便悄悄走到背后，突然伸手去抽献之手中的毛笔，献之握笔很牢，没被抽掉。父亲很高兴，夸赞道："此儿后当复有大名。"小献之听后心中沾沾自喜。还有一次，羲之的一位朋友让献之在扇子上写字，献之挥笔便写，突然笔落扇上把字污染了，小献之灵机一动，一只小牛栩栩如生于扇面上。再加上众人对献之书法绘画赞不绝口，小献之滋长了骄傲情绪。献之的父母看此情景，若有所思……

一天，小献之问母亲郗氏："我只要再写上三年就行了吧？"妈妈摇摇头。"五年总行了吧？"妈妈又摇摇头。

献之急了，冲着妈妈说："那您说究竟要多长时间?""你要记住，写完院里这 18 缸水，你的字才会有筋有骨，有血有肉，才会站得直立得稳。"献之一回头，原来父亲站在了他的背后。王献之心中不服，啥都没说，一咬牙又练了 5 年，把一大堆写好的字给父亲看，希望听到几句表扬的话。谁知，王羲之一张张掀过，一个劲地摇头。掀到一个"大"字，父亲露出了较满意的表情，随手在"大"字下填了一个点，然后把字稿全部退还给献之。

小献之心中仍然不服，又将全部习字抱给母亲看，并说："我又练了 5 年，并且是完全按照父亲的字样练的。您仔细看看，我和父亲的字还有什么不同?"母亲果然认真地看了 3 天，最后指着王羲之在"大"字下加的那个点儿，叹了口气说："吾儿磨尽三缸水，惟有一点似羲之。"

献之听后泄气了，有气无力地说："难啊！这样下去，啥时候才能有好结果呢？"母亲见他的骄气已经消尽了，就鼓励他说："孩子，只要功夫深，就没有过不去的河、翻不过的山。你只要像这几年一样坚持不懈地练下去，就一定会达到目的的！"献之听完后深受感动，又锲而不舍地练下去。功夫不负有心人，献之练字用尽了 18 大缸水，在书法上突飞猛进。后来，王献之的字也到了力透纸背、炉火纯青的程度，他的字和王羲之的字并列，被人们称为"二王"。

司马光教子俭朴：北宋杰出史学家司马光，进士出身，屡官天章阁侍兼侍讲、御史中丞、尚书左仆射，后追封为温国公。由他编著的《资治通鉴》是我国一部很有价值的历史著作。

在司马光的一生中流传着许多动人的故事。史料记载，司马光在工作和生活中都十分注意教育孩子力戒奢侈，谨身节用。他在《答刘蒙书》中说自己“视地而后敢行，顿足而后敢立”。为了完成《资治通鉴》这部历史巨著，他不但找来范祖禹、刘恕、刘敛当助手，还要自己的儿子司马康参加这项工作。当他看到儿子读书用指甲抓书页时，非常生气，认真地传授了他爱护书籍的经验与方法：读书前，先要把书桌擦干净，垫上桌布；读书时，要坐得端端正正；翻书页时，要先用右手拇指的侧面把书页的边缘托起，再用食指轻轻盖住以揭开一页。他教诫儿子说：“做生意的人要多积蓄一些本钱，读书人就应该好好爱护书籍。”为了实现著书立说、治国鉴戒的理想，他15年始终不懈，经常抱病工作。他的亲朋好友劝他“宜少节烦劳”，他回答说：“先王曰，死生命也。”这种置生死于不顾的工作、生活作风，使他的儿子深受启迪。

在生活方面，司马光节俭纯朴，“平生衣取蔽寒，食取充腹”，但却“不敢服垢弊以矫俗于名”。他常常教育儿子说，食丰而生奢，阔盛而生侈。为了使儿子认识崇尚俭朴的重要，他以家书的体裁给儿子写了一篇《训俭示康》。

在文中他阐述了以下观点：

(1)不满于奢靡陋习。他说，古人以俭约为美德，今人以俭约而遭讥笑，实在是要不得的。他又说，近几年来，风俗颓弊，讲排场，摆阔气，当差的走卒穿的衣服和士人差不多，下地的农夫也脚上穿着丝鞋。为了酬宾会友，“常数月营聚”，大操大办。他非常痛恶这种糜烂陋习，为此，他慨叹道：“居位者虽不能禁，忍助之乎！”

(2)提倡节俭美德。司马光赞扬了宋真宗、仁宗时李亢、鲁宗道和张文节等官员的俭约作风，并为儿子援引张文节的话说：“由俭入奢易，由奢入俭难”，告诫儿子这句至理名言是“大贤之深谋远虑，岂庸人所及哉。”接着，他又援引春秋时鲁国大夫御孙说的话：“俭，德之共也；侈，恶之大也。”接着，他对道德和俭约的关系作了辩证而详尽的解释。他说：“言有德者皆由俭来也。夫俭则寡欲。君子寡欲则不役于物，可以直道而行；小人寡欲则能谨身节用，远罪丰家。”反之，“侈则多欲。君子多欲则贪慕富贵，枉道速祸；小人多欲则多求妄用，败家丧身。”

(3)力戒奢侈以齐家。司马光为了教育儿子警惕奢侈的祸害，常常详细列举史事以为鉴戒。他曾对儿子说过：西晋时何曾“日食万钱，至孙以骄溢倾家”。石祟“以奢靡夸人，卒以此死东市”。近世寇准生活豪侈冠于一时，“子孙习其家风，今多穷困”。

司马光还不断告诫孩子说：读书要认真，工作要踏实，生活要俭朴，表面上看来皆不是经国大事，然而实质上是兴家繁国之基业。正是这些道德品质，才能修身、齐家，乃至治国、平天下。司马光关于“由俭入奢易，由奢入俭难”的警句，已成为世人传诵的名言。在他的教育下，儿子司马康从小就懂得俭朴的重要性，并以俭朴自律。他历任校书郎、著作郎兼任侍讲，也以博古通今为人廉洁和生活俭朴而称誉于后世。

陆游教子：陆游是南宋杰出的爱国诗人。他的诗作，流传于今的有 9 000 余首，是古代诗人作品流传于今最多的一位诗人。陆游，字务观，号放翁，越州山阴(今浙江绍兴)人。高宗绍兴年间参加礼部考试，考取第一名。秦桧的孙子同科考试，考为第二。因此，陆游遭到秦桧的排斥。孝宗即位，他才时来运转，赐进士出身。官至宝章阁待制。晚年隐居家乡。他有六子一女。

陆游一生是在激烈的民族斗争中度过的。面对金兵的南下，宋朝的山河为金人所占有，他心急如焚。他对朝中以秦桧为代表的投降派恨之入骨。为此，他对子女十分重视做人的教育。他告诫儿子们说：但愿你们长大成人之后，乡亲们称赞你们是有道德的人。即使做一个老百姓，与那些高官显爵相比也是无愧的。他要求儿子们时常检查自己，有错必改；看到别人有好的行为，要主动自觉地学习。他的二儿子陆子龙要到吉州去任地方官，他特意写了一首长达 52 句的诗来为儿子送行。诗中说：“汝为吉州吏，但饮吉州水；一钱亦分明，认能肆馋毁！”就是要求要清清白白地做官，做一个为民众欢迎的清官。他还告诫儿子说，在吉州有我的一些朋友，他们不但有学问，而且品德也好。你到那里后可以去拜访他们，但不要向他们提出什么要求，可以同他们相互勉励。

知书达礼是陆游在子女教育上十分注意的一点。他说：古人做学问是很努力的，往往是年轻时候开始努力，到了老年才取得成功。他对儿子说：现在我已老了，可你们正是读书的好时机，要刻苦攻读，莫失良机，希望你们一定牢记我的劝告。他还说，读书做学问最要紧的是学以致用，身体力行。他不仅要求自己“善言座铭要躬行”，更告诫子孙“学贵身行道”、“字字微言要力行”。这里所说的力行，就是要学习古人的高风亮节，不媚权贵，不干利禄，不污大节，廉洁自守，处处谨慎，时刻想着报效祖国。

陆游在创作上成就是辉煌的，经验是丰富的，可他从不满足。他认为自己没有达到最高境界。他在写的诗中语重心长地说：“汝果欲学诗，功夫在诗外。”就是说从事诗歌创作是不能靠小聪明，在文字上做游戏，而是要下苦工夫。

陆游 85 岁那年冬天，病倒在床上。他预感到留在世上的时间不会很长了。他对他的后事作了考虑和安排，他告诫儿子们说：我家本是农家再能为农，这是上策；杜门谢客，不应举，不求仕，这是中策；安于小官，不慕荣达，这是下策。除此三策之外，没有别的选择。还说仕宦变化无常，不去做官而去为农，没有什么值得遗憾的。你们只有不出现大的过失，勿露所长，勿与贵达亲厚，就会减少人们对你们的攻击和陷害。无论子孙们的才分如何，都要让他们读书。又谆谆告诫儿子们对子孙后代要严加约束，“要求做到宽厚恭俭，不要与那些华而不实的人结交在一起。”针对当时社会上流行的厚葬习俗，他反复对儿子们交代：厚葬没有任何益处，古今有见识的人对此都说得很详细了，至于用什么棺柩，亦当量力而行，不要为舆论所动摇。棺柩埋在地下，好与不好没有什么两样！又说，近世出丧时大肆铺张浪费，有作香亭、寓人、寓马之类，兴师动众，所有这一切都应摒弃。墓上石人、石虎一类的设置，也一律不要。如果想作个标记，立一两个石柱也就可以了。

郑板桥爱子必以其道：郑板桥是清代著名的书画家、诗人。他的书画、书法皆享有很高的声望，被人称为三绝。郑板桥，名燮，号板桥，晚年署作板桥老人，江苏兴化人。三岁丧母，生活贫困。50岁以前，读书、教书、卖画；乾隆七年(1742年)考中进士。在山东潍县、范县(今属河南)作了十二年知县。勤于政事，政绩显著。后因荒年主张赈济饥民而得罪官绅，61岁，辞官回到家乡，以卖画为生。

他到52岁时才有儿子，起名小宝。他对小宝十分喜欢。为了把儿子培养成有用的人才，他非常注意教育方法。

郑板桥被派到山东潍县去做知县，将小宝留在家里，让妻子及弟弟郑墨照管。郑板桥看到当时富贵人家子弟娇生惯养，担心自己的儿子被娇惯变坏，所以他身在山东，而心念在家的儿子。他想把儿子小宝委托堂弟郑墨帮助照管会比自己更娇惯，所以，他从山东不断写诗寄回家中让小宝读。小宝在母亲的带领下，一遍又一遍地背记着这些诗句，从而明白了许多人生的哲理。

“娇子如杀子”，这是多少人用血泪换取的经验教训。当郑板桥听说在家的小宝常常对孩子们夸耀：“我爹在外面做大官！”有时还欺侮佣人家的孩子。郑板桥立即写信给弟弟郑墨说：“我52岁才得一子，岂有不爱之理！然爱之必以其道。”必定要有爱子的办法。“以其道”是真爱，不“以其道”是溺爱，溺爱不是真正的爱。所以，他要弟弟和家人对小宝严加管教，注意“长其中厚之情，驱其残忍之性”。弟弟和家人按照郑板桥的意愿对孩子进行教育收效很大，就给郑板桥写了封信，讲了孩子的长进，并说，照此下去，长大之后准是个有出息的人，能像你一样，当个官儿。郑板桥看了这封信后，觉得弟弟对小宝太姑息了，这样做对孩子并没有什么好处。于是立即给弟弟郑墨复信说：我们这些人，“一捧书本，便想中举，中进士，做官，如何攫取金钱，造大房屋，置多田产。起手便走错了路，越来越作坏总没个好结果”。他还说：“读书中举、中进士、做官，此是小事，第一要明理作好人。”这里所说的好人，是品德修养高尚的人，是有益于社会的人。

小宝长到六岁以后，郑板桥就把小宝带在自己身边，他亲自教导儿子读书，要求每天必须背诵一定的诗文，并且经常给小宝讲述吃饭穿衣的艰难，并让他参加力所能及的家务劳动。学洗碗，必须洗干净。到小宝十二岁时，他又叫儿子用小桶挑水，天热天冷都要挑满，不能间断。由于父亲言传身教，小宝的进步很快。当时潍县灾荒十分严重，郑板桥一向清贫，家里也未多存一粒粮食。一天小宝哭着说："妈妈，我肚子饿！"妈妈拿一个用玉米粉做的窝头塞在小宝手里说："这是你爹中午节省下的，快拿去吃吧！"小宝蹦跳着走到门外，高高兴兴地吃着窝头。这时，一个光着脚的小女孩站在旁边，看着他吃。小宝发现这个用饥饿眼光看自己的小女孩，立刻将手中的窝头分一半给了她。郑板桥知道后，非常高兴，就对小宝说："孩子，你做得对，爹爹真喜欢你！"郑板桥对于女儿也非常关心，在他的影响和熏陶下，女儿在诗画方面也达到了相当水平。眼看女儿就到出嫁年龄了，还未找到合适的对象。他主动为女儿选择了对象，并且一反婚事大操大办的传统，自己亲自将女儿送到男方家里，让男方家人做了几个小菜，以示庆贺。当他要返回时，才告诉女儿说："这就是你的家，你就安心在这里过吧！"他为了表示自己对女儿婚事的祝贺，特意作画一幅作为嫁妆送给女儿，在这幅画上，他题写了一首小诗说："官罢囊空两袖寒，聊凭卖画佐朝餐。最惭吴隐奁妆薄，赠尔春风几笔兰。"郑板桥非常注意对子女进行自立教育。直到临终前，他还要让儿子亲手做几个馒头端到床前，当小宝把做好的馒头端到床前时，他放心地点了点头，遂即合上了眼睛，与世长辞了。临终前，他给儿子留下的遗言："流自己的汗，吃自己的饭，自己的事自己干，靠天靠人靠祖宗不算好汉。"这则遗言是对子女的嘱咐，也是他对子女教育经验的总结和概括。

李苦禅教子故事：李苦禅先生(1898～1983 年)，是我国当代著名的国画家和美术教育家。李燕是他的儿子。在李苦禅的苦心教育下，李燕在画坛脱颖而出，也颇有造诣。"人无品格，下笔无方"，李燕子承父业，也迷上了绘画，李苦禅便经常对儿子说："人，必先有人格，尔后才有画格；人无品格，下笔无方。秦桧并非无才，他书法相当不错，只因人格恶劣，遂令百代世人切齿痛恨，见其手迹无不撕碎如厕或立时焚之。据说留其书不祥会招祸殃，实则是憎恶其人，自不会美其作品了。”

李苦禅自己说到做到，率先示范。1937年北京沦陷了，伪新民会妄图拉拢社会名流为其装点门面，派人来请李苦禅“出山”：“您要答应了，有您的官做，后头跟个挎匣子(枪)的，比县长还神气哩！”李苦禅不为所动，凛然拒绝。此后，他断然辞去教学职务，以卖画为生。父亲的言行，儿子看在眼里，听在耳里，记在心里，化为行动。“文革”结束后，有天，李苦禅叫来儿子，说有关部门通知前往认领散乱的查抄物品。他对儿子再三叮嘱：“上次叶浅予和陆鸿年把错领的那些东西都退给咱们了。这正是看人心眼儿的时候，咱们要错领了，也要还人家啊！”也正让李苦禅说着了，在李燕领到的“杂画一批”中发现一卷二十件黄宾虹未装裱之作，上有两三件书有李可柒的上款。李燕遵嘱当即交还工作人员，并立即通知李可柒。李可柒见心爱之物璧还喜不自胜。李苦禅听说后也非常高兴。当时在场的友人开玩笑说：“何不趁此跟那位李先生讨幅牛？”原来李可染画牛是出了名的。但李苦禅连连说：“物归原主是做可！”李苦禅逝世后，李燕曾在《风雨砚边录——李苦禅及其艺术》一书中详细谈到此事。由此可见，父亲的品格教育对他的影响之深。

李苦禅教育儿子从艺，不是就事论事，而是“先苦其心志，劳其筋骨，饿其体肤”。他对儿子说：“干艺术是苦事，喜欢养尊处优不行。古来多少有成就的文化人都是穷出身，怕苦，是不出来的。”接着，他结合自己从艺过程，说：“我有个好条件——出身苦，又不怕苦。当年，我每每出去画画，一画就是整天，带块干粮，再向老农要根大葱，就算一顿饭啦！”在父亲的教导下，李燕不怕风吹日晒，不畏爬山涉水，长期坚持野外写生。

古往今来，成功的教子方法不胜枚举。一些教子勿贪的故事更被传为佳话。

(1)“碑”教。包拯素有“包青天”的美誉。他说：“廉者，民之表也；贪者，民之贼也。”他不仅以身作则，对子女要求也很严格，其晚年在家中立下一块石碑，刻上《诫廉家训》：“后世子孙仕官有犯赃者，不得放归本家，亡殁之后不得葬于大茔之中。不从吾志，非吾子孙。”

(2)“诗”教。清代，陕西参议耿鸣世的夫人徐氏，曾给任浙江金都御史的儿子耿庭柏写去一首诗，谆谆教诲道：“家内平安报尔知，旧园岁入有余资。丝毫不用南中物，好做清官答圣时。”

(3)“联”教。明初名臣杨士奇，为人正直，勤勉于政，但他的儿子却仗着父亲是朝廷大官，横行霸道，家乡父老纷纷进京上告。杨士奇得知后，非常气愤，连夜给儿子写信，严厉训斥，并附一联：“不畏官司千张纸，只怕乡民三寸刀。”

(4)“言”教。田稷子任齐国宰相时，一次将两千多两黄金(铜)送给母亲，母亲十分诧异地问：“你当宰相已有三年，俸禄从未见如此之多，莫非是下属官员送给你的？”田稷子未加否认，其母严厉地说：“作为官吏，修身养性是第一要事，高洁清白，不要不义之财；忠诚老实，不搞欺诈之事；光明磊落，不存非分之想……你这不义之财，我岂能要它……”田稷子听后，满面羞愧，当即退还了受贿之财。

古代开明贤慧的好母亲很多，她们的故事也都十分感人，像“孟母三迁”、“岳母刺字”等。现向读者介绍几位教子成才的好母亲，以便从中得到启示。

孟子能成为“亚圣”，成为中国封建社会正统思想体系中地位仅次于孔子的人，多得力于他的母亲。孟子的母亲是位伟大的女性，她克勤克俭含辛茹苦，坚守志节，抚育儿子，从慎始、励志、敦品、勉学以至于约礼、成金，数十年如一日，丝丝入扣，毫不放松，既成就了孟子，更为后世的母亲留下一套完整的教子方案，她本人也成为名垂千秋万世的模范母亲，属于典型的中国良母。

中国文化源远流长，“胎教”的说法由来已久。据说周文王的母亲妊娠时，目不视恶色，耳不听淫声，口不出恶言；周成王的母亲怀孕期间，立而不跛，坐而不差，独居不倨，虽怒不骂；孟母深深体会到“胎教”的重要，《韩诗外传》就载有她的一段话说：“吾怀妊是子，席不正不坐，割不正不食，胎教之也。”

孟子的母亲姓仇。父亲名叫孟激，字公宜，是一位怀才不遇的读书人，他为了人生更大的发展抛别娇妻稚子，远赴宋国游学求仕，三年后，带给孟母的是晴天霹雳般的噩耗。从此，孤立无援的孟母开始了坎坷的人生旅途。她下定决心，要凭着自己的双手谋取衣食所需，更要以自己的力量，把独生儿子教养成为一个有用的人。

孟母不只是小心翼翼地注意儿子起居冷暖，更不厌其烦地以“言教”和“身教”来完善儿子的人格。大体上一个人的基本人格是在六岁以前基本形成的，从此根深蒂固。六岁以后，活动范围逐渐扩大，自然而然就会受到周围环境的影响，使原本已经塑造完成的脆弱人格模式遭逢强烈的试炼和考验，这时是“近朱者赤，近墨者黑”，“染于苍则苍，染于黄则黄”，环境十分重要。孟母突然发现，一向伶俐听话的儿子，已受到了不良环境的影响，从此为了给儿子寻找一个好的生活、学习环境，孟母开始了漫长的迁居活动，至今还留传下“孟母三迁”的美谈。

孟家原在马鞍山下的凫村，山麓坟茔处处，村中儿童追逐嬉戏，不时看到丧葬的情形，也三五成群地模仿大人们的礼仪，扮演丧葬的过程，孟母看在眼里，痛在心里，既不能老是把一个活泼好动的孩子关在家里，唯一办法就是变更居住环境。

经过一番周折，孟家母子从凫村迁到了十里外的庙户营村，这里是一个“日中为市”的交易集市，每逢一、三、五、七单日，远远近近的百姓们，手拎肩挑一些自己的土产来到集市交易，讨价还价，喧嚣热闹，这场面对孩子来说是颇有吸引力的，耳濡目染，孟子和其他一些孩子也学会了锱铢必较的模样。孟母忐忑不安，住了半年又再次迁居。

孟母既不愿儿子成为一个默默无闻的人，也不屑于儿子沾染唯利是图的市侩习气，她一定要选择一个适合儿子成长的环境，她第三次把家搬到了邹城的学宫附近，虽然房子湫隘不堪，但是孟母带着儿子还是安安心心地定居下来。学宫附近常常有读书人来往，高雅的气韵、从容的风范、优雅的举止与循规蹈矩的礼仪行为，都给附近居民不少潜移默化的影响，尤其是初解人事的孩子们，常群集在大树底下，演练学宫中揖让进退的礼仪，有模有样，一片庄严肃穆的景象，使得远远察看的孟母内心深处大为高兴："这才是孩子们最佳的居住环境！"她由衷地发出感叹。

做人是要求诚实，所谓"言必行，行必果"。当孟家还在庙户营村市集旁居住时，东邻有人杀猪，孟子不解地问母亲："邻家杀猪干什么？"孟母当时正忙，便随口漫应："给你吃！"孟子十分高兴等待食肉，孟母为了不失信于儿子，忍痛在捉襟见肘的生活费中，拨出一部分钱买了一块肉，让儿子吃了个痛快。

做事必须要有恒心，一旦认准目标，就不为外界所干扰。孟子具有天生的灵性与慧根，但也有一般幼童共有的怠惰贪玩习惯。有一天，孟子竟然逃学到外面玩了半天。当儿子回家时，孟母不声不响地拿起一把剪刀，将织成的一段锦绢咔嗒咔嗒，拦腰剪成两段，就在孟子惊愕不解时，孟母说道："你的废学，就像我剪断织绢！一个君子学以成名，问则广知，所以居则安宁，动则远害；你今天不读书，就不可以离于祸患，今后永远就只做一些蔂蔂苟苟的小事，中道废而不为，怎么能衣其夫子，而不乏粮食呢？"孟母用"断织"来警喻"辍学"，指出做事半途而废，后果是十分严重的。"断织督学"的一幕在孟子小小的心灵中，留下了既惊且惧的鲜明印象，从此孜孜以求，日夜勤学不息。

春秋战国时代，学术风气蓬勃发展，诸子百家争奇斗胜，使人眼花缭乱，不知如何选择才好，然而孟母有她坚决的主张，无视于老庄的玄虚，不屑于杨朱的功利，唯独醉心于孔子的忠恕之道，亲自寻寻觅觅，终于在孔门诸子中为孟子找到启蒙老师。

当时孔子的孙子孔极，字子思，正在曲阜设馆教授六艺，远近学子纷纷负笈前往就教，孟子十五岁时，在孟母的鼓励下，由邹城来到了曲阜。从此正式接受到儒学的精髓，子思对孟子青睐有加，对左右说："孟孺子性乐仁义，言称尧舜，世所稀有也。"从此孟子在子思门下埋头读了五年，学问德业，突飞猛进，终于继承了孔子的衣钵。

孟母对儿子的教育无微不至，即使在成亲之后，夫妇相处之道，还得烦劳老母为他操心，古《烈女传》记载：孟妻由氏在卧室内裸袒身躯走动，孟子勃然不悦，由氏认为丈夫太过见外，就求婆婆解说。长期以来，孟子对自己的妻子总是不满，认为她太过倨傲，竟有意休妻。孟母对儿子晓以大义："夫礼，将入门，问孰存，所以致敬也。将上堂，声心扬，所以戒人也。将入户，视必下，所以恐见人过也。今汝往燕私之处，入户不有声，令人袒而在内，踞而视之，是汝非礼也，非妇无礼也。"孟子深感自己孟浪，于是心中芥蒂尽除，与妻子和乐相处如初。

孟母一生操劳，身体十分硬朗，对于孟子的照顾及督教也毫不放松，而孟子除了周游列国那一段时日外，绝大部分的时间都奉养在老母身边。

在齐国，孟子多次向当政者阐述自己的政治主张，齐宣王虽然以年禄十万钟来酬谢孟子，但却不肯积极地实行他的政治主张。对此，孟子如是说："君子称身就位，不为苟得而受赏。"孟子不贪荣禄，他希望实现自己的政治抱负。孟子理想的去处是宋国，但为了奉养老母而一再迁延，光阴荏苒，悠忽三十年岁月过去了，孟母已经年逾古稀，而孟子也已是知命之年，整日长吁短叹，闷闷不乐。孟母问明原因，又对儿子说出了一段千古名言："夫妇人之礼，精五味，擅酒浆，养舅姑，缝衣裳而已，故有闺内之修，而无境外之志。以言妇人，无擅制之义，而有三从之道也，故年少则从乎父母，出嫁则从乎夫，夫死则从乎子，礼也。今子成人也，而我老矣！子行乎子义，吾行乎吾礼。"三言两语就把孟子心中的积虑一扫而空，于是孟子再次周游列国，受到了空前的尊敬与欢迎，可惜就在儿子扬眉吐气的时候，孟母却一瞑不视，在归葬故乡——马鞍山时，过去的乡邻争相在路旁祭奠，极尽哀思。如今在山东省邹城县北二十里的马鞍山麓，还留有古柏森森的孟母墓，历代都有石刻颂扬她的坚贞志节与慈母风范，并建有孟母祠。

作为一位女性，孟母的伟大之处岂止"精五味，置酒浆，养舅姑，缝衣裳"以及"三从之道"，她更重要的是能在儿子的成长过程中，按阶段给予不同程度的教育，是一支蜡烛，燃烧了自己，照亮了儿子的前程。

《幼学》云："侃母截发以筵宾。村媪杀鸡而谢客。此女之贤者。"这"侃母"，指的就是东晋名将陶侃的母亲湛氏。陶母湛氏是中国古代一位有名的良母。她与孟母、欧母、岳母齐名，是著名的"四大贤母"之一。陶母以身垂范，教子有方，育子成才和宽厚待人千古传颂。

陶侃是东晋一代名臣，他至侍中、太尉，拜大将军，是兼握政务及军事重权的高官。像他这样位高权重的人物，在等级制度森严的晋朝非豪门望族不可。但陶侃却出身贫寒，门庭低微，他能跻身官场，身居要职，可见非等闲之辈。因为晋朝是举荐制，地主阶级中豪门士族与贫民庶族之间的界限已十分严格，社会地位尊卑分明，想进入仕途，如若不是豪门望族，纵然才华出众，品德超群，也犹如登天。有这样一件事，一次陶侃去见老乡杨晫，杨晫当时是豫章郡郎中令，他见陶侃来访，甚是高兴，早听说陶侃才华出众，又是老乡，有心推举他入仕，便邀陶侃同车去拜访江南士族的头面人物顾荣。见面后，经一番寒暄，连顾荣也不得不对陶侃刮目相看。他十分赏识陶侃对时局的分析与见解：竺认为陶侃人才难得，因此他特向吏部官员温雅推荐，温雅对此不仅不热心，相反还怒气冲冲地骂杨晫，说他与陶侃同车是与"小人同行"，是自甘堕落等，话语很不中听。既然当时等级制度如此森严，那么非士族出身的陶侃为什么终能置身官场，且地位显赫？这就是他自然有与众不同之处。鄱阳孝廉范逵说，"非此母不生此子"，这话颇有哲理。

陶母湛氏，新干人(生卒年不详)，西晋末嫁陶丹为妻。陶丹曾为三国时代吴国的杨武将军。陶侃出世后，正当时局混乱，战事不断，随着三国归晋，陶丹的家道也因此而没落。作为吴国的旧臣，陶丹也因此没有再出道。为了生计，他们举家从鄱阳迁往庐江郡浔阳县(庐江今安徽舒城县；浔阳，今江西九江市西南)，不久病故。陶丹离开人世，扔下的生活重担就全部落在妻子湛氏的肩上。失夫之痛与家道的没落并没有使这位年轻柔弱女子却步，她带着重孝将丈夫的灵柩运回鄱阳老家安葬，然后坚毅地挑起了培养和教育儿子的重担。她日织麻、夜纺线，换回钱粮供儿子读书。自己则节衣缩食，常常是一边劳作、一边伴读，不管是炎热的夏天，还是寒冷的冬季，几乎一年四季的夜半，都能见到这孤儿寡母的瓦屋透出油灯的光亮。

陶侃成人后，他深知母亲的艰辛，为了分担母亲身上的生活担子，他在朋友的帮助下，在县内找了一份差事干，为“监鱼梁”。这是个管理渔业的职务。浔阳濒临长江与鄱阳湖，水产自是丰盛，陶侃是渔乡人，对水产自然不觉陌生，加上母亲的指点教育，他干得头头是道、有声有色，深得同事与上司的喜爱。因此，人们喜欢与他交往。有一次，同事们见他生活俭朴且工作认真，担心他的身体健康，就悄悄地在鱼库里取了些鱼，做成糟鱼送给他吃，可他却惦记着母亲，自己舍不得吃，差人送给母亲。母亲先是欣慰，待问清原由得知是官物，脸色顿时变得阴沉起来。她把糟鱼重新封好，又附上一封信，叫来人连同原物带回。陶侃一见，先是不解，待读过母亲的来信之后，才恍然大悟。是啊，母亲说得何其好，可谓一针见血：“你身为官府的人，却拿公物送我，以为我会为此而高兴吗?不。恰恰相反，我不仅不欣慰，相反我还替你担忧。你现在为监鱼梁，管渔业，就拿官府的鱼送我，如果以后你为县令或官位更高，管理府库钱粮，岂不又要把官府的钱粮往家里搬……”信中的一字一句深深地叩打着陶侃的心扉，他大为震撼，愧疚的泪水夺眶而出。他暗暗发誓，从今后再也不辜负母亲的教导与期望。

陶侃年轻时就很有抱负，觉得人生短暂，要珍惜一切时间，干出一番有益国家和人民的事业。他还懂得要出人头地，就要离开小县城去外面闯世界。有一次，机会终于来了，那是一个寒风凛冽、大雪纷飞的日子，鄱阳老家儿童时代的朋友孝濂范逵来浔阳看望陶侃。他乡遇乡亲，又是儿时的好友，自然是喜出望外，可把朋友安顿好后，陶侃心里却犯愁了，因为仓促间家里拿不出像样的东西来招待远客，可此时外面又下着大雪，怎么办?陶母却不露声色地悄悄离开了家，不一会儿，她带回了酒菜，让儿子招待客人。后来陶侃才知道，这酒菜是母亲拿自己的青丝长发换来的。外面风大雪大，找不着马料，又是陶母想出了办法，她抽出自己睡的草席剁碎当马料。客人酒足饭饱，安然入睡，马儿能有草料过夜，也自然令主人放心，可陶侃却为母亲的此举而激动不已、辗转难眠。事后，范逵亦非常感动。雪过天霁，范逵辞别陶母与陶侃去庐江郡，陶侃送客人上路，送过一程又一程，范逵几次让陶侃回去，可陶侃恋恋不舍，想说什么，几次欲言又止。他的这种心理被范逵所觉察，他问陶侃是否想置身官场?待到陶侃真诚地点过头，他便在庐江太守张夔面前全力举荐陶侃。后来，张夔召陶侃面试，见陶侃仪表不俗，谈吐儒雅，便暗自喜欢，留在身边为督邮兼枞阳县令(今安徽枞阳县)。不久，又提为郡主簿。陶侃从此踏上仕途，一步一个足印，从文职到武官，成为重建和巩固司马政权中的重臣。他为官勤于职守，惜时如金，廉洁自律，反对奢侈浮华，崇尚敬业精神；他虽身居高位，重权在握，但却能审时度势，“自抑而止”，始终保持自己的气节不变。这是非常难能可贵的。回眸陶侃成长的过程，不难看出，陶侃之所以仕途通达而终成一代名臣，是与其母湛氏言传身教分不开的。

三、尊老爱幼美德在当代

尊老爱幼、尊老敬长，父义母慈是中华民族优良道德传统的精华，是中华民族宝贵的精神财富，是中华文明一颗璀璨的明星，也是社会主义新风尚的重要方面。

中国共产党人历来讲究尊老爱幼的民族美德，新中国的一代伟人毛泽东就是一位尊老爱幼的人。在炮火连天的战争年代，毛泽东的工作十分繁忙。但每当老同志过生日时，他总忘不了写信或题词向他们表示祝贺和敬意。1959 年，毛泽东主席回到了阔别多年的故乡——湖南韶山。在短暂逗留的日子里，他特地请家乡的老人吃饭。在他向一位 70 多岁的老人敬酒时，那位老人说：“主席敬酒，岂敢岂敢。”毛主席说：“敬老尊贤，应该应该。”这件事一时传为佳话。朱德写的《母亲的回忆》，惊天动地，感人至深，使人难以忘怀母亲抚育后代的深恩大德。陈毅元帅 62 岁时为重病在床的老母亲刷洗尿裤，孔繁森两赴西藏前向老母亲跪地辞行。许世友将军，他身经百战，为新中国的建立出生入死，立下了汗马功劳，成为了一位叱咤风云的高级将领，但刻在他心头有一道永远的痛，那就是为了革命的需要，他将母亲丢在大别山麓而不能尽孝，尽管有一段时间他将母亲接到身边，但他母亲却住不惯大城市，不久又回到家乡。生性直率而又充满孝心的许世友私下向毛泽东主席提出了生前尽忠、死后尽孝的请求，即是死后不火化，葬在母亲的坟旁以尽孝心。时值壮年的毛主席，对着同样壮年的许世友一笑了之，1985年许世友逝世后，邓小平同志亲自签发了一个特殊的通行证，了却许世友将军长眠母亲坟旁尽孝的心愿。许世友将军真是大忠大孝的典型模范。这些感人至深的品德行彰显出党的领导干部的光辉形象，被世人传为佳话。我党的主要领导人不仅是尊老的典范，还是爱幼的楷模。周恩来和邓颖超同志没有子女，但先后抚养了几十个烈士的孤儿，以宝贵的父爱和母爱哺育他们，使他们茁壮成长。

不仅伟人尊老爱幼的事迹可以广为传颂，平凡人只要用实际行动尊敬老人，爱护幼儿同样可以等到社会的肯定。当代平民百姓中，孝子也不乏其人。古有孝子流芳百世，今天的孝子同样令人感动赞叹。

在当代有一个为母捐肾的大孝子田世国的故事，曾感动了无数中国人。他因此被评为2004感动中国十大新闻人物。田世国是山东枣庄薛城区人，他不仅是一名好父亲，更是一名好儿子。38岁的他毅然为身患尿毒症晚期的母亲捐肾，延续母亲的生命，演绎了一段当代孝子的佳话。“推委会”委员评价说：“孝顺、孝心、孝道是对今天社会转型期人际间情感疏离的感召，小羊有跪母之意，乌鸦有反哺之思。捐肾救母，大亲、大情、大义。”“谁言寸草心，报得三春晖?”这是一个被追问了千年的问题。一个儿子在2004年用身体做出了自己的回答，他把生命的一部分回馈给病危的母亲。在温暖的谎话里，母亲的生命也许依然脆弱，但是孝子的真诚已经坚如磐石。田世国，让天下所有的母亲收获慰藉。

张尚昀“背母求学”的孝义之举同样感动了无数的中国人。他在2005年在“全国十大孝贤”评选中，被评为全国十大孝贤之首，在河南各界引起广泛关注。

河南小伙张尚昀家境贫寒，考入长春税务学院不久，因母亲患重度脑部残疾生活陷入困顿。为了珍惜来之不易的学习机会，他把患病的母亲从农村老家背负到长春，白天背着母亲外出打工挣钱，为老母治病，晚上守着母亲挑灯夜读，终以优异的成绩完成学业，在六个学期中五次拿到奖学金，以笔试第一名的成绩，在数千名考生中脱颖而出，被录用为河南省税务系统公务员。张尚昀“大义至孝”的感人事迹不胫而走，在中原大地引起了强烈反响。河南省委书记徐光春称赞他为“当代孝子”；最近评出的“全国十佳孝贤”推他为孝贤之首；众多的网友发出了“生子当如张尚昀”的感叹。《诗经》云：“哀哀父母，生我劬劳”，“哀哀父母，生我劳瘁。”在张尚昀的身上，传承着一个孝字。母亲病重不能自理，张尚昀脚蹬三轮车，千里走单骑，两送母亲往返于东北与河南，求医问药，打工上学。这辆三轮车负载的不只是恪尽人伦的孝道，而且还承载着千百年来铸就的中华民族的传统美德。孔子曰：“夫孝，天之经也，地之义也，民之行也。”在张尚昀看来，为人子孝敬父母，是天经地义的法则，是身体力行的义务；孝就是知恩感恩，就是报答父母的生养之恩，背着妈妈打工求学的张尚昀的事迹，用感人肺腑的嘉言懿行，回报着母亲的养育之恩，诠释着大义至孝的深刻内涵。张尚昀的孝义德行告诉我们，构建社会主义和谐社会，我们有着优秀的文化传统和广泛的社会基础，社会成员的孝义德行本身就是和谐社会构建的重要内容。时代呼唤张尚昀这样的孝子，社会需要千千万万个张尚昀式的孝义之士。

中国甘肃的八旬老人陈尚义与张兰英夫妇17年来靠捡废品谋生，先后收养了42个被人遗弃的孩子的故事不仅感动了中国，而且还感动世界。美国《洛杉矶时报》2005年7月27日为此就专门给予了报道。

今年82岁的陈尚义和81岁的老伴张兰英居住在甘肃省定西市火车站附近一个破旧小院里，他们一生无儿女。17年来，共收养弃婴42名，先后有13名夭折，21名被领养，现在还有8名留在老人身边。

1988年冬天，在定西火车站的一个站台上，陈尚义捡垃圾时发现了一个漂亮的女婴，那天正下着大雪，女婴被放在水泥地上，奄奄一息，陈尚义背着垃圾袋把女婴抱回家。这个漂亮的女婴后来身体一直虚弱，经常得病，不到四岁就死了。

此后，陈尚义开始不断收养弃婴，不管孩子有什么病或者缺陷，他都抱回家照顾。从1988年到现在，共抚养过42个弃婴。其中有十四五个是陈尚义老人陆续在捡废品过程中捡到的，其余则是别人捡到送来给他抚养的。这些孩子几乎都是生下就病魔缠身，到目前为止，共有13个孩子夭折，21个被别人领走。现在留在两位老人身边的只剩8个，最小的3岁，最大的14岁。陈尚义和妻子没有任何收入。为了维持这个家，让孩子们吃得好一点，有钱治病，陈尚义每天都要去捡拾碎玻璃、旧纸壳、废瓶子，哪怕只能卖上几分钱，他都要一包一包地捡回家。虽然当地民政部门每月给一个孩子74.5元的补助，但无异杯水车薪。由于孩子们小，又有疾病，有的大小便失禁，有的有智力障碍，因此张兰英总有洗不完的衣服。17年来，她几乎没有走出过他们家10来平方米的小院，每天做饭、洗衣，收拾被窝，擦屎端尿，从早忙到晚……两位无儿无女的八旬拾荒老人，却先后抚养了42个被父母抛弃的先天性残疾儿童，演绎了一出令天地动容的人间真爱。

尊老爱幼，就是要像孟子所说的“老吾老以及人之老，幼吾幼以及人之幼”。也就是说要推己及人，尊老爱幼。尊老爱幼，既是家庭美德，也是社会公德。中华民族有着尊老爱幼的光荣传统，新时期的大学生更应该把这一传统美德传承下来，发扬光大。

老人是我们的长辈，没有他们的辛勤劳动，就没有我们幸福的今天；儿童是祖国的花朵，他们更需要我们的精心呵护，才能茁壮成长。老人和儿童是社会中的弱势群体，他们或丧失了或还不具有与其他成年人平等竞争、参与社会的能力。在这种情况下，我们每一个社会公民都有责任和义务对他们多加照顾。尊敬老人，就等于尊敬我们自己；爱护儿童，就等于爱护我们自己。因为谁都是从小长大的，谁也都有老了的时候。

尊老，要老有所养，对老人生活上多加照顾。人，岁数大了，生活中总有很多的困难和不便之处，我们年轻人要处处体谅他们，尽可能地给予照顾；尊老，还要从精神上给老人以尊重和安慰。只有给他们以精神上的照料，才是真正的孝。今天，随着物质生活水平的提高，老人最大的问题，也许不再是缺吃少穿了，而是需要更多的精神上的安慰。一首《常回家看看》，唱遍大江南北，呼唤的是儿女对父母，也是年轻人对长辈的尊敬孝顺。

爱幼，要爱护幼小，不要纵容，也不要专横。现在实行计划生育，家里的孩子比以前少了，人们的生活条件也好了，许多家庭出现了过于溺爱孩子的现象。孩子成为家里的“小皇帝”，要星星，不敢给摘月亮，对孩子的无理要求一味地纵容迁就。这样做，不是在爱孩子，而是在害孩子。这样的“爱护”不利于孩子人格的健康成长；爱幼，也不要专横。由于中国传统文化的影响，父母对于子女，年长者对于年轻者，容易独断专行、自以为是。一些年长者以为自己胡子长，懂得的就多，说的就对，要年轻人绝对顺从，这也是不对的。现在社会发展了，知识更新加快了，“老皇历”不一定就管事了，应该相信真理，发扬民主，而不要“论资排辈”。不管老少，谁说的对就听谁的。老年人不能要求年轻人言听计从，年轻人则要多尊重老年人。

尊老敬老作为中华民族的传统美德，不管社会如何进步，社会文明如何发达，什么时候都不应该丢弃。尤其是随着社会主义建设事业的迅速发展，我国逐步进入老龄化社会。然而，在现实生活中，常有一些人存在着“尊老爱幼一头沉”甚至严重倾斜的现象，可以说是爱幼有余、尊老不足。不容回避，随着改革开放形势的发展，我国家庭养老的功能有日益弱化的趋势，传统的孝道观念也开始淡化，歧老、虐老的事件也时有发生。乌鸦尚有反哺之义，羊亦有跪乳之恩。但现代的有些人，在金钱至上、拜金主义等西方价值思想的影响下，丢弃了孝文化，走向不孝，甚至大逆。这是中华传统孝文化缺失的体现，也反映出我们在继承优秀传统文化方面做得还不够。

很多事例证明，孝敬父母绝不是一件小事情。尊老爱幼是社会赋予每个公民的社会职责。家庭是构成人类社会的基本单位，是社会的细胞。一个人，如果连养育自己的父母都不关心、不照顾、不尊敬，怎么能去爱他人爱集体呢？所以，提倡并弘扬孝道，应该作为社会主义精神文明建设的一项基本内容来抓，切实让孝道这一传统文化在新的形势下得以发扬光大。如果人人都自觉地尊敬老人、爱护幼童，那么，不仅每个家庭都会和睦，所有的家庭成员也都会感到温暖，而且社会的稳定和发展就能得到保证。因此，赡养父母、抚养子女、尊老爱幼不单纯是个人的私事，也是共和国法律明文规定公民必须履行的一项义务。目前，我们所倡导的和谐社会，归根结底就是每个家庭的和谐。因为家庭是社会的一分子，是社会的细胞。只有每个家庭的和睦，才有整个社会的安定；只有整个社会的安定，才有整个社会的真正和谐。而家庭的和谐，又以孝敬父母、爱护子女为基础。因此，在当今弘扬尊老爱幼的传统美德在构建和谐社会方面有着极其重要的意义。

第五章　廉洁奉公

公忠为国，把国家利益、公共利益放在个人利益之上，秉公执法，顾全大局，反对徇私枉法和以权谋私，不以私情害公利，是中华优秀的传统道德。廉洁奉公作为一种德行，是古代中国对从政者最基本的道德要求，也是国家长治久安的治国之策。

所谓廉洁，指的是不贪财货，立身清白。“不受曰廉，不污曰洁”，这是东汉王逸的定义。中国古代思想家对“廉”作了多方面的规定。“所谓廉者必生死之命也，轻恬资财也”(《韩非子·解老》)。廉洁之人，必须表现为能以生死求大节，轻视淡漠钱财。“临大利而不易其义，可谓廉”(《吕氏春秋》)。廉者面对大利而不改变其道义原则。“廉者常乐无求，贪者常忧不足”(《中说·王道》)。“惟廉者能约己而爱人，贪者必唆人以肥己”(《明史·循吏列传》)。廉者能约束自己而善待他人，贪者必盘剥搜刮他人以肥己。“廉者不受嗟来之食。”廉者不受带有轻蔑性的施舍。

奉公就是奉公行事，不徇私情。《尚书》中说：“以公灭私，民其允怀。”武则天制定的《臣轨》中说：“人臣之公者，理官事则不营私家，在公门则不言货利，当公法则不阿亲戚。”“奉公”是对官吏作风的较高要求，它一方面与“守法”相关联，另一方面与“廉洁”不可分。守法，就要严格自律，不执法犯法；廉洁，就要克制私欲，清白不污。在现代社会，奉公更多地表现为爱护集体事业，以国家和人民的利益为重，守法与廉洁乃是奉公的基本要求。

廉洁奉公、清正严明是指执掌各级各类权力的个人或群体在行使权力的过程中贯彻公正的原则，保持廉洁，不贪财货，立身清白，忠诚履行公职。廉洁奉公是中华传统道德的一个基本规范，被视为“国之四维”之一，又被视为“仕者之德”、“人生大纲”。中国古代思想家对廉洁奉公作了多方面的规定，其基本精神就是循礼行法，见利思义。中华民族在自身的漫长发展过程中，在这方面积累了丰富的经验。

中国古代政治伦理中有廉洁奉公的思想传统，这一传统要求从政者要有保廉持正的德治理念，修身惟清的高尚节操和一心为民的忧患意识。这些思想观念经过历代皇帝和文臣的提倡，古代不少杰出的思想家、政治家、明君贤相的高度重视和躬身实践已深入人心，历代民众把为政是否廉洁作为判断官吏政绩的重要标准。今天我们研究中国传统文化和传统道德，继承和发扬廉洁奉公这一从政美德，对于提高干部道德修养，促进党风廉政建设有着十分重要的现实意义。

一、廉洁奉公是中国传统政治伦理中的重要内容

中国古代许多政治家，思想家都奉廉洁奉公为圭臬，将廉洁奉公提到了立国之本的高度，作为治政的纲维。周公制《周礼》是一部理想政治的鸿纲大典，它对官吏的廉洁治政有明确的规定："以听官府之六计，弊群吏之治：一曰廉善；二曰廉能；三曰廉敬；四曰廉正；五曰廉治；六曰廉辨。"六者均以廉为本。周公这番对辅政实践经验的总结表明廉治传统早在西周时便已形成。管子以谋略辅助齐桓公霸业，九合诸侯，一匡天下。他认定："国有四维，一维绝则倾，二维绝则危，三维绝则覆，四维绝则灭。倾可正也，危可安也，覆可起也，灭不可得错也。何谓四维？一曰礼，二曰义，三曰廉，四曰耻。"（《管子·牧民》)把维护国家统治的四项法度比喻为四根大绳，其中一根断了，国家的地位就会倾斜，而廉是四根大绳中的一根。维护国家的统治，必须为政廉洁，这是立国治政所不可缺少的政治道德。湖北云梦睡虎地秦墓出土的秦简之一《为吏之道》，是现存最完整的秦代官箴，就有："凡为吏之道，必精洁正直，慎谨坚固，……严则毋暴，廉而毋刖。"清白正直，廉洁公平是做官为吏的根本。"清廉毋谤"是官吏的五善之一，"五者毕至，必有大赏。""夫王道之本，经国之务，必先之以礼义，而致人于廉耻。礼义立，则君子轨道而让于善；廉耻立，则小人谨行而不淫于制度……夫廉耻之于政，犹树艺之有丰壤，良岁之有膏泽，其生物必油然茂矣。若廉耻不存，而惟刑是御，则风俗彫弊，人失其性，锥刀之末，皆有争心，虽峻刑严辟，犹不矣。"（《晋

书·阮种传》)说明治国关键在于官员廉洁。廉洁对于政务，就好像种植要有肥沃的土壤，好的年景要有滋润万物的雨水那样，有了这些庄稼才能生长茂盛。假如廉耻不存，只是用刑法控制，则风俗衰败，人性丧失，微小之利，皆有争心，虽有峻刑严辟，也控制不住。唐代名臣魏征于《群书沿要·刘广别传》一文中强调“为政者，莫善于清其吏也。”治理国家的人，没有比使官吏们清廉为最好了。而“聚敛者，召寇、肥敌、亡国、危身之道也，故明君不蹈也。”搜刮钱财是一条招致外国侵略，对敌人有利，使国家灭亡，危及自身的道路，所以贤明的君主决不会走这条路。唐武则天撰《臣轨》，其下卷专有廉洁一章，在吸收了汉代“临官莫如平，临财莫如廉”的廉治思想后，进一步指出：“廉平之德，吏之宝也。”作为官员最关键的是公平，面对钱财能保守清廉，因为清廉和公平的品德，是做好官吏的法宝。司马光深刻地指出：“吏不廉平，则治道衰。”清廉是官吏的责任，一旦任职便有义务保持这一份情操。正如北宋陈襄《州县提纲》说：“居官不言廉，廉盖居官者分内事。”南宋赵鼎告诫后代：“凡在仕宦，以廉为本。人之才性各有短长，固难勉强，唯廉勤二字人人可至。”明人薛王宣认为：“世之廉者有三：有见理明而不妄取者，有尚名节而不苟取者，有畏法律，保禄位而不敢取者。”他把深明事理、不随意拿取的人，看作是最高尚的廉洁之士。《清碑·官箴》记载有：“吏不畏吾严而畏吾廉，民不服吾能而服吾公，公则民不敢慢，廉则民不敢慢，廉则吏不敢欺。公生明，廉生威。”廉治作为治政之道和治政者的品格要求，在实践中不断地丰富完善起来，大量的清廉故事和名言金鉴不仅记载在文献典籍中，而且被镌刻于衙署大堂前的戒石之上，教育和警示着后人。

廉洁奉公作为一种德行，最根本的要求还在于处理政务的活动中能贯彻公正的原则。“政者，正也。”政就是要正人之不正也。在古贤看来，为政首要的要求是正直、正义。孔子很重视身正和表率的作用，他说：“其身正，不令则行；其身不正，虽令不从。”因此，就要以德正心，心正则身直，方可用正率民，实现政务，孔子还对德治可能产生的良好结果进行了描绘，“为政以德，譬如北辰，居其所而众星共之。”老子曰：“以正治国，以奇用兵，以无事取天下。”人以清静之道治国，摒弃私欲，不偏不私，才能有正义。荀子对正义和财利的关系的评价是“义胜利者为治世，利克义者为乱世”。在中国传统伦理思想中，作为内在精神制约的正义，具有了维护外在道德规范的作用。正本身还含有去私为公之义，而公私分明，公忠是德治的核心原则。这一思想早在《尚书》、《左传》等典籍中就已有之，它以一贯之，惠及后世。“以公灭私，民其允怀”，“忠，德之正也”。《韩非子·饰邪》明确提出了为政之道：“必明于公私之分，明法制，去私恩，夫令必行，禁必止，人主之公义也……私义行则乱，公义行则治，固公私有分。”去私是不以权谋私，有私即不公，不公则不正，正之大义即公忠为国，这一精神已凝结为中华民族精神的核心和精髓。

在中国历史上，出了不少令人尊敬的清官，西汉的黄霸，晋代的吴隐之、陶侃，唐代的韩愈，宋代的包拯，明代的况钟……有人请教岳飞天下太平之道，岳飞说：“文臣不爱钱，武臣不怕死，天下平矣。”使天下太平的道理竟如此简单。开明皇帝更明白“清廉”对一个国家意味着什么。唐代廉臣魏征死时，唐太宗为表彰其一生功勋，准备为他举行隆重的国葬，魏妻却说，魏征一生节俭，厚葬恐不是他所愿，唐太宗便用白木做的车子和白布做的车帷为其送葬，以表示他终生清廉。唐太宗深切悲叹：“魏征去世，我少了一面镜子。”可惜，清官的价值不少是在事后才被人们了解。北齐名将斛律光不仅骁勇善战，而且居家严肃，治家有方，见子弟若君臣。虽然富有却很节俭，从不贪财利，不好女色，杜绝馈赠。他很少与朝中官员说话，从不干预政事。每次上朝议事，都最后一个发言。带兵打仗常常身先士卒，以身作则，纪律严明，深为敌兵所惧。斛律光对贪官厌恶之至，而贪官污吏们也欲将其置之于死地。北齐武平三年(公元 572 年)，斛律光被奸佞祖延诬陷为贪污受贿、谋反朝廷，皇帝相信了诬词，下令杀斛并抄其家，结果作为武将之家，只抄出了一些弓箭、几把刀，还有一些枣树枝，有人问这些枣树枝的用途，回答是：“凡家人有贪利者，不问曲直就用枣树条打一百。”皇帝终于认清了斛律光的为人，仰天长叹道："栋梁断了，国家受损啊！"

廉洁奉公是为政治国的基本原则，被视为"国之大维"、"仕者之德"、"人生大纲"，是古人对其重要性的深刻认识。廉洁奉公的重要性主要表现为以下方面：

(1)廉洁奉公关系到安邦治国。古人曾一针见血地指出："廉耻，立人之大节。盖不廉则无所不取，不耻则无所不为，人而如此，则祸败乱亡，变无所不至。况为大臣，而无所不取，无所不为，则天下其有不乱，国家其有不亡者乎？"古人认为，廉洁奉公不仅是个人道德品质问题，而且关系到政治的公正。宋代思想家苏轼也强调："廉则政清，政清则民服。"

(2)廉洁奉公能影响民风教化。高度重视民风教化，是中华传统文化、传统道德的优良传统，其基本精神，就是要求对人民"道之以德"，做到"以德服人"，通过道德教化来贯彻统治者的意志，以更好地稳定社会巩固政权。对于民风教化的重要性和必要性，古人有清醒的认识："有道，然后教化；有教，然后政治也；政治，然后民劝之；民劝之，然后国丰富也。"官吏不廉，危害极大。班固曰："吏不廉平，则治道衰。"王永吉道："大臣不廉，无以率下，则小臣必污；小臣不廉，无以治民，则风俗必败。"古人不仅重视教化，而且认为，"以道教民，必躬亲之"，也就是说，从政居官者的言行，具有道德上的导向作用。更为重要的是，他们只有躬行道德，为民表率，才可能取得对人民进行教化的资格，如此，教化才能收到实效。

(3)廉洁奉公能保证执法公正。从政居官者与平民百姓不同的是，他们手中掌握着一定的权力，因此就有了机会与可能侵蚀国家府库，吸吮民脂民膏，收受各色贿赂。更有一部分人利用职权徇私枉法，破坏执法公正。孔子在《论语·颜回》篇中曰："政者，正也。"在古贤看来，为政首要的要求是正，正就是要去私为公，"以私害公，非忠也"。去私就是不以权谋私，不徇私枉法，有私即不公，不公则不正。所谓正，不仅是正于法，更须正于义。正之大义即公忠为国，但这里也包含着济世安民、维护社会正常秩序的意义。只有廉洁奉公才能保证执法公正，因为廉洁的官吏必定公正无私，反之，贪官污吏必定徇私枉法。范仲淹曾指出："天下官吏不廉则曲法，曲法则害民"。所以，古人对廉洁的一个理解和阐释便是："廉之谓公正。"

二、廉洁奉公是为官从政者必备的道德品质

廉洁奉公是为官从政者必备的道德品质。廉洁奉公的传统不仅体现在政治思想理念的形式上，而且还渗透到清官廉吏的个人修养行为之中。"廉者，仕之本也"，被历史上的清官廉吏所认同和内化。唐代陈子昂的《座右铭》写道："立身贵廉明，待士慕谦让。"他把一个人的廉洁看成是安身立命的基础，所以古人十分推崇"忠信廉洁，立身之本"。古人认为廉洁奉公应当是从政居官者不需挂在嘴边的、理所当然的职责与义务："居官不言廉。廉，盖居官者分内事"，"修身洁白，而行公行下，居官无私，人臣之公义也"。所以，从政为官就应当做到"治官事则不营私家"。

南宋真德秀为湖南安排使知潭州时，提出"四事"与同僚共勉："律己以廉，抚民以仁，存心以公，莅事以勤"。"律己以廉"的内容为："凡名士大夫者，万分廉洁，止是小善一点，贪污便于工作为大恶之吏。如蒙不洁，虽有它美，莫能自赎，故此以为'四事'之首。"明代薛一瑄提出"居官七要"：正以处心、廉以律己、忠以事君、恭以事长、信以接物、宽以待下、敬以处事。封建时代把"忠君"看得至高无上，而薛一瑄却把"忠以事君"放在"正以处心"和"廉以律己"之后，也可见其对廉洁奉公是推崇备至的。

明代梁寅在回答如何做官时也说："清、慎、勤，居官三字符也。"《三国志·魏书·李通传》也有同样的记载："为官长当清、当慎、当勤。"他们都把"清、廉"放在官吏从政所应当具备的各种品德之首，作为对从政者的基本要求，正如清代王夫之所说："清也，慎也，勤也，而清其本矣。"

中国自古以来，不论社会或个人，都认为官吏的从政行为应当廉洁奉公，而不应当贪赃枉法。廉洁奉公成为评价官吏及其从政行为的统一的客观标准。任何个人的、群体的、阶级的评价标准，都能够同

这个统一的客观标准相一致。

在中国古代，民间对好官称为清官。老百姓对清官廉吏爱戴有加，史书不乏记载。如北周名臣裴侠任河北郡守时，躬履俭素，爱民如子，所食唯菽麦盐菜而已，吏民莫不怀之。去职之日，一无所取，民歌之曰："肥鲜不食，丁庸不取，裴公贞惠，为世规矩。"而对贪官污吏，老百姓则恨之入骨：北魏元琛恃宠骄横，无财不贪，劫掠百姓，史载其"在州聚敛，百姓吁嗟"，"既总军省，求欲无厌，百姓患害，有甚虎狼"。明代宦官刘瑾，通过贿赂卖官，敲诈勒索，攫取万贯家财，所作所为，天下嗷然，万民痛恨，事发被凌迟枭首，其时万人空巷。

贪官污吏的行为破坏法律，败坏风气，激化矛盾，害国害民，不仅低层老百姓深恶痛绝，统治者亦不能容忍。因此，中国古代多数君主特别是一些励精图治的君主无不倡廉惩贪。唐太宗曾以鸟和鱼因贪饵而丧身为喻，告诫身边的官员不要贪财；武则天则要求官吏"恭廉守则"，"虽贫贱，不以利毁廉"，告诫官吏"廉平之德，吏之宝也"，"君子行廉以全其真，守清以保其身。富财不如义多，高位不如德尊"；朱元璋曾重典惩贪，规定官吏受贿满八十贯判处绞刑，贪污六十两银子枭首示众、剥皮囊草。

为官从政能否廉洁奉公，也成为文学作品褒贬的准绳。中国古代留下的大量优秀文学作品，不少作品都无情揭露贪官污吏的丑恶嘴脸，大力褒扬清官廉吏的高尚品行。众所周知的古典名著《水浒传》、《聊斋志异》、《三言两拍》等，勾画出了贪官高俅、李邦彦、蔡京等群丑像，也刻画了像济州太守张叔夜、襄阳刺史裴习、泰安知州张公、湖广总督郭华野等清官形象。着力宣示了廉洁奉公的思想，强调了"清廉能使民无讼"、"官清民自安"的观点。白居易有诗云："不饮浊泉水，不息曲木荫。所逢苟非义，粪土千万金。"金代元好问也有这样的诗句："能吏寻常见，公廉第一难"。唐代姚元崇的《冰壶戒》和《辞金戒》更是倡廉戒贪的佳作。中国古代这样的作品数不胜数。优秀的、进步的作品是精神文明的体现，能够反映一个社会存在和发展所必须具备的思想、行为的准绳。包拯作为清官的典型形象，被不同体裁的文艺作品大肆渲染，使之带有神奇色彩，就是艺术作品对清官和贪官褒贬的写照。

包拯(公元999~1062年)，字希仁，庐州合肥(今安徽合肥)人，是历史上最有名的清官。他从青少年时代起，就开始立志要为国家出力，“竭忠死义”。包拯仕途的起点是知县，后历任知府、转运使等地方行政长官；担任过监察御史等监察大臣、户部副史等掌理国家财政的高级官员、都部署等军事要职；当过外交使节出使辽邦，最有名的是做过天章阁待制、龙图阁直学士，所以后人称他为包待制、包龙图、包学士。他在开封任知府虽仅一年多的时间，但死后，开封百姓却在开封府署旁边建了一座包公祠，以纪念和供奉他。包拯一生清廉简朴，从不讲究排场，即使做了大官，穿着仍与布衣时一样；对贪污深恶痛绝，在给宋仁宗的奏疏《乞不用赃吏》中说：“廉者，民之表也；贪者，民之贼也。”他一生严于律己、身体力行，他在端州任知州，整顿吏治、打击贪污，深受百姓欢迎，离任时当地精制一好砚相送，他都婉言谢绝，“不持一砚归”；他一生铁面无私，不避权贵，执法如山。对皇亲国戚、宦官权贵的不法行为，一律极力主张绳之以法。大力平反冤狱，是包拯生前与死后深为百姓所赞扬和称颂的主要内容。

包拯在当时和后世都享有盛名，特别在死后，作为清官的典型形象，被不同体裁的文艺作品大肆渲染，使之带有神奇色彩。随着国际上文化交流的进展，包拯这个历史人物和艺术形象还赢得了世界的声誉。虽然史料中的包拯与艺术作品中的形象相差悬殊，但包拯的一生，既能得到封建最高统治者的赏识，也受到处于水深火热中的下层人民的拥护和爱戴，作为清官确实是非常典型的。

中国历史上有一大批廉洁奉公、执法如山的清官廉吏，他们都主张清介自守，不思妄取，以廉为宝，秉公执法，反对贪污；他们追求清正的崇高境界，保持廉洁的高贵品质。其人其事，流芳百世。如《左传》中记载了宋国子罕以不贪为宝的故事。宋人有得玉者，献诸司城子罕，子罕不受，曰：“我以不贪为宝，尔以玉为宝。若以与我，皆丧宝也；不若人有其宝。”于谦的《石灰吟》也被传为古代廉洁奉公的佳话，“千锤万凿出深山，烈火焚烧若等闲。粉身碎骨浑不怕，要留清白在人间。”作者以石灰作比喻，表达自己为国尽忠、不怕牺牲的意愿和坚守高洁情操的决心。于谦为官廉洁正直，曾平反冤狱，救灾赈荒，深受百姓爱戴。明英宗时，瓦剌入侵，英宗被俘。于谦议立景帝，亲自率兵固守北京，击退瓦剌，使人民免遭蒙古贵族再次野蛮统治。但明英宗复辟后却以“谋逆罪”诬杀了这位民族英雄。这首《石灰吟》可以说是于谦生平和人格的真实写照。西门豹、狄仁杰、海瑞、范仲淹、林则徐等为官从政，都是能够做到一身正气，两袖清风，出淤泥而不染，成为历史上的廉洁奉公的典范。

三、廉洁奉公是一种高尚的道德情操

廉洁奉公是一种高尚的道德情操。廉洁奉公的养成，首先在于俭约和知耻上的道德修养。俭约，自古就是中华民族的美德，古人很早就认识到“惟俭可以助廉”、“节俭则昌，淫佚则亡”的道理，提倡俭约不仅是劳动人民的美德，而且也是明君贤臣、学人圣哲所尊崇奉行的道德准则。“廉”和“俭”是一致的，“耻”和“贪”是一致的，有了俭进一步可以栽培德，所谓“非俭无以养廉，非廉无以养德”。可见廉洁的重要。诸葛亮辅佐刘备，刘禅“复兴汉室”，他不懈于内，俭约廉洁，《诫子书》告诫说：“夫君子之行，静以修身，俭以养德，非淡泊无以明志，非宁静无以致远。”这里所谓的“养德”，是说“节俭”不仅本身是一种重要的德性，而且是其他许多德性得以养成的基础。“节俭者心寡欲，寡欲者不为物役，然后可养德性，而完人道矣。”要做到修身、俭约，还须保持一份静心，不为缤纷世界所扰所困的心态，真正使俭字深入内心世界、灵魂深处。北齐·刘昼于《刘子·防欲》一文中曰：“蝎盛则木折，欲炽则身亡。”蝎子多了，树木就会朽折；欲望太强烈了，身心就会丧亡。宋代司马光更是言简意赅地说：“不受非分之赐，则廉耻立。”曾国藩也说：“居家之道，惟崇俭可以长久，处乱世尤以戒奢侈为要义。”俭是保证廉洁的重要条件。它要求居家不求奢华，为官不贪求骄奢，做人不追求过分的物欲，便可取给。陈廷敬还在一份上疏中阐述了俭与廉的关系，说：“奢俭者，贪廉之根柢，欲教以廉，先使之俭。”（《自勉斋随笔》）

俭以养廉，俭以防腐。大凡为政不廉，多是与“贪”和“奢”联系在一起的。《尚书·太甲中》论道：“欲败度，纵败礼。”不正当的欲望败坏法度，肆意放纵败坏礼仪。说明个人私欲膨胀、放松自己的行为，必然走上违法乱纪的道路。宋代司马光在阐释“俭，德之共也；侈，恶之大也”这一古训时强调：“侈，则多欲，君子多欲，则贪慕富贵，枉道速祸；小人多欲，则多求妄用，丧身败家，是以居官必贿，居乡必盗。”明太祖朱元璋也曾引秦、隋两代，穷奢极侈、失尽人心而亡的教训，告诫后人：“居上能俭，可以导欲；居上而侈，必至厉民。”司马光和朱元璋都是从维系封建王朝统治的角度出发看待节俭之德的意义，这固然不可取，但其中包含的俭以养廉、俭以防腐的思想，确是历史经验的总结，具有普遍意义。

知耻，历来被视为“士君子之大节”，“治世之大端”。它指人们内心的善恶，荣辱标准有知耻心，便能内心立法。对于个人来说，要知耻，孟子讲“人不可以无耻。”隋代学者王通《中说·关朗》说：“痛，莫大于不闻过；辱，莫大于不知耻”。南宋朱熹还说：“耻便是羞恶之心。人有耻，则能有所不为。”对于民族和国家来说，更要知耻。“礼义廉耻，国之四维。四维不张，国乃灭之”，“风俗之美，在养民知耻。耻者，治教之大端。”一个国家，社会要兴民风，厚维泽，就必须养人之廉，去人之耻。晚清学贯中西的辜鸿铭在《春秋大义》中甚至将廉耻心视为家庭、国家、社会得以存在的道德基础。当人们对耻辱感到自惭和痛心时，便产生知耻心，它是能浮载荣誉感、良心和自尊感的大船的深水，个人时常对自身灵魂加以反思追问，就是道德意识的警醒，所以，知耻是为官治政的第一要事。

举廉务必戒贪。廉本身含有廉洁不贪之义。徐元瑞《史学指南·吏员三尚》上说：“尚廉，谓甘心淡薄，意纷华，不纳苞苴，受贿赂，无请谒，远嫌疑，饮食宴会，以非义，谢却之。”廉与贪相对。自从国家产生以来，在位者就掌握有特殊的权力，于是也就有了行贿受贿、以权谋私、贪赃枉法等腐败现象。而任何统治阶级内部对此都会有两种截然不同的言行：贪鄙者或以权谋私，贪赃枉法；或玩忽职守，失职渎职；或结党营私，狗苟蝇营；或荒淫无度，腐化堕落；高洁者都能够严于律已、勤政为民、不欺暗室、为政倡廉、拒贿不纳。

在中国封建社会里，清官廉吏虽属凤毛麟角，但却以洁身自爱、反贪拒贿的奇事妙言和浩然正气给人以深远影响。

宋代京城里有个官员珍藏着一面古镜，为了巴结宰相吕蒙正，一天他捧出古镜准备献给吕蒙正，并解释说：这古镜能照二百里范围。吕蒙正笑了笑说：“我的脸不过碟子大，哪里要用照二百里的呢？”说得那官员十分尴尬，别人听了也叹服不已。宋代宰相王安石有气喘病，医生开的药方上说要服用紫团山的人参，一时购买不到。当时，薛师政从山西回来，恰巧有这种参，就拿了几两想赠给王安石，王安石却不受。有人相劝说：“您的病不用这药难治好。患了病自己应当操心，这药不必推辞了。”王安石却说：“我平生没有吃过紫团山参，也活到了今天。”结果还是没接受。

明代有个谢杰，曾推荐过一个下属官吏。这官吏晋升后很感激，就以贿赂钱物的手段表示谢意。谢杰坚决不受，并厉声说：“搞行贿受贿之后再推荐，是手执干戈凶器的盗贼；推荐之后再搞行贿受贿，是装得衣冠楚楚的盗贼。”这句话揭露得深刻，正气凛然。在如此嫉贿如仇的廉官面前行贿者只有望而生畏，当然收敛了。

贪污腐败作为历史上延续下来的一种社会现象，不会因朝代的变更而中止，然而贪污腐败带来的最终结果是使老百姓对政治和经济体制丧失信心，失去对政权的支持，历史上曾有多少帝王基业葬送在腐败之中。一代明君唐太宗说得好：“为主贪，必丧其国；为臣贪，必亡其身。”这可谓历史上反贪倡廉的经典之言。因此，我国历朝历代对腐败的官吏都给予严厉惩治，轻则罚款、追赔、革职留任、降调、削职为民，永不录用，重则抄家、处死、灭九族。秦代实行贪与盗同罪，西汉则对受贿枉法者处以“弃市”，唐代对贪官处以“绞刑”，清代有的处以“赐令自尽”。

行贿受贿是古往今来的通患，无非是看重官吏手上的权力而已。官者不能糊涂，要明白“在官惟明，莅事惟平，立身惟清，清则无欲，平则不曲，明能正俗。三者备矣，然后可以理人”的道理。官吏必须摒弃私欲，做到公正无私。《老子》主张：“见素抱朴，少私寡欲，绝学无忧。”以此心性，才能看淡金钱财富，这是抵御各种物欲诱惑的一个很朴素的基础防线。人到无求品自高。没有思想上的清白，就不能够有行为上的廉洁。清康熙皇帝告诫群臣“治国莫大于治贪”，“治天下首在惩贪治吏”。不同时代的家训中几乎都教诫家人清白做人，勿贪勿奢，注重节操名声。包拯对贪官嫉恶如仇，他嘱告家人要守正不贪，“后世子孙仕宦有犯赃滥者，不得放归本家；亡殁之后，不得葬于大茔之中”，并命人刻在石上，以诏示后代。古时杨震清廉“四知”诫：“天知，神知，我知，子知，何谓无知？”这是不受贿的典型。拒贿不纳，廉洁奉公，在贿赂面前保持做人的尊严，能坚持原则，不以财富为宝，而是追求道德上的高尚与完善，就像张伯行那样以馈送为不义，“取一文，我为人不值一文”保持修身惟清的节操，奉清廉为做人的金玉良言，行为的铁定准则。古人认为，清官廉吏能拒贿不贪不仅仅是个人道德品质问题，而且关系到政治的公正，秉公执法是政治公正的实际表现。《史记·司马穰苴列传》记载了穰苴军法斩庄贾的事情。田穰苴是我国古代著名的军事家，他不徇私情，不避亲故：“将受命之日则忘其家，临军约束则忘其亲，援鼓之急则忘其身。”表达了高尚廉洁，公正无私的品德。《尚书·洪范》讲“无偏无党，王道荡荡”。要求不党亲故，不以个人好恶断案量刑，做到“爱人不私赏也，恶人不私罚也”。

唐代阡能起义失败后，邛州刺史逮捕了阡能叔父阡行全一家人，要求节度使、太师批准处死他们，节度使问手下分管文书工作的唐溪该如何处理。唐溪说：“您早已出告示说不追究阡能的亲朋好友，而刺史却还要逮捕他们，此中一定另有原因。如果杀了，既使你大失信用，又可能激怒阡能余党纷纷起事。”节度使听从了这意见，结果查明了刺史逮人的真相，阡行全一家也因此幸免。后来，阡行全特地找到唐溪，秘密地赠送一百两纯金片。唐溪一看就发怒了，说：这件事，是太师仁厚英明，同我有什么相干？你这是拿害人东西来送我啊！当即还给他金子，并把他赶了出去。唐溪这句话，不仅道出贿物是祸根，而且拒得痛快。这与经经手就想喝杯酒、帮人点忙就邀功图贿的贪婪者相比，真是天壤之别。

总之，廉俭是保证廉洁的重要条件；知耻，是为人之根本，能内心自律，“慎独”做到“吾日三省吾身”，更能体现治政者清廉为政的自觉性和坚定性；反贪拒贿是廉政最基本的要求；秉公执法则是政治公正的实际表现。治国以修身为本，廉洁虽然重在修养，但绝不只是停留在最低的个人修身养性上，它还包括一个升华的层面，即寡欲而存公心，公正处事，创造出政通人和的局面，这才是修身惟清的真正内涵。

廉洁奉公的传统美德，教育和影响了一代又一代人，特别是古代的清官不乏其人，他们廉洁的品格代表了中华民族的浩然正气，他们工作中勤于职守，廉洁奉公，依法行事，不徇私情，大义灭亲，皇亲国戚犯法也不姑息，生活上清白如雪，自奉俭薄，身居陋室，两袖清风，他们的德行在各个历史时期都受到人们的赞颂，他们的崇高品德，激励古今。以往有人认为，即使是封建社会，其官吏无疑是统治阶级的帮凶，对古代清官不屑一顾，这种不顾客观历史的看法是错误的。

四、继承和弘扬廉洁奉公美德是时代要求

廉洁奉公在不同的社会和历史时期，有不同的要求。中国自先秦、两汉以来就倡导为官从政者要树立廉洁奉公的理念，规范廉洁从政的行为。中国共产党更是廉洁奉公美德的积极倡导者和实践者，以毛泽东、邓小平、江泽民同志为核心的党的三代领导集体和以胡锦涛同志为总书记的党中央，把反腐倡廉作为共同的政治追求，在中国传统文化中汲取营养形成了党的优良传统，创立、丰富和发展了一系列的廉政理论，采取了一系列措施，赋予了廉洁奉公崭新的内涵。廉洁奉公是共产党的优良传统，也是共产党的根本宗旨的具体体现。中国共产党《党章》明确规定：“中国共产党员永远是劳动人民的普通一员。除了法律和政策规定范围内的个人利益和工作职权以外，所有共产党员都不得谋求任何私利和特权。”这是对共产党员本质的界定，也是对共产党员的基本要求。不谋求特权，就要求必须清正，不谋求私利，就要求必须廉洁。因此，清正廉洁，是共产党人最鲜明的特征之一，

是每一位党员干部履职的底线。毛泽东一贯强调全心全意为人民服务是我党的唯一宗旨。他认为，为政清廉与为人民服务是一致的，是为人民服务的起码要求，只有坚持为政清廉，才能真正坚持为人民服务。他指出：共产党是为民族，为人民谋利益的政党，它本身决无私利可图。因此，共产党人的一切言论行动，必须以合乎最广大人民群众的最大利益，为最广大人民群众所拥护为最高标准。这就是说，党政机关工作人员作为人民利益的忠实代表，为人民服务的宗旨决定了他们决不可以利用人民赋予的权利谋求任何私利，而必须具备廉洁奉公的品格和作风，做到廉政、勤政。为此，中共中央颁发了《中国共产党纪律处分条例(试行)》、《关于党和国家机关必须保持廉洁的通知》和《中国共产党党员领导干部廉洁从政若干准则(试行)》等文件，其中对党政机关及其工作人员廉政的基本要求是：党员领导干部要廉洁奉公，忠于职守。禁止利用职权和职务上的影响谋取不正当利益。党员领导干部要严防商品交换原则侵入党的政治生活和国家机关的政务活动。禁止私自从事营利活动。党员领导干部要遵守公共财物管理和使用的规定。禁止假公济私、化公为私。党员领导干部要遵守组织人事纪律，严格按照干部选拔任用工作的制度办事。禁止借选拔任用干部之机谋取私利。党员领导干部对涉及配偶、子女、其他亲友及身边工作人员有利害关系的事项时，应当奉公守法。禁止利用职权和职务上的影响为亲友及身边工作人员谋取利益。党员领导干部要艰苦奋斗，勤俭节约。禁止讲排场、比阔气、挥霍公款、铺张浪费。这就是当前我们廉政建设的基本内容，是我们的党政机关干部在政务活动中所必须遵守的准则，也是评判一个党政机关或党政干部是否为政清廉的依据。

改革开放以来，在党中央的正确领导下，我们党的反腐倡廉工作力度不断加大，成效明显。主要体现在：领导干部廉洁自律工作不断加强，从政行为逐步规范，廉洁自律意识不断提高，查办违纪违法案件工作不断深入，纠正部门和行业不正之风工作持续发展，一些损害群众利益的突出问题得到解决，从源头上预防和治理腐败工作稳步推进，对领导干部特别是主要领导干部的监督力度加大。尽管反腐败斗争取得了明显成效，但目前反腐败斗争形势依然严峻，有些地方和部门的问题还相当严重，现阶段腐败现象易发多发的土壤尚未根除，反腐败斗争将是长期的、艰巨的和复杂的。从最近几年揭露出来的一些违纪违法案件看，出现的一些新特点值得注意：一是违纪违法案件仍居高不下，二是经济类案件涉案金额越来越大，三是利用干部人事权、司法权和行政审批权违纪违法案件突出，四是涉及“一把手”的违纪违法问题突出，五是窝案串案明显增多，六是领导干部与配偶子女串通进行腐败活动相当突出，七是作案手段隐蔽性加强。除了上述腐败行为的特点外，一些地方仍然不同程度地存在学校乱收费、医生收红包等问题，存在基层干部作风霸道、办事不公、执法不严、吃拿卡要、刁难群众和以权谋私的问题。这些不正之风问题虽然涉及的干部级别不高，但发生在广大群众身边，直接损害了群众的利益，损害了党和政府的形象，要充分认识它的危害性。

腐败产生的原因是多方面的。从主观上说，放松世界观的改造，背弃理想信念，思想蜕化变质，是一些人堕落为腐败分子的根本原因。从客观上说，一些领域中制度和体制机制还不完善，使一些人进行形形色色腐败活动有机可乘；从管理上说，监督机制不完善，监督不到位，也是腐败现象易发多发的重要原因。鉴于此，中共中央先后制定颁布了《关于实行党风廉政建设责任制的规定》和《建立健全教育、制度、监督并重的惩治和预防腐败体系实施纲要》等数十个文件，提出了今后廉政建设的方针和任务，为反腐斗争指明了方向。《关于实行党风廉政建设责任制的规定》指出“实行党风廉政建设责任制，要以邓小平理论为指导，坚持‘两手抓，两手都要硬’的方针”。坚持“两手抓”是邓小平的一贯思想，是我们党建设有中国特色社会主义的重要指导方针，是加强廉政建设的内在要求。在廉政建设上，坚持“两手抓”的方针，就是要一手抓经济建设，一手抓廉政建设；一手抓预防腐败现象的发生，一手抓腐败现象的惩治。胡锦涛在中央纪律检查委员会第五次全体会议上发表讲话时强调：反腐倡廉能力，是党的执政能力的重要体现，是巩固党的执政地位的重要保证。各级党委和政府都要增强忧患意识，做到居安思危，从提高党的执政能力、巩固党的执政地位的战略高度进一步认识做好反腐倡廉工作的极端重要性，始终把反腐倡廉作为一件大事来抓，始终旗帜鲜明、毫不动摇地反对腐败。

防治腐败要坚持标本兼治、惩防并举，特别要加大预防腐败的工作力度。党的十六届四中全会从加强党的执政能力建设的要求出发，强调要坚持标本兼治、综合治理，惩防并举、注重预防，抓紧建立健全与社会主义市场经济体制相适应的教育、制度、监督并重的惩治和预防腐败体系。这是党中央在总结历史经验、科学判断基础上作出的重大战略决策，是反腐倡廉工作向纵深发展的必然要求，是在发展社会主义市场经济条件下更好地防治腐败的必由之路。当前，要着重做好如下工作：加强思想教育，以德养廉；发扬艰苦奋斗精神，勤俭守廉；加强法制建设，以法保廉；建设民主政治，以民促廉；加强全面监督，束权导廉；严肃法纪，以惩护廉；领导垂范，表率倡廉；经常考核，以评助廉。

提倡勤劳节俭、艰苦奋斗是克服为政不廉，提高拒腐能力的重要途径。

古人认为，以德可以养廉，因此提倡“清介自守”。“清介自守”是为官从政者自觉修养廉洁的德行。古人认为“为俭可以助廉”，廉俭是保证廉洁的重要条件。明代海瑞说：“公以生其明，俭以养其廉，是诚为邑之要道，处世临民之龟镜也。”居官克俭，才能不思苟取，拒贿不纳。

俭以养德，俭可以使为官从政者达到“清介自守”。“俭”何以能“养德”？首先，节俭乃是对自发物质欲望的节制，它有助于养成对各种自发的、受欲望冲动支配的行为的约束力，提高理性自制能力，实现“取舍于内”、“节俭在人”，为实现道德自律奠定基础。相反，奢侈则意味着纵欲，易于养成贪欲无度，多求妄用，慕恋虚荣，放荡不羁的心态，动摇道德人格的根基。其次，节俭有助于明志、守节。它可以使人把身心集中到事业上来，立志去完成时代和社会所赋予的使命，而不致沉溺于声色，玩物而丧志。“奢者妄取苟求，志气卑辱，一以俭约，则于人无求，于己无愧。”节俭便可以坚持操守，做到富贵不能淫，贫贱不能移。

艰苦奋斗是中华民族世代相传的宝贵精神财富，是人们在认识和改造自然的过程中，在同敌人斗争的过程中，不怕任何艰难险阻，勤俭节约，艰苦创业，积极进取，刻苦耐劳，不求索取，不怕牺牲，英勇拼搏，自强不息的行为和精神风貌。艰苦奋斗是我们党克敌制胜的传家宝。革命战争年代，我军以小米加步枪，打败了比我们强大的敌人；朝鲜战场上，我志愿军一口炒面一把雪，打败了武装到牙齿的美国侵略者；新中国成立后，我们又发扬艰苦奋斗精神取得了社会主义建设的伟大胜利。艰苦奋斗不仅仅表现为物质上的勤俭节约，省吃俭用，更应该表现为精神上的不畏艰苦，勇于攻坚，一往无前。物质上的艰苦可以锤炼排除万难的斗志。一个人、一个民族、一个国家如果没有艰苦奋斗精神，物质条件再优越，也难成大业。今天我们的物质条件比战争年代，比新中国成立初期好多了，但是我们毕竟还处在社会主义初级阶段，我国经济从总体上讲还不发达，老少边穷地区还有那么多困难群众，城镇还有那么多下岗失业的职工，农民负担还比较重，我们不能无视这一现实。而要使全国每一个地方的经济都发展起来，让全国人民的生活都得到改善，还必须继承艰苦奋斗这个传家宝。当然，时代不同了，艰苦奋斗的内涵也要与时俱进，侧重点应放在不贪图安逸享乐，不怕艰难困苦，努力开拓创新上，要在全面建设小康社会的实践中，谱写艰苦奋斗的新篇章。艰苦奋斗精神过去要发扬，现在仍须发扬，将来还要发扬。

在新的历史条件下，弘扬艰苦奋斗精神，不仅是继承党的优良传统的需要，也是适应时代发展的需要。对于领导干部而言，艰苦奋斗既是一种精神状态，也是一种政治本色。廉洁自律不仅是一种意识，更是一种责任，一种对国家、对家庭、对自己的责任。领导干部应该“俭以养德”，要耐得住清苦，顶得住歪理，抗得住诱惑，管得住小节，从大处着眼小处着手，严格自律，自觉抵制拜金主义、享乐主义的影响，做到艰苦奋斗、廉洁从政。然而，随着我国改革开放的深入，各种剥削阶级思想残余及生活方式的渗入，艰苦奋斗精神在一些地方和少数干部身上逐步淡化，铺张浪费、贪图安逸、追求享乐的现象有所抬头，甚至还出现了一些违法违纪的事情。当前在党政机关腐蚀与反腐蚀的斗争相当激烈。反腐败斗争的实践证明许多腐败分子的蜕化变质，往往是从丢掉艰苦奋斗传统，追求吃喝玩乐开始的。由贪图安逸，讲究享受，进而发展到违法乱纪，权钱交易，最后堕落成为腐败分子，这就是一些党政干部的蜕变过程。这一过程告诉我们放弃了勤劳节俭、艰苦奋斗精神，就等于为腐败现象的滋生提供了沃土。邓小平同志指出："提倡艰苦奋斗创业精神，也有助于克服腐败现象。新中国成立以来，我们一直在讲艰苦创业，后来日子稍微好一点就提倡高消费，于是，各方面的浪费现象蔓延。加上思想政治工作薄弱，法纪不健全，什么违法乱纪和腐败现象出来了。""这几年，我们的一个失误就是没有告诉人民和共产党员保持艰苦奋斗的传统"。

挥霍浪费，奢侈成风，不仅会坐吃山空，而且会如古人所说的那样，"侈则肆，肆则百恶俱纵"。为政要清廉，就必须清除头脑中的贪心奢欲，养成勤劳节俭、艰苦奋斗的作风。如果我们党员干部放松警惕就容易被腐蚀而蜕化变质。"物必自腐而后虫生"。少数领导干部腐化堕落往往是从思想和作风上出了问题开始的，这些人贪图享受、吃喝玩乐、铺张奢靡，一步一步走上违法犯罪道路，滑入腐败的泥潭。思想和作风出了问题，说到底是世界观出了问题。要解决思想作风和精神状态问题，解决世界观、人生观、价值观问题，必须大力开展"艰苦奋斗，廉洁从政"教育，从源头上预防腐败，从思想深处构筑一道抵御腐败的重要防线。因此，反腐防腐的有效措施之一就是保持艰苦奋斗本色。艰苦奋斗的本色不变，就不会追求个人享乐、贪图安逸，就不会消磨斗志、自甘堕落。艰苦奋斗的本色不变，就能守得住清贫、抗得住诱惑、保得住清廉，就能带领群众为全面实现小康目标而坚持不懈地奋斗。

一个人丢了这种精神，就要落伍，就要被社会淘汰。战争年代有过贪图享乐，贪生怕死的叛徒、懦夫，新中国成立后也有过"分了土地分了牛，老婆孩子热炕头"，不愿再为革命奋斗的半截子革命者；今天还有那么一些人，生活条件好了，反而数典忘祖，玩物丧志，丢了艰苦奋斗精神，热衷于花天酒地，公款吃喝，游山玩水，以权谋私，建豪宅，包二奶。这样的人怎么能真心实意地带领群众建设小康社会？当今世界国际竞争空前激烈，一个国家落后就要挨打。只有不断发展，才能求得生存。要发展，就离不开艰苦奋斗精神。“历览前贤国与家，成由勤俭败由奢”，这是几千年治国治家的经验。我国现在还只是发展中国家，还没有进入发达国家行列，我们不能不居安思危，不能不忧国忧民。“国家兴亡，匹夫有责”，这是清初人顾炎武的名言，至今仍有现实意义。为了应对新的竞争、新的挑战，我们必须继续保持革命年代那种拼命精神，那种蓬勃朝气，艰苦奋斗，加快我国的现代化建设，实现中华民族的伟大复兴。

有人认为一些干部为政不廉是因为俸禄太低、社会分配不公导致的。这种看法是片面的。确实，目前我国党政机关工作人员的报酬与发达国家相比还有差距，但随着社会发展和人们的生活水平日趋提高，国家工作人员的收入已有较大的增加。但是应该明确收入较低与为政不廉并没有必然联系，很多不廉行为的产生并不是因为穷。许多大贪污犯，其工资收入并不低，他们的收入比一般劳动人民不知强多少倍，对利欲熏心者工资再高也不能满足其挥霍欲望。一定历史阶段的社会生产给人民提供的物质生活条件总是有限的、相对的，不可能完全满足人们的一切物质需要。我们共产党人以实现共产主义为最高理想，以全心全意为人民服务为根本宗旨，我们不能在报酬上讲“等价交换”，“无私奉献”才是共产党人的真正价值所在。

革命烈士方志敏在他的遗嘱《清贫》中有一段名言，他说：“我从事革命斗争，已经十余年了。在这长期的奋斗中，我一向过着朴素的生活，从没有奢侈过。经手的款项总在数万元，但为革命而筹集的金钱，是一点一滴地用之于革命事业。这在国方的伟人看来，颇似奇迹，或以为夸能，而矜持不苟，舍己为公，却是每个共产党员具备的美德。”“清贫、洁白、朴素的生活，正是我们革命者战胜许多困难的地方！”

当然，提倡艰苦奋斗精神，并不是要人为降低人们的生活标准，重要的是强调一种精神状态。随着社会的发展进步，人们的物质生活水平是要逐步提高的，这也是无产阶级革命的最终目的。但是艰苦奋斗的精神也是始终不能丢的。

“数风流人物，还看今朝”。革命导师、领袖及仁人志士，他们勤政为民的高风亮节，公正严明的崇高品德，廉洁奉公的优良作风，真正实践了共产主义战士的崇高信仰。1959 年到 1962 年，是共和国历史上被称为“三年困难”的时期。面对工农业生产跌入谷底导致的生活资料匮乏和饥馑的严酷现实，最难过的莫过于为了以最快的速度使国家强盛富庶而发出大跃进号召的毛泽东本人了。他对全体工作人员宣布：“我们要实行三不：不吃肉，不吃蛋，吃粮不超定量。”毛泽东当年在延安的一句口号“忙时吃干，闲时吃稀”再度被写刷到了墙上。中央人民政府将每个国民的口粮定量减到最低限度。低标准，瓜菜代。中共中央紧急号召全体共产党员带头，国家干部带头。领袖们首先带头勒紧裤腰带，渡过难关。中南海里，机关干部们开始重新定量，先由个人报数再由群众公议评定。身高体阔的毛泽东，自报的粮食定量是每月 26 斤。刘少奇报得最低，只有 18 斤。周恩来报了 24 斤。朱德和毛泽东一样，也是 26 斤。这一情况传到各单位党支部和党小组后，大家都认为领袖们自报的定量偏低了，起码应该和绝大多数男性干部们一样，定在 28 斤。但是领袖们都坚持说够了，已经写过，不要变动了。就这样开始按照他们报的数量发给他们粮票。在领袖们的带动下，整个中南海的工作人员都勒紧了裤带，每位工作人员都把自己的粮食定量降了下来。定量是压缩了，可营养不良不可避免地发生了。为了在粮食定量减少的情况下尽可能地增加一些营养，食堂的大师傅们和干部们想了一些办法，他们采集一切可食的植物，和粮食掺和在一起吃。最开始是采集自然生长的植物，像挖野菜、捋榆钱儿等。中南海里，特别是沿着中南海的外墙，种植了不少榆树。榆树的种子形状有点像古钱，俗称榆钱儿。采摘来后，大师傅们就把嫩榆钱儿和在面里，使蒸出的馒头个大一些。自然生长的东西很快就被摘光了，于是人们就种植一些野菜，比较普遍的是一种俗称“扫帚菜”的植物。这种野菜枝蔓多而密，把叶子撸净后，一株就是一把天然的扫帚，其俗称大概就是这么来的。这种野菜特别好生长，路边或犄角旮旯，再贫瘠的地方也能长得很茂盛。扫帚菜叶和上玉米面或白面，放在笼屉里蒸熟了也不难吃。

邓小平同志作为我党第一代中央领导集体的主要成员之一和第二代中央领导集体的核心，在领导我国社会主义现代化建设的过程中，也十分强调要发扬艰苦奋斗的创业精神，认为这不仅是社会主义现代化建设的前提，而且也是党的战斗力的基础。邓小平指出，由于我们党是一个执政党，执政后，党的责任加重了，因为掌了权就要担负起把国家引导到社会主义道路上去和进行建设的艰巨任务，因此必须坚持党的艰苦奋斗的优良传统作风。邓小平要求各级领导干部要以身作则，做艰苦奋斗的榜样。他强调，能不能吃苦在先，享受在后，是合不合乎党员的条件的问题。邓小平还强调，发扬艰苦奋斗的创业精神，必须坚持反对铺张浪费。他指出，反对特殊化只是艰苦创业中的一个问题。最大的问题还是要杜绝各种浪费，我们生产出来的东西来之不易，任何浪费都是犯罪。

邓小平同志不仅是这样教育我们的党员干部，在工作和生活中，他更是以实际行动率先垂范，以身作则。邓小平参加了中央庐山工作会议，和他一起的还有他的夫人兼机要秘书卓琳及女儿邓楠。在庐山工作会议期间，邓小平在生活作风上，廉洁奉公的美德给大家留下了深刻印象。他睡的床上用品，如枕巾、毛巾毯等，都是要其夫人卓琳从北京自家带来的，从不动用会议的公用品。三人吃的水果，或请人洗衣服，卓琳均如数付钱，尽量减轻会议的开支负担。9 月 17 日，会议结束后，邓小平就要警卫人员向第七接待服务组按标准实缴了三人的全部伙食费，然后与服务人员一一握手，表示感谢后才离开。

邓小平同志生活节俭、朴素，同样给人留下了深刻的印象。一个跟随邓小平多年的警卫穆冠新在深情回忆时讲述了这样一个小故事。1973 年 2 月底，邓小平到花园村后，按照规定，要单独开灶。但第一次吃饭，邓小平就说，“大家一起来吃吧，一起吃热闹，多好啊，以后就不要单独开灶了。”警卫们不敢，邓小平就用幽默的语言，打消了穆冠新他们的顾虑。邓小平的日常生活非常普通，早餐爱吃鸡蛋、馒头、稀饭、泡菜；午饭和晚餐常是两素一汤，菜也就是粉蒸肉、回锅肉、青菜、豌豆尖之类的家常菜，汤一般是酸菜粉丝汤或酸菜肉丝汤。邓小平同志特别节俭，他家里有个规矩：剩菜、剩饭不许倒，下顿烩烩再吃。穆冠新回忆说，有一天，他正在院子里值勤，见邓小平背着手走到厨房门口，把厨师扔下的发黄的菠菜叶子捡了起来，然后把厨师叫出来，说："这还可以吃嘛，扔了多可惜啊。"见炊事员淘米时漏了几粒米，邓小平又说："漏下20颗就能磨点面熬稀饭了。"

以胡锦涛同志为总书记的新一代中央领导集体十分重视传统廉洁文化的传承和发扬，重视党员和干部的作风建设，大力倡导廉洁奉公、爱国守法、勤俭自强、奉献为民，并上升为治党治国的方略。1949年3月，毛泽东在中国共产党于西柏坡召开的七届二中全会上讲话指出："中国的革命是伟大的，但革命以后的路程更长，工作更伟大，更艰苦。这一点现在就必须向党内讲明白，务必使同志们继续保持谦虚、谨慎、不骄、不躁的作风，务必使同志们继续保持艰苦奋斗的作风。"以胡锦涛同志为总书记的新一代中央领导集体上任不久，就到西柏坡进行学习考察，重温毛泽东关于"两个务必"的重要论述，要求全党在全面建设小康社会的伟大实践中必须继续牢记和大力弘扬"两个务必"精神。胡锦涛总书记在中央纪委第七次全体会议上强调指出：艰苦奋斗、勤俭节约是中华民族的传统美德，也是我们党的传家宝。发扬艰苦奋斗、勤俭节约的精神，关键是领导干部要以身作则，特别是高级干部要率先垂范。胡锦涛总书记说过这么一番话："作为党的干部，既要勤政又要廉政，既要干事又要干净，这是最基本的为政之道。""是用手中的权力为群众造福还是为自己营造安乐窝，是心系群众还是心系自己，是为群众谋利益还是为自己谋私利，这是领导干部政治上合不合格、作风上是否过硬的分水岭。"2006年3月，中共中央总书记、国家主席、中央军委主席胡锦涛同志提出了社会主义荣辱观，在祖国大地引起了强烈的反响，为我们进一步加强廉洁教育和廉洁文化建设指明了方向。

在十届人大二次会议上，胡锦涛同志收到一位人大代表赠送的物件，那是一张他在黄金洞公社食堂吃饭的饭费收据复印件，上面写着："今收到胡锦涛同志饭费人民币×元、粮票×斤。"当时，胡锦涛同志任团中央书记到基层考察工作在湖北省咸丰县黄金洞公社吃了一顿工作餐。饭后，胡锦涛同志立即付了饭费，于是便有了这张××年前的就餐收据。这件看似平常的事是中央领导同志以身作则、严于律己、始终保持与人民群众血肉联系的有力证明。胡锦涛同志从小事做起，严格自律、公私分明这种精神境界，这种恪守党性原则，严格按规章制度办事的做法值得每个党员和领导干部学习，同时也为广大党员特别是领导干部如何保持先进性做出了榜样。

廉洁奉公是我们的传统美德，也是共产党人的优良传统。讲官德必然要求讲廉洁，不廉洁就不可能有官德，这是古今如一的道理。廉洁奉公是贯彻“三个代表”重要思想的本质要求，是保持共产党先进性的核心内容，也是党员领导干部必备的思想政治素质。各级党员领导干部都应当把廉洁奉公、执政为民作为自己的座右铭，只有这样才能真正体现党员的先进性，才能成为一名让党放心、让人民满意的公仆。廉洁奉公、执政为民是一种操守，一种公德。在改革开放和发展社会主义市场经济条件下，党员领导干部要保持操守，维护公德，就要能够承受比常人大得多的考验和诱惑。把廉洁奉公、执政为民作为自己的座右铭，就要牢固树立我们的权力是人民赋予的观念，正确行使手中的权力，带头发挥先锋模范作用。只有廉洁奉公，才能永葆先进；只有执政为民，才能稳固政权。只有廉洁奉公、执政为民，才能始终保持纯洁高尚的思想境界，才能做到“权为民所用，情为民所系，利为民所谋”，才能永葆共产党员的青春，做一个合格的人民公仆。

第六章　知耻求荣

传统文化认为不知耻无以为人，不求荣无以为尊。因此，明理知耻、自强求荣成为中华美德中的重要内容。荣辱是一对相辅相成的道德范畴，“荣”即荣誉、光荣，是社会对人们道德行为的一种褒奖与嘉许。它表现在两个方面：一方面是个人履行一定的义务后得到社会的赞扬、公认和奖励；另一方面是履行义务后所产生的个人在道德上的满足感，即个人的尊严感。“辱”即耻辱，是荣誉的对立面，是指人的行为受到社会舆论的谴责和厌恶后，在个人内心深处所产生的耻辱感。从另外的层面上讲，“荣”和“辱”都只是人们的一种心理状态。荣，是情感上的满足感；辱，是人们的羞耻之心。

所谓“荣辱观”，就是一个人、一个民族、一个社会对于光荣和耻辱及其社会价值的根本看法与基本观点。荣辱观是道德观的重要组成部分，和道德观是紧密联系的。从实质上讲荣辱观古已有之，荣辱心人皆有之。不同的时代、不同的民族持有不同的世界观、人生观，当然人们的荣辱观也是不同的。中华民族是富有道德追求与道德素养的民族，与此相应，对于作为道德教化、道德修养重要内容的荣辱问题中华民族有着丰富而深刻的认识。

在作为中华民族道德文化的儒家文化中，荣辱问题被作为事关人伦国计的重要议题摆在他们道德话题的重要位置。孟子将是否具有“羞恶之心”作为区别人与非人标尺。荀子强调“荣辱之大分”，并深刻阐述了“义荣”和“势荣”、“义辱”和“势辱”的内涵与分野。除此之外，中华文化史上关于“富以苟不如贫以誉，生以耻不如死以荣”，“慕善人而不与焉，耻也”，“壮称无德焉，耻也”，“人有耻，则能有所不为”，“风俗之美，在养民知耻”，“耻者，治教之大端”等丰宏论述都从不同的层面展示了中华民族对荣辱问题的深层思考与关注，凝汇成中华民族持守数千年的荣辱观，铸塑了中华民族明荣辱、知礼义、尊德性等可贵的民族性格。今天看来，儒家荣辱观中包含许多值得借鉴的思想精华，通过批判改造，扬弃糟粕，可以成为当代道德建设的重要文化资源。今天我们认真分析传统荣辱观的有关思想，对于我们继承中华民族的优良传统，树立以“八荣八耻”为主要内容的社会主义荣辱观，进行卓有成效的道德建设，具有重要的现实意义。

一、传统荣辱观的价值目标

我们的传统荣辱观是建立在儒家思想基础之上的。儒家荣辱观所追求的价值目标：知耻，求荣。中华传统道德十分重视荣辱观念，强调“好荣恶辱……是君子、小人所不同也”，认为荣辱问题事关人格问题。古代荣辱观强调以“仁”、“义”为界限，“仁则荣，不仁则辱”。

知耻，亦即所谓羞恶之心、廉耻之心。孟子说：“无羞恶之心，非人也。”朱熹说：“耻者，吾所固有羞恶之心也。存之则进于贤，失之则入于禽兽，故所系为甚大。”又说：“人有耻，则能有所不为。”顾炎武也说：“盖不廉则无所不取，不耻则无所不为。人而如此，则祸败乱亡，亦无所不至。”显然，在儒家看来，人应该能够按人的本性来行事，并能够为违背人的本性的言论和行为而感到羞耻；人有羞恶之心，就可以不做有悖于人性的事情，偶尔做了有悖人性的事情，也会感到痛心疾首并迅速加以纠正；如果一个人没有羞恶之心，寡廉鲜耻，那他就不能称之为人；一个人如果丧失了羞恶之心，那他也就丧失了做人的资格。儒家的这一观点，极其深刻地揭示了知耻的实质及其道德价值。关于知耻，在后面部分我们将进一步解释。

求荣，是与取义成仁相一致的。孔子说：“君子喻于义，小人喻于利。”孟子说：“生亦我所欲也，义亦我所欲也，二者不可得兼，舍生而取义者也。”陆九渊说得更明白：“君子义以为质，得义则重，失义则轻，由义为荣，背义为辱。轻重荣辱惟义与否，科甲名位，何加损于我，岂足言哉。”由此，“舍生取义”、“杀身成仁”成为儒家求荣的最高境界。

儒家把知耻求荣当做一件极其重要的大事，根本原因在于知耻求荣被认为是确保人格尊严的关键。儒家一贯认为，不知耻无以为人，不求荣无以为尊。因而主张荣耻对立，泾渭分明，荣荣耻耻，礼义立人。诚如顾炎武所说："礼义，治人之大法；廉耻，立人之大节。"显然，在儒家看来，知耻求荣不仅是做人的基本要求，也是确保人格尊严的关键环节。

正是这种荣辱观不断地被历代的仁人志士用行动、用生命所诠释。诸葛亮为报答"三顾茅庐"的知遇之恩，鞠躬尽瘁，死而后已。文天祥面对山河破碎的现实，毅然写下"人生自古谁无死，留取丹心照汗青"的诗句，面朝南方，英勇就义。林则徐胸怀国家利益至上的崇高信念，虎门销烟，用他的实际行动实践了他"苟利国家生死以，岂因祸福避趋之"的豪迈誓言。

二、传统荣辱观的评判标准

中华传统道德十分重视荣辱观念，强调"好荣恶辱……是君子、小人所不同也"，认为荣辱问题事关人格问题。古代荣辱观强调以"仁"、"义"为界限，"仁则荣，不仁则辱"。

知荣辱是人性的标志，是人之为人的重要标准。只有知荣辱，才能明是非、辨美丑。一旦荣辱不分，就势必混淆是非、善恶、美丑的界限。荀子曰："荣辱之大分，安危利害之常体。"荣辱之心人皆有之。荣辱观是一个道德范畴的概念，而道德是涉及价值判断的，因此荣辱观必然是一个带有历史性的和阶级性的概念，因而也是相对的。荣辱二字不变，然荣辱二字所内含的具体指义则与时而化、不断更演。它会因不同时代，不同民族，不同个体的世界观、人生观、价值观的不同，其荣辱观也是不同的。不仅如此，历史的多变和生活的复杂，导致了荣辱观釜底抽薪，复杂多变。不仅是荣辱之内在含义会变，就具体荣辱事实来说，也并不是永远相抗的。荣可致辱，辱可返荣，期间包含有相互转化的机理。

越王勾践卧薪尝胆的故事就是反辱为荣的最好诠释。春秋时期，吴越两国相邻，经常打仗，有次吴王领兵攻打越国，被越王勾践的大将灵姑浮砍中了右脚，最后伤重而亡。吴王死后，他的儿子夫差继位。三年以后，夫差带兵前去攻打越国，以报杀父之仇。公元前497年，两国在夫椒交战，吴国大获全胜，越王勾践被迫退居到会稽。吴王派兵追击，把勾践围困在会稽山上，情况非常危急。此时，勾践听从了大夫文种的计策，准备了一些金银财宝和几个美女，派人偷偷地送给吴国太宰，并通过太宰向吴王求情，吴王最后答应了越王勾践的求和。但是吴国的伍子胥认为不能与越国讲和，否则无异于放虎归山，可是吴王不听。

越王勾践投降后，便和妻子一起前往吴国，他们夫妻俩住在夫差父亲墓旁的石屋里，做看守坟墓和养马的事情。夫差每次出游，勾践总是拿着马鞭，恭恭敬敬地跟在后面。后来吴王夫差有病，勾践为了表明他对夫差的忠心，竟亲自去尝夫差大便的味道，以便来判断夫差病愈的日期。夫差病好的日期恰好与勾践预测的相合，夫差认为勾践对他敬爱忠诚，于是就把勾践夫妇放回越国。越王勾践回国以后，立志要报仇雪恨。为了不忘国耻，他睡觉就卧在柴薪之上，坐卧的地方挂着苦胆，表示不忘国耻，不忘艰苦。经过十年的积聚，越国终于由弱国变成强国，最后打败了吴国。吴王夫差自杀，临死时用布把脸蒙起来，因为他羞辱难当，在地下无颜再见含冤自尽的忠贞老臣伍子胥。

跟勾践卧薪尝胆、历经苦心劳碌和千难万险不同，历史最初竟那样的偏爱项羽，使其成就霸业之途通畅无阻彰显其大荣，而最终却因他的无谋和残暴导致他又获大辱。秦王朝的残暴导致了陈胜、吴广的揭竿而起，于是各地响应，反抗一时风起云涌。巨鹿之战，项羽赢得了至高的声誉，奠定了在诸侯军中的首领地位。

正当项羽在巨鹿跟秦军浴血奋战之时，另一位市井出身的豪杰刘邦趁机进军秦朝的首都咸阳，秦王朝幼帝向刘邦投降。不久，从巨鹿西征的项羽联军也抵达咸阳。在群雄纷争中的项羽有天下勇士之盛誉，可谓名将，但却没有政治头脑。当他听说刘邦先他把秦王朝灭掉，没有把这个盖世的名誉留给他，又听说刘邦把金银财宝抢劫一空之后，暴跳如雷，像发疯的野兽一般，不顾别人的劝阻，下令把幼帝处斩，纵火焚烧咸阳城。恢宏壮丽、集千万人血汗和智慧于一体的阿房宫，在三个月的熊熊大火中消失。而刘邦却立即屈膝，亲自到项羽营帐谢罪，在出演了一出惊心动魄的鸿门宴之后，终于骗得好大喜功的项羽的信任得以逃脱。项羽尊称为“亚父”的谋士范增除了哀叹“竖子不足为谋”之外，别无他法。

项羽大肆掠夺珍宝、美女准备返回老家，学者蔡生劝说道：“关中地形险阻，土地肥沃，在此建都可以称霸。”项羽见秦王宫烧毁残破，又有极其强烈的衣锦还乡的欲望，说道：“富贵不归故乡，如穿着华丽的衣服走夜路，谁能看到？”蔡生叹道：“人言楚人沐猴而冠，果然如此。”项羽听到此话后，将蔡生投到大锅里煮死。

项羽居霸王之功，贪天下之誉，不思进取，不识人才，而且对他唯一的智囊范增也不能容忍，将其逐走。在跟刘邦几经较量之后，最终在曾经是其帐下卫兵而如今却是刘邦手下独当一面的大将韩信的十面埋伏中无法突围。四面楚歌，他只能怆然涕下，大放悲歌：“力拔山兮气盖世，时不利兮骓不逝。骓不逝兮可奈何，虞兮虞兮奈若何。”美人虞姬陪其和之数歌，随后自杀。在上演了一出英雄气短、儿女情长的《霸王别姬》后，项羽率少数骑兵突围至乌江。乌江亭长劝其渡江，再谋大业，他觉得大势已去，无颜见江东父老，于是在乌江边自刎身亡。其大荣大辱的一生，终被刘邦和韩信讥为“匹夫之勇”、“妇人之仁”，给后人以可叹可思的无穷启示。

尽管荣辱观是一个历史性的范畴，尽管在不同的社会条件下，由于人们奉行不同的行为准则并具有不同的人生价值体系，他们的荣辱感也会呈现出各种各样的差别，甚至会出现截然相反的情形，以致同一种行为在一个时期被视为光荣，而在另一个时期却成了耻辱。但是，这并不排除荣辱观的继承性。无论社会如何发展，人类社会的一些古老传统和基本的价值观都无法改变，与此相关，人类某些行为在不同历史时期都可能被赋予相同的荣辱意义。中国上下五千年，传统荣辱观的基本精神并没有改变，这正体现了道德的继承性。

中华传统的荣辱观的基本精神是以道德论人品，分高下，定荣辱。古代荣辱观强调以“仁”、“义”为界限，孟子曰：“仁则荣，不仁则辱”。《荀子·荣辱》说“先义而后利者荣，先利而后义者辱。”

王符《潜夫论·论荣》反驳以财富权势地位定荣辱的观点说，周幽王、厉王，夏桀、殷纣等荒淫无道之君，虽贵为天子，富有四海，也为人所不齿，蒙受耻辱；伯夷叔齐、颜回、原宪(孔子弟子)身居贫贱，却为后世作为有德贤人，世代称颂。所以，“宠位不足以尊我，而卑贱不足以卑己。”“君子未必富贵，小人未必贫贱。”衡量荣辱的标准，“仁重而势轻，位蔑而义荣。”仁义高于富贵。《淮南子》也说：“不耻身之贱，而忧道之不行。”

儒家基本道德价值准则就是重义轻利、先义后利，由此可以引申儒家的荣辱观是以“仁”、“义”为标准的“义以为上”或“生以载义”。孔子一生周游列国，广收弟子，宣扬仁爱。《孟子·告子上》说：“生，亦我所欲也；义，亦我所欲也。二者不可得兼，舍生而取义也。”可见，古人对“义”是相当推崇的，宁愿舍弃生命，也不愿背信弃义；“义”是儒家恪守的“五常”之一，即处理人际关系的基本道德原则。儒家非常重视义，《论语》一书提到义字达 24 次，在《孟子》书中使用义字 108 次，把义作为人的立身处世之本。在儒家看来，“义”是相当抽象的概念，“义”是“正义”，是“道义”，是“宜”，是“公”，是“善”，是“美”，是“德”，是“利他”，是“合理”，是“奉献”；义包含正义，亦包含义务，还包含有国家民族大众的根本利益；在中国历史上，义体现为社会整体利益，也具有坚持人格的尊严，实现个人价值的意义。“义”是人生观、人生理想、信念与追求；义是人生奉献，是利他；义是人生的最高境界。在人生实践中，所有义举与善行都是利他，都是一种奉献。同时“义”又是一种为人处世的根本原则，用它来支配思想和行为。人生在世应该明于荣辱之分，行当荣之事，拒为辱之行。

“义”作为人的价值取向，是中华道德精神的精髓，也是儒家评判荣辱的准则和标尺。义不容辞、见义勇为、义无反顾、大义凛然、义正辞严等皆是崇高道德的表现，而假仁假义、见利忘义、忘恩负义、背信弃义、薄情寡义历来为人所不屑。历史上英雄万千，唯关羽被供在庙里、敬在店里，因为他是“义”的化身。

荀子曰：“物类之起，必有所始；荣辱之来，必像其德。”(《荀子·劝学》)意指“荣辱”必然是根源于人对“德”(得)的基本选择。而且“善择者制人，不善择者人制之；善择之者王，不善择之者亡。夫王者之与亡者，制人之与人制之也，是其为相悬也亦远矣”(《荀子·王制》)，而且同样的话还可两见诸于《王霸》。这就是“通者常制人，穷者常制于人”的道理：其中，“善择者”就是“通者”，“不善择者”也就是“穷者”。而“荣者常通”，毋宁说是通明豁达，知足常乐；至于“辱者常穷”，便不啻于为物所累，郁郁寡欢。在荀子看来，这种“荣辱之大分”不仅只是“制人之与人制之”间的分别，而且更关乎于“王者之与亡者”，关乎于人的“安利”与“危害”、“乐易”与“忧险”以及“寿长”与“夭折”，关乎于人的生与死。这就是所谓“安危利害之常体也”。如此看来，“荣辱”之事，岂可小觑？得之失之，可无慎乎？

儒家认为荣辱大分不仅在于选择合理的道德价值准则，还在于达到道德准则的途径和手段。按照荀子的说法，“好荣恶辱，好利恶害，是君子、小人之所同也，若其所以求之之道则异矣”(《荀子·荣辱》)。如何求荣，如何避辱？这就是途径和手段的选择问题。一般而论，目的的道德价值决定途径和手段的道德价值。当然，这也不能一概而论。荀子就此曾论述道：“小人也者，疾为诞而欲人之信己也，疾为诈而欲人之亲己也，禽兽之行而欲人之善己也。虑之难知也，行之难安也，持之难立也，成则必不得其所好，必遇其所恶矣。”(《荀子·荣辱》)用无耻的手段求荣，不但难以达到目的，而且可能适得其反。可见，途径和手段具有相对独立的道德价值，也需要做荣辱的辨析和论定。荀子曰：“荣辱之大分，安危利害之常体。”在荀子看来，“先义而后利者荣，先利而后义者辱；荣者常通，辱者常穷；通者常制人，穷者常制于人。是荣辱之大分也。”而“材悫者常安利，荡悍者常危害；安利者常乐易，危害者常忧险；乐易者常寿长，忧险者常夭折。是安危利害之常体也”。由此可见，“荣”、“辱”原本是与“义”、“利”密切相关的一对思想理念：“先义而后利”，就是“荣”；反之，若“先利而后义”，甚至于见利忘义、唯利是图，就是“辱”。据此，认为“荣”有“义荣”、“势荣”之分，“辱”有“义辱”、“势辱”之别。

所谓“义荣”，是因为“志意修，德行厚，知虑明”等人格的内在价值而获得的荣誉，如孔子之仁怀天下，诸葛亮之鞠躬尽瘁，岳飞之精忠报国，孙中山之忧国忧民等高风亮节所受到的赞誉和敬仰。

孔子无论生前死后，其崇拜者都不可胜数。他的弟子子贡将他比成不可逾越的日月。儒家后学荀子更将他与古代的“三王”并称。孔子去世后，鲁哀公将孔子故居改建为庙，收藏孔子生前用过的衣冠、琴、车和书简等。相传鲁国每年按时到孔子墓地供奉祭祖，儒生们也在孔子墓地讲习礼仪，举行乡饮、大射等仪式。除去焚书坑儒的秦朝，孔子在整个封建社会都备受推崇。尤其是到了汉代，汉武帝“罢黜百家，独尊儒术”，以《五经》立于学官，儒家思想成为钦定的正统思想，作为儒家创始人的孔子的地位远远超过诸子。西汉史学家司马迁评价孔子时说：“天下的君王乃至贤人实在太多了，活着的时候都很荣耀显赫，一旦死去就消失得无影无踪了。孔子只是个平民，可他的名声和学说却流传了十几代，学者们仍然推崇他为宗师。从天子到侯王，凡是讲论六经道艺的人，都把孔子的学说当做是判断和衡量的最高准则，孔子可以说是至高无上的圣人了!”

所谓“势荣”，是因为“爵列尊，贡禄厚，形势胜”等外在因素而获得的权势和荣誉，如秦代的吕不韦因屯“奇货”而居高位，唐代的杨国忠家族因其妹杨贵妃受宠而兴隆，明代的阉宦魏忠贤因和君王近身而获权势，民国时期“四大家族”因以权谋私而致富荣等。

吕不韦，中国战国末期秦相。《史记》称吕不韦为“阳翟大贾”，因“贩贱卖贵”而“家累千金”。秦昭王末年，昭王以其次子安国君为太子，安国君立爱姬华阳夫人为正夫人。公子子楚为安国君之中子，为秦质子居于赵，因无内援而甚不得志。吕不韦贾于邯郸而见子，以为“奇货可居”，乃劝说子楚去结交华阳夫人，华阳夫人无子，若借其力可以成为安国君之继承者。吕不韦资助子楚千金，使其归秦，又以五百金购珍宝献给华阳夫人。后来华阳夫人果然劝安国君立子楚为嫡嗣。昭王卒，安国君立，是为孝文王，立一年而卒，子楚立，是为庄襄王。庄襄王以吕不韦为丞相，封文信侯，食河南洛阳十万户。吕不韦“招致天下游士”，有食客三千，家僮万人。秦始皇继位后，因吕不韦为前朝元勋而尊之为相国，号称仲父。时秦始皇年少，“委国事于大臣”。吕不韦常与太后私通，后又物色到嫪毐其人，使其伪装成宦者而进献给太后，嫪毐甚得太后宠信，获得很大权势。公元前238年，已成年的秦始皇对吕、嫪专断国政不满，先诛嫪毐，并放逐其门客党羽。一年后，秦王恐吕不韦东山再起，下令将吕不韦与其家属迁蜀，吕不韦饮鸩而死。

所谓“义辱”，是因为“流淫污僈，犯分乱理，骄暴贪利”等恶劣行径而招致的耻辱，如秦桧之残害忠良，和珅之贪赃枉法，袁世凯之窃国谋私，汪精卫之丧权辱国等卑鄙之举而招致的唾弃和羞辱。

人们对岳飞和秦桧的态度，充分表明了古代人民对民族英雄的热爱，对奸佞小人的痛恨。岳飞之所以名垂青史，是因为他曾为保卫南宋的国土立下了汗马功劳，但后来反而被秦桧迫害致死。

当时，女真人南侵，占领北方大片土地，建立了金朝，随后继续南下。为了“精忠报国”，年轻的岳飞应募从军，参加抗金斗争。很快他就成了一名能干的军官，并组建了“岳家军”。岳飞有句名言：“饿死不掳掠，冻死不拆屋。”

不久，宋军从金兵手中收复大片土地。1140年秋，岳飞率领军队在河南大败金兵，并准备把金兵赶回东北老巢。就在他踌躇满志之时，皇帝却连发十二道金牌，召他班师回朝。他和将帅们收复国土的宏图大志也不得不半途而废。

原来这是当朝丞相秦桧捣的鬼。当时宋朝内部分为主战、求和两派。秦桧是当朝最大的实权派，也是最富有的官僚。为了保存财产与官职，他主张尽快求和。求和的先决条件是除掉主战派代表岳飞。秦桧绞尽脑汁，终于有了办法。

他首先诬陷岳飞手下的将领张宪谋反，然后又诬陷岳飞之子岳云给张宪写过谋反信，是同谋。凭藉这些诬陷的罪名，岳云与张宪就稀里糊涂地被关进了监牢。接着，他又借口质问岳飞几个问题，令他到当时的国都临安(今浙江杭州)去。岳飞一到临安，就被捕入狱。

为了掩人耳目，处死岳飞，秦桧宣布岳飞、岳云和张宪共同策划谋反。抗金名将韩世忠对此愤愤不平，他质问秦桧：岳飞抗金，何罪之有?岳飞谋反，证据何在?秦桧支支吾吾，做出了一个臭名昭著的回答：“飞子云与张宪书虽不明，其事体莫须有。”“莫须有”的意思，就是“大概有”。

按照秦桧的授意，岳飞三人很快就被判处死刑。在1142年春节的前一个晚上，在杭州风波亭遭到杀害，当时岳飞只有39岁。秦桧知道，凭正当手段是无法除掉岳飞的，他就只好加给岳飞一个“莫须有”的罪名，也就是仅仅凭猜测来给一个无辜者定罪，也就是无中生有的诬陷。这个颠倒黑白的故事，使“莫须有”这个词一直流传至今。

岳飞被害以后，临安狱卒隗顺偷偷地把他的遗骨埋葬起来。直到宋高宗死后，岳飞的冤狱得到平反昭雪，人们把岳飞的遗骨改葬在西湖边栖霞岭上，后来又在岳飞墓的东面修建了岳庙。现在，在庄严雄伟的岳飞庙大殿里，端坐着全身戎装的岳飞塑像，塑像上方悬挂的匾额上，刻着岳飞亲笔写的“还我河山”四个大字，使人肃然起敬。在岳飞墓门对面，还放着用生铁浇铸的秦桧、王氏、万俟卨和张俊四个反剪双手的跪像，反映了人民对民族英雄的景仰和对卖国贼的憎恨。像秦桧那样，生前荣华富贵，身后遗臭万年，以至于有“人自宋后耻为桧，我来墓前愧姓秦”的说法。

所谓“势辱”，是因受到权势诬陷、强暴和欺凌而外受刑罚所招致的耻辱，如屈原忠君爱国而被流放，司马迁直言护义而受凌辱，袁崇焕赤心卫国竟判剐刑，谭嗣同因变法维新而遭斩首，等等。

袁崇焕，字元素，号自如，原籍广东东莞，生于明万历十二年(1584年)。天启二年，出任兵部主事。不久，明军在广宁覆没，朝野镇惊。自万历四十六年以来，四年多的时间里，清兵势如破竹，锐不可当，先后大败十万明军，无一败仗。与此同时，朝中由魏忠贤当权，残杀异己，政治非常黑暗。

袁崇焕就是在这种情况下奔赴边疆的。袁崇焕到位后，立刻加固城墙，整饬军纪，不久大敌就来临了。袁崇焕以宁远守兵约一万，大败清兵十三万，打破了清军“战无不胜，攻无不克”的神话。过了一年多，清军再次进攻宁远，但又被击败。从此，清军一听到袁军，就心怯了。但是，这样一个抗清大将，却得不到朝廷的重视。在第二次宁远大捷后，袁崇焕只升官一级，而奉承魏忠贤的官员却有数百人因此而升官。不久，他又被魏忠贤弹劾，攻击他在第二次宁远大战中没有去救锦州。袁崇焕在这种情况下，不得不自称有病，请求辞职。魏忠贤死后，袁崇焕被召回，这时，在位的皇帝是朱由检，年号崇祯。

崇祯是个疑心极重刚愎自用的人，对朝中的大多数大臣都很不信任。崇祯二年十月，清兵大举从西路入犯，直逼北京，兵十余万。袁崇焕得到消息后，立刻兵分两路来援，一路上，每战每捷，直到北京城下，明清两军在广渠门外大战了八个小时，最终获得胜利。清军退出北京后，崇祯立刻以袁崇焕得胜后，不乘胜追击清军而捕他。(当时袁崇焕的兵力九千，清兵十余万，若战，明军必败。)将他定刑为“夷三族”，即是要将袁崇焕全家、母亲全家、妻子全家都满门抄斩，后来不知为何又改为凌迟。

“凌迟”就是“千刀万剐”，北京城里的老百姓因听信清军就是袁崇焕引来的谗言，都骂袁是汉奸，刽子手还没有动手，就扑上去咬他的肉了。片刻之间，袁崇焕便只剩下一副骨架，一代英雄袁崇焕身负恶名含冤离开了人间。袁崇焕被杀，崇祯皇帝失去长城。不过十余载，李自成攻破北京，崇祯自缢煤山，遗臭万年。而袁崇焕的英灵却永存人间！

袁崇焕死后尸骨暴露原野，只剩下头颅枭首示众，袁崇焕的部属佘义士，连夜将袁崇焕的头颅盗走，偷偷葬回广东义园(广东人在北京的墓场)，让英灵能返回故乡。佘义士还在墓地结庐守坟，死后交代子子孙孙永远守下去。直到文化大革命，佘家的子孙还巧妙地用灰沙批荡，保护了袁崇焕的墓碑庙联。

然而，在社会生活中，人们每每将荀子所说的“义荣”与“势荣”混为一谈，将“义辱”与“势辱”混淆不清。历史上出现的许多正直忠义之士横招污名和羞辱乃至含冤屈死，许多势力小人通过卑鄙手段获得高官厚禄，这不能不说是一种善恶颠倒、“势辱”与“势荣”猖行的表现。在儒家看来，好荣恶辱的手段同样必须符合道德价值标准。

诚如董仲舒所言，“辱若可避，避而而已，及其不可避，君子视死如归。”历史上诸多志士仁人，无论是面对荣华富贵，还是面对欺凌屈辱，都能大义凛然，坦然处之，不能不令人肃然起敬。这正是荀子所褒扬的，“君子可以有势辱而不可以有义辱。”

三、儒家荣辱观的核心思想

中国古代学者认为，荣辱观的核心是“知耻”。早在春秋初期的政治家管仲就曾提出“礼义廉耻，国之四维”，“四维不张，国乃灭亡”（《管子·牧民》)的观点。管子把“知耻”与“明理”、重义、尚廉并列为四个道德规范，并强调它们是国家发达、长治久安的四大纲纪。《左传》上说：“礼者，理也。”礼，就是人与人交往时合于道理的行为准则，社会要走向和谐，就要克服混乱无序的状态，人人懂得互相尊重、彼此谦让、以礼相待。《贾谊传》中说：“义者，宜也。”义，就是在待人处事中适宜、合宜，适合社会道德要求的行为方式。如现代生活中的见义勇为、见利思义等。廉，就是“廉洁”。官员负有领导的责任，如果不能廉洁奉公反而成为贪官污吏，就会成为社会的蛀虫。耻，就是知耻心，知道耻辱，做了坏事有羞耻感。管仲还提出了“仓廪实而知礼节，衣食足而知荣辱”《管子·牧民》的著名观点。这反映了管子在物质生活与精神生活相互关系上的朴素唯物主义思想，管子的这些思想对后代人具有重要影响。明末清初唯物主义思想家顾炎武评论“礼、义、廉、耻”的作用时认为：“礼义，治人之大法；廉耻，立人之大节。盖不廉则无所不取，不耻则无所不为。”因此“四者之中，耻尤为要”。(《日知录·廉耻》)

儒家认为耻、知耻，是人性以及人类文明程度的标志，是人与禽兽的重要区别，孟子曰：“无羞恶之心，非人也。”一个人，如果丧失了羞恶之心，寡廉鲜耻，那就连做人的资格也没有了！耻，是人的尊严与良心，是人的“脸”。南宋大儒陆九渊亦强调“人之患莫大乎无耻，人而无耻，果何以为人哉？”。耻是人之为人的底线。“耻之一字，乃人生第一要事。”荀子曰：“无廉耻而嗜乎饮食，则可谓恶少者矣。”欧阳修认为：“廉耻，立人之大节。”朱熹解释道：“耻者，吾所固有羞恶之心也。有之则进于圣贤，失之则入于禽兽，故所系甚大。”近代，康有为对此又进一步论道：“人之有所不为，皆赖有耻心。如无耻心，则无事不可为矣。”总之，在古代圣贤们看来，知耻，关系到做人的形象和品质，不知耻，就不是一个严格意义上的人。耻，是一种道德心理，知耻，是明善恶、知是非、辨美丑的一种道德判断，它既是个体的一种品德素质，也是个体形成良好品德素质的一种内在机制和动力。

儒家认为，对于身份不同的人，荣耻的要求是有别的。地位越高，相应的要求也越高。例如，对于政府官员来说，尸位素餐，就是耻辱。《论语·宪问》说，“邦有道，谷；邦无道，谷，耻也”。国家政治清明，你拿着俸禄；国家政治不清明，你不去努力改变它，照样白吃俸禄，就是耻辱，因为你没有社会责任心。《论语·泰伯》也有类似的话：“邦有道，贫且贱焉，耻也；邦无道，富且贵焉，耻也。”国家政治清明，政策很好，可是你不知努力，依然过着贫贱的生活，这是你的耻辱。相反，政治黑暗，你却荣华富贵，这也是你的耻辱。此外，官员要忠于职守，要能出色地完成任务。《论语·子路》说，子贡请教孔子：怎样才能称为“士”？孔子把“行己有耻，使于四方，不辱君命”作为士的条件之一。个人的荣辱，总是与祖国的荣辱息息相关的，因此不使国家的声誉受到影响，历来是荣辱观的重要内涵之一。

儒家认为，一个人如果是“知耻”的，那么他们就能够有所不为，而如果没有了“羞恶之心”，那就会无所不为，什么坏事都能干得出来。曾经大声疾呼“天下兴亡，匹夫有责”的清代学者顾炎武认为，在礼、义、廉、耻四者中，耻是最重要的。一个人之所以不清廉，乃至于违犯礼义，做出种种不合乎道德的事，一个重要原因就在于不知羞耻。如果为政者没有“耻感”，没有羞耻之心，就会背离人民，干出丑恶之事，就会给一个单位、一个地区带来不良影响，甚至使国家蒙受灾难和耻辱。石成金在《传家宝·人事通》中曰：“耻之一字，乃人生第一要事。如知耻，则洁己励行，思学正人，所为皆光明正大。

凡污贱淫恶，不肖下流之事，决不肯为。如不知耻，则事事反是。”人而无耻，不知其可矣。不过，为了升官发财，有的人是什么事都做得出来的。《古文观止》收录的那篇宗臣《报刘一丈书》，就惟妙惟肖地描绘了这种人不知羞耻的嘴脸。

日夕策马，候权者之门。门者故不入，则甘言媚词，作妇人状，袖金以私之。即门者持剌入，而主人又不即出见，立厩中仆马之间，恶气袭衣袖，即饥寒毒热不可忍，不去也。抵暮，则前所受赠金者出，曰：相公倦，谢客矣。客请明日来。明日又不敢不来，夜披衣坐，闻鸡鸣即起盥栉，走马推门，门者怒曰：“为谁”。则曰：“昨日之客来。”则又怒曰：“何客之勤也，岂有相公此时出见客者乎！”客心耻之，强忍而与言曰：“亡奈何矣，姑容我入。”门者又得所赠金，则起而入之，又立向所立厩中。幸主者出，南面召见，则惊走匍匐阶下。主者曰：“进！”则再拜，故迟不起，起则上所上寿金，主者故不受，则固请，主者故固不受，则又固请。然后命吏纳之。则又再拜，又故迟不起。起则五六揖始出。出揖门者曰：“官人幸顾我。他日来，幸无阻我也。”门者答揖，大喜奔出。马上遇所交识，即扬鞭与曰：“适自相公家来。相公厚我厚我。”且虚言状。

中国古代思想家，特别是儒家思想家认为，培养辨别荣辱的“羞恶之心”和“知耻之心”是“立人之大节”。他们把“知耻”作为教育的重要目标，并特别强调士大夫，即为官者、为人师者尤其应该培养自己具有正确的荣辱观，要“知耻”，这不仅可以保持自己清正廉洁，对国家的长治久安、社会的民风淳厚更为重要。孔子认为，有耻、知耻是士不可缺少的品质。曰：“道之以政，齐之以刑，民免而无耻；道之以德，齐之以礼，有耻且格。”强调道德教育的重要，并着重提出了“耻”这一概念，要求人们“行己有耻”。宋明以来，为了整顿社会道德，一些有影响的思想家如朱熹、陆九渊、顾炎武、龚自珍、章太炎等，都大力倡导知耻，并将知耻置于非常重要的地位。宋人范浚于《香溪文集·耻说》一文中曰：“夫耻，入道之端也。”朱熹也指出人只有“耻于不善”，才有可能“至于善”。顾炎武在赞赏《管子》耻为“国之四维”之一时，强调“四者之中，耻为尤要”。在他看来，礼、义、廉、耻四维之中最重要、最根本的一项是耻。鉴于鸦片战争前社会道德堕落，士大夫多缺乏羞耻之心，龚自珍曾大力提倡知耻。要使国家振兴，当“以教之耻为先”。康有为则强调：“耻者，治教之大端。”基于“道德堕废者，革命不成之原”的认识，章太炎在辛亥革命前曾大力提倡“革命道德”。他所要建立的革命道德，第一项便是“知耻”。不同时代的思想家们之所以都能把“知耻”看作道德教化的首要任务，是因为知耻心表现了人们为善去恶、积极向上的内在驱动力。而且这种驱动力出于人们求荣避辱、维护尊严之心，更是一种高度的精神自觉。人们一旦以恶为耻，就能自觉地有所不为，而做到自律、自制。这样，种种道德规范就能由外在约束变为内在约束，即道德主体自身的自我约束。这对于人们养成良好品德是至为关键的一步。有了羞耻心，就能以过恶的可耻而生愧悔之心，从而及时改正，有了羞耻心就会有向善的追求，因而会自觉从事修养接受教化。

知耻、有耻是传统荣辱观的核心内容，它积淀涵育和整合中华传统美德。知耻心既可表现为对自己不良行为的道德谴责，也可以表现为由自身遭受耻辱而引起的愤怒和向上的力量。马克思曾说：“耻辱就是一种内向的愤怒。如果整个国家真正感到了耻辱，那它就会像一只蜷伏下来的狮子，准备向前扑去。”我国古代圣贤对此也曾有过精辟的论述。孔子曰“知耻近乎勇”。知耻能使人自我鞭策、激起不甘落后、奋发向上的精神，成为进步、自强的动力。孟子云：“不耻不若人，何若人有？”强调不以赶不上他人为羞耻，又怎能赶上他人呢？反之，以赶不上他人为耻、为愧，便能奋起直追，赶超他人。故古人又云“才能知耻，即是上进”，“人必有耻而后能向上”。正所谓“耻者，百行所从出也”，即各种善行皆出于知耻之心。知耻还体现在“不枉从”、“羞为非”的“羞恶之心”，即导仁行义，谨言慎行，取善去恶，明辨荣辱。趋荣避耻是人之常情，当人们做了错事，就会产生内疚不安或羞愧后悔，严重的感到人格耻辱。耻是精神痛苦、心理伤害的一种形式。人们为了避免这种痛苦和伤害，就会将耻转化为一种精神动力，用道德行为来弥补人格尊严的伤害，这也就是通常所说的

“雪耻”。一部中国近代史，是中华民族备受西方帝国主义欺凌、压迫，国耻累累、苦难深重的历史。面对祖国的危亡，无数志士仁人挺身而出，赴国难雪国耻，以身殉国。革命先烈秋瑾的诗“忍看图画移颜色，肯使江山付劫灰”，“拚将十万头颅血，须把乾坤力挽回”。这就是孔子讲的“知耻近乎勇”。“勿忘国耻”已经成为当代中国人自尊、自信、自立的民魂，已经成为当代中国人艰苦奋斗、奋发图强、促进民族复兴和祖国富强的巨大精神力量。

四、传统荣辱观的基本内容

儒家认为，荣辱之分，不在于地位的高低，财富的多寡，而在于是否合乎道义，“由义为荣，背义为辱”，“善至荣，恶招辱”，“善则流芳百世，恶则遗臭万年”。儒家荣辱观的这一评判准则，被运用到生死、公私、善恶、义利、贫富、顺逆等很多方面的评价之中，形成了相应的生死荣辱观、公私荣辱观、义利荣辱观、贫富荣辱观等。

1. “生以辱不如死以荣”

《荀子·荣辱》中曰：“义之所在，不倾于权，不顾其利，举国而与之，不为改视，重死持义而不桡，是士君子之勇也。”欧阳修于《纵囚论》中亦云“宁以义死，不苟幸生，而视死如归”……古人关于“生以辱不如死以荣”、“虽生犹死者辱，虽死犹生者荣”的论述，集中反映了古代思想家的“生死由义”的生死荣辱观，这种置生命于度外的荣誉观达到了荣辱观的最高境界。司马迁“人固有一死，死有重于泰山，或轻于鸿毛”的生死荣辱观，更是流传至今，昭示后人，启迪来者。儒家认为不朽主要以“德”立言，有德生前受人称赞，死后使人怀念。朽与不朽不在于权势地位，而在于德行。寿与不寿，也不在生命的长短。儒家讲究重生求荣，慎终避辱，“士可杀而不可辱”。为了求荣避辱，为了道义和信仰甘愿抛却生命。儒家基于这样一种生死观，他们要求“君子”终生勤勉，为之奋斗。曾子曰：“君子以仁为己任，死而后已，可谓任重而道远。”在儒家看来，生要堂堂正正，死要气概非凡。儒家之忧在此，之患在此，之荣在此，之辱也在此。

儒家这种荣辱重于生死的积极荣辱观，还体现在生勤勉、死静息的基本人生态度。儒家始祖孔子主张勤勉为荣，懒惰为辱。他的学生宰予学习不用功，孔子则视其为：朽木不可雕也！

儒家持生死由义、重生求荣、轻死避辱、生勤勉死静息的人生荣辱态度，是人类文明进步的巨大精神力量。奉献社会是我国的传统美德。为社会有人奉献了生命，敢“以血荐轩辕”；有人奉献了精力，“鞠躬尽瘁，死而后已”；有人奉献了财富，“甘作春蚕吐尽丝”。生之慨然，无愧于生；死之坦荡，无畏于死，这是一种积极的生死荣辱观。珍视生命的意义，注意死亡的价值，不论生死，都要对社会有所意义，正如李大钊所说：“平凡的发展，有时不如壮烈的牺牲足以延长生命的音响和光华。绝美的风景，多在奇险的山川；绝壮的音乐，多是悲凉的韵调；高尚的生活，常在壮烈的牺牲中。”故而，临危不惧，舍身赴难，是十分高尚的道德行为。因其高尚，虽然肉体不存，但英名却依然在千山万水间回响。又如现代诗人臧克家的著名诗句：有的人死了，但他还活着，活在人们心中；有的人活着，但他已经死了，死在生无价值。

2.“以公灭私，民其允怀”

把国家、民族的兴衰荣辱放在什么位置，是荣辱观上首要的、最核心的问题。中华传统荣辱观认为，荣辱不是以一己一时之得失为标准，而是“荣必为天下荣，耻必为天下耻”。早在反映中国西周时期的政治思想的《尚书·周官》中，就有“以公灭私，民其允怀”的提法，意思是说，一个执政者，只有用公心消灭私欲，人民才会信任和归向他。汉代的著名政治家贾谊把忠于国家同义、正义联系起来，他说：“国而忘家、公而忘私，利不苟就，害不苟去，惟义所在。”就是说，在个人利益和国家利益发生矛盾时，根据“公忠”的道德规范，应当“国而忘家、公而忘私”，即一个人不论做任何事情，都要根据原则，该做的就做，不该做的就不做，不能因为对个人有利就去干，对个人不利就不干。

在中国传统道德中，从来就是把为“公”、把以人民大众和国家民族的利益为重，看作崇高善良的美德，是无上光荣的举动；而把自私自利、损公肥私看作一种邪恶，一种罪过，是一种受人鄙视的卑劣的思想和可耻的行为。宋代陆九渊认为“公”和“私”的思想，反映了一个人“心”的“正”、“邪”，他说：“为善为公，心之正也。为恶为私，心之邪也。”中国古代的思想家们，常常喜欢讨论人们的道德境界，即人们通过修养锻炼和涵养而达到的一种情操。一般来说，思想家们总是把“廓然大公”、“无私无己”当做一种至高至荣的境界，而把“为我”、“为私”当做一种至低至辱的境界。公而忘私，报效国家，是国民的神圣义务，也是中华民族素有的优良传统。正是在这一公私荣辱传统道德观念的长期影响和熏陶下，中华民族形成了一种加强民族团结、褒扬民族和睦、强调国家统一的强大的向心力和凝聚力。这种向心力和凝聚力，是中华民族特有的精神核心，它对国家的兴衰存亡，对中华民族能够几千年来一直屹立于世界民族之林起着极为重要的作用。翻开中国的历史画卷，有多少英雄儿女在祖国和民族危亡关头断然奋起，存亡续绝，把自己鲜红的热血洒在祖国芳香的大地上，他们堪称“中华民族之魂”。仅在近代，就有林则徐率领军民虎门销烟，气壮山河，老将冯子材在抗法战争中大长我中华浩气，刘永福带领台湾军民为抗击日军占领而浴血奋战，秋瑾以巾帼不让须眉的大无畏气概，成为中国近代史上第一个伟大的女性革命家，黄花岗七十二烈士甘愿为天下人谋幸福牺牲生命，以死为荣。

3. 先义而后利者荣，先利而后义者辱

道德根源于社会的经济关系，利益是经济关系的集中体现，道德与利益的关系就是义与利的关系。如何理解义和利的关系是荣辱观念的基础，“先义后利”、“义以为上”、“义以为质”、“尚义排利”是中国传统义利荣辱观的主流。在中国古代的甲骨文中，“利”字的基本结构是用刀割庄稼，本意是用农具从事农业生产，后被引申为利益、功利之意；而“义”字的基本结构则是人们在板上分割羊肉，原意是指利益的合理分配，或者指人在利益面前所表现出来的那种适宜、得当的态度，后来被引申为“善”、“应该”等意思。义与利的关系是中国思想史上长期争论的一个重要问题。义利之辨，即正确认识道德行为与物质利益及个人利益与社会、国家利益的关系。中国历代伦理思想家，不管是什么主张，也不管论证的是什么伦理问题，他们总是要同义利问题相联系，总是离不开对义利关系的认识。从我国历史的发展来看，不同的伦理思想家们，尽管在不同时期为了达到不同的目的，对义和利强调的重点有所不同，但“重义轻利”、“先义后利”、“见利思义”都是被他们所称誉的，而“重利轻义”、“见利忘义”、“唯利是图”则为他们所不齿。《吕氏春秋·贵生》篇中曰：“辱莫大于不义。”孔子提出“君子喻于义，小人喻于利”，二者均把“义”和“利”对立起来，主张“重义轻利”。荀子则把“义”和“利”统一起来，强调道德与物质利益的一致性，曰：“义与利者，人之皆两有也，虽尧舜不能去民之欲利，然而能使其欲利不克其好义也。”又曰：“荣辱之大分，安危利害之常体；先义而后利者荣，先利而后义者辱。”陆九渊曰：“君子义以为质，得义则重，失义则轻，由义为荣，背义为辱。轻重荣辱惟义与否。”中国古代众多思想家还进一步主张在人和人的相处中要“见利争让，闻义争为”。他们的义利荣辱观，突出了“义”的地位，体现为“重义”精神，这一点尤其可贵。这一崇高的义利观，成为历史上众多仁人志士“杀身成仁”、“舍生取义”、勇于牺牲和奉献的爱国、爱民思想的基础。中华民族生生不息，历经磨难而不衰，就是因为在中华民族历史的长河中，重义轻利、可歌可泣的典范比比皆是：东汉的“杨震四知”，三国时的关羽“挂印封金”，宋代的岳飞“精忠报国”，清代廉吏于成龙“粗米布衣”，当代的雷锋、焦裕禄、孔繁森、郑培民、牛玉儒、丛飞等。当然，不同历史时期，义利观的含义是不同的，所体现的价值观也不同。

实践证明，任何社会都不能没有道德、没有荣辱，即使是以“求利”为行为方针的经济领域和经济活动，也不能不讲道义；如果“见利忘义”、“唯利是图”，必将破坏正常的经济秩序和社会秩序。在义利关系上，中国传统义利观，尤其是儒家义利观，虽然有过分重义而忽视“利”的倾向，但是，我们从积极的方面去理解古人，弘扬传统的“重义”精神，仍具有重要的实际意义。

4. “穷而不困则荣，富而不仁则辱”

贫与富是一种长久的社会现象，关键的是对贫、富的态度和认识。

儒家认为，君子之所谓贫富穷达，关键在于精神、节操，而非物质与名位。因此，君子应做到“穷不易节，达不失廉”。正如孟子所说“富贵不能淫，贫贱不能移，威武不能屈”，这种贫富穷达观表现在行为方式上，就是“达则兼济，穷则自修”。而为了做到这一点，就应该在穷、达境遇中磨炼自己，增益德性。

《论语·里仁》中孔子曰：“富与贵，是人之所欲也；不以其道得之，不处也。贫与贱，是人之所恶也；不以其道得之，不去也。”过去许多人认为孔子主张只要仁、义，不要利、欲，事实上并非如此。孔子认为富裕和显贵是人人心里都想要得到的，但若以不正当得富贵之道，侥幸得了富贵，君子是断然不肯安居于此富贵的；贫穷与卑贱是人人心里都厌恶的，任何人都不会甘愿过贫穷困顿、流离失所的生活，但若以不当得贫贱之道，不幸得了贫贱，虽是不该得的，君子是不肯轻易违仁以求脱离此贫贱的。《论语》中有一段子贡与孔子对话，子贡曰：“贫而无谄，富而无骄，何如？”子曰：“可也，未若贫而乐，富而好礼者也。”这就是儒家的贫富观。这一段文字译成现在的话就是：子贡问孔子说，“人穷却不去巴结奉承别人，自己富有了也不去骄傲地夸耀自己，这个人做人做的怎么样？”孔子回答子贡说：“也行，但是，不如人虽贫穷却依然乐观，富足以后却谦虚好礼这样的人更好哩。”成书于清代的《弟子规》说：“勿谄富，勿骄贫，勿厌故，勿喜新。”意即不要羡慕富贵人，不要瞧不起穷人，不要不分青红皂白讨厌抛弃旧事物，不要一味喜欢追逐新事物。儒家主张贫富不能作为人生荣辱评判的标准，富贵也不是人生的终极目标，而是人生的一个方面，仅仅是一个方面而已。是贫穷光荣还是富贵光荣，关键要看他们的人生价值取向，亦即他们各自的人生态度。中国传统道德文化中一直贯穿着“穷而不困则荣，富而不仁则辱”的精神。重名节，轻利欲，一直是我们中华民族传统的荣辱观里很重要的一项道德操守。孟子曰：“士穷不失义，达不离道。”清代医学家汪汲曰：“贫不足羞，可羞是贫而无志；贱不足恶，可恶是贱而无能。”清代教育家李惺曰：“仕能行道之谓达，贫不安分之谓穷。”“贫莫贫于不闻道，贱莫贱于不知耻。”

俗语说："穷不扎根，富不传代。"能扎根传代的是我们民族优良传统，是我们团结奋斗、自尊自强的民族精神。"人生三穷三富不到老，大起大落很平常"，对于人生中的起落沉浮，贫富穷达，就一般人而言，就正如孔子所言："贫而无怨，难；富而不骄，易。"贫穷的时候没有抱怨不容易做到，而富贵了不骄纵却容易做到。而君子面对这种人生际遇，就应该泰然处之，"善处穷达"。孟子曰："古之人，得志，泽加于民；不得志，修身见于世。穷则独善其身，达则兼善天下。"白居易亦云："丈夫贵兼济，岂独善一身。"尤其是面对生活中的贫困，孔子主张"贫而乐"。孔子所主张的"贫而乐"并不是要人们安于贫困，而是要人们坦然面对贫困，然后再积极地想办法来改变贫困。但是，在解决贫困之前，必须解决人的思想问题，这个"乐"就是先哲给他的学生以及他的后人开出的一个良方。孔子曰："贤哉回也！一箪食，一瓢饮，在陋巷，人不堪其忧，回也不改其乐。贤哉回也！"这是孔子对学生颜回的赞扬，说颜回用非常简陋的竹器吃饭，用瓢饮水，住在陋巷，别人受不了这种困苦，颜回却不改变乐观态度。孔子也曾自己描述自己"饭疏食饮水，曲肱而枕之，乐亦在其中矣不义而富且贵，于我如浮云"。孔子说，吃着粗粮，饮着白水，弯着胳膊当枕头，这也充满乐趣。用不义的手段得到富贵，对于我好像浮云那样转瞬即逝而无足轻重。在这里孔子从其弟子颜回和他自己的生活状态中，抽象出了一种人生境界，在这种境界底下，尽管物质生活简单，但精神生活中仍有一种愉悦的享受，这种人生的境界就是中国人几千年来推崇有加、津津乐道的"孔颜乐处"。

"手帕蘑菇及线香，本资民用反主殃，清风两袖朝天去，免得闾阎话短长。"明代名臣于谦原任山西、河南巡抚，调任兵部进京，当时宦官专权，政治腐败，百官进京，必须献纳金银特产。左右劝他带些当地土特产如手帕、蘑菇、线香之类，送给朝廷大臣。于谦举起两袖笑道："我带有两袖清风"，并作此诗。此诗千古传诵，跟于谦那"千锤百炼出深山"的石灰一般的品格与精神一样，"留得清白在人间"，是散发着污浊腐气的官场之中屈指可数的清风洁露，启示后人细细咀嚼贫富荣辱的内在关联。

五、传统荣辱观的修养方法

道德修养的方法是个人自觉进行的道德品质培养,是在自我规范、自我锻炼、自我改造中进行的道德品质培养的内在方法。“修犹切磋琢磨，养犹涵养熏陶。”自省、修养，无论古今中外，都是一种磨砺、陶冶人性的基本方式。中国古代的许多政治家、思想家都非常强调人的自我修养。中国传统道德在荣辱问题上重视人格修养，主张立身由己，形成向内探求自省的人格精神，强调道德实践中主体的能动性和自觉性，具体修养方法上就是强调“慎独、自省、知耻改过”。

传统文化中的自省是指人的自我反省、自我省察。经常进行自省，时时检点自己的行为使之符合道德的标准。曾子主张“吾日三省吾身”，孔子主张“内自省”，孟子的“自反”均是指要反省自己的言行。后来的思想家在此基础上又进一步提出了“责己”之说。这一系列主张都是要求人们经常反省自己的思想和行为，辨察自我意识和言行中的善恶是非，严于自我批评，及时改正自己的过错。知错后的幡然悔改是通往正确的桥梁,痛苦的回忆与思索是健全灵魂的清洗剂与安全阀，对可耻的行为的追悔是对生命的拯救。这种严于律己的精神，时至今日仍然有着十分重要的价值，是我们应当发扬光大的。

“慎独”是中国传统的道德修养方法的核心。慎独是指当一个独处、无人监督并且有做坏事的可能但不会被发觉的条件下，自己仍然坚守信任、不做不合乎道德的事，自觉地按一定的道德准则去行动，一丝不苟。儒家的“慎独”是“内省”功夫的发展，它强调只有在一定道德信念支配之下，才能保持“慎独”。它不仅是一种道德修养方法，而且也是修养过程中已达到的一种比较高的境界。《礼记·中庸》云：“是故君子戒慎乎其所不睹，恐惧乎其所不闻。莫见乎隐，莫显乎微，故君子慎其独也。”郑玄法云：“慎独者，慎其闭居之所为。”

知耻改过是中国传统美德之一,历来被视为“立人之大节”、“治世之大端”。古人云：“不恒其德，或承之羞，贞吝。”也就是说，不能恒久地保持自己的品德，也许会因此而承受羞辱，如固守不改，就难免耻辱。“耻之一字，乃人生第一要事。如知耻，则洁己励行，思学正人，所为皆光明正大。凡污贱淫恶，不肖下流之事，决不肯为。如不知耻，则事事反是。”人无羞耻，百事敢为。有了羞耻，就可以把自己的行为和思想控制在合理的道德规范中，知可为与不可为，时时提醒自己、警策自己，从而不断进步和完善。改过向善是道德修养中会常常碰到的问题。时常用道德的标准检察自己的行为，时时刻刻地努力克服、去除各种心灵深处的私欲、杂念，可以防患于未然；即使过错已经出现，也会很快发现并自我忏悔，知过必改。

六、社会主义荣辱观是对传统荣辱观的继承与超越

传统的荣辱观是中华民族的精髓，它让这个民族在一种正义的教养下生生不息，它让我们的民族精神发扬光大。对于中国人民来说，它是一种永恒的财富。

社会主义荣辱观与中华民族精神和传统美德一脉相承，具有深厚的民族文化根源与精神根基。传统荣辱观是构成社会主义荣辱观的内在文化根源，而以“八荣八耻”为主要内容的社会主义荣辱观，则汲取了中国传统文化精髓，是在新的历史条件对中国传统道德观、价值观的传承、发展和超越。今天我们重温中国传统的荣辱观，对其进行现代性转换或合理性重建，具有非常重要的理论意义和现实意义。

按照马克思主义对待传统文化的批判继承原则，我们可以对儒家荣辱观的当代价值做以下概括：

第一，传统儒家荣辱观，在强调知耻的同时鼓励追求更高的道德价值求荣或取义成仁。在荣辱大分，然后可以立人：退可以避辱，进可以求荣。于是可以确立并维护人之为人的尊严，进而可以养成高尚的人格。这就是儒家荣辱观的实质内容。与取义成仁相一致的求荣之途，具有崇高的道德价值，它是塑造中华传统美德的重要元素，也是当今社会生活中急需大加推崇和张扬的至伦美德。

如果说知耻在于“防病”，那么求荣则可以“健身”。要切实有

效地抵御拜金主义、物质主义、利己主义的腐蚀和影响，从根本上还是要靠高尚的精神追求，靠道德信念和人格理想。如果说内蕴着集体主义、人道主义精神因素和社会公正价值诉求的儒家“舍身取义”、“杀生成仁”精神，曾经是革命战争年代革命英雄主义的重要精神支柱；那么，同样内蕴着集体主义、人道主义精神因素和社会公正价值诉求的儒家“以义取利”、“见利思义”原则，也应当成为今天社会主义现代化建设的指导原则。

第二，传统荣辱观，把“不辨是非难处世，不知荣辱不成人”作为是非的明确界限，对于我们今天看清泾渭分明的是非界限，提升全民族的道德水平，构建社会主义和谐社会，具有重要的指导意义。知荣明耻是中国传统思想道德传统的重要组成部分，也是人们进行道德约束和道德评判的重要手段和标准。知荣明耻，在中华民族的发展进程中发挥了极为重要的作用。历史的经验告诉我们，在任何时代、任何国度，正确的荣辱观都是社会正常运行之规，个人安身立命之本。“不辨是非难处世，不知荣辱不成人”，清晰、明确的是非界限是一个民族正气盎然、精神奋发的标志。

不同的时代，不同的民族，有不同的荣辱观，评价荣辱的标准也各不相同。但同一时代、同一民族对荣辱的判断标准理当一致。否则，是非颠倒，黑白混淆，人们的道德底线难以坚守，正常的社会秩序难以维持，社会生活就会出现混乱。

我们的社会主义社会里，是非、善恶、美丑的界限绝对不能混淆，坚持什么、反对什么，倡导什么、抵制什么，都必须旗帜鲜明。在我们社会生活的主流中，荣与辱的界限是清晰的，广大人民群众褒奖“八荣”并身体力行，贬斥“八耻”并自觉抵制。随着社会主义市场经济体制的逐步确立，我国生产力的发展、综合国力的增强、人民生活水平的提高都上了一个新的台阶。然而，市场经济毕竟是一把“双刃剑”。由于它自身先天存在的缺陷和不足，加上市场经济体制在我国还属刚刚建立，许多配套机制还不健全，这就不可避免地对社会风气和人们的精神生活带来许多负面影响。在现实社会生活中，但在一些地方，在一些人的意识中，也出现了一些是非不明、荣辱颠倒的现象：弄虚作假成了“聪明”，诚实守信成了“愚昧”；勤劳节俭成了“过时”，挥霍浪费成了“时尚”；爱岗敬业成了“傻冒”，投机取巧成了“能干”；损人利己成了“道德”，无私奉献成了“傻瓜”；如此等等，不一而足。导致上述社会不良现象的原因固然是多方面的，但从思想根源上来说，缺乏正确荣辱观引导无疑是其中一个重要的原因。传统文化中对荣辱评判的准则，古人如何对待“义荣”、“势荣”、“义辱”、“势辱”的态度，都是当下我们知荣明耻，抑恶扬善，扶持正气，积极进取，保持饱满的热情，为建设中国特色社会主义事业建功立业，实现人生价值的科学指针和精神动力。

第三，传统儒家荣辱观，把知耻的培养作为道德教育的起点，完全符合个体道德品质塑造和社会道德风气养成的规律，对我国当前的道德建设具有重要的借鉴意义。知耻实质上是指人之为人的一种最基本的道德自觉。这种道德自觉是建立在对人之为人的最起码的道德要求的理解和觉悟基础上的。用一个时髦说法讲，知耻实质上不过是做人的“道德底线”，底线之内，才可能谈论道德和人性的问题；底线之外，就无从谈论道德和人性了。诚如俗话所讲的，“跟不要脸的人是无法讲道德的”。可见，知耻从本质上体现了人的最普遍的社会属性，反映了社会生活秩序的最基本要求，不仅是个体道德得以形成的基础，也是社会道德秩序得以维护的前提。

第四，中国传统荣辱观的修养理论，有关自省、慎独、知耻改过的修养方法，对于社会主义荣辱观的形成具有非常现实的指导意义。价值观的建立和荣辱观的形成，是一个渐进的过程，也不可能脱离现实的社会环境。树立社会主义荣辱观，形成褒荣贬辱的社会主义新风尚不可能一蹴而就，它是一个人人自觉参与、长期坚持不懈的过程。每一天，我们都可能面临是非荣辱的选择。举手之间，是善恶美丑；点滴之中，有是非荣辱。

社会主义荣辱观的形成过程，实际上是社会主义道德形成的过程，也是一个从他律到自律的过程。他律既包括相应制度的约束，也包括社会舆论的压力等。因此，应结合实际需要，逐步建立和完善有利于弘扬社会主义荣辱观的评价机制、奖惩机制和监控机制；充分发挥社会舆论的功能和作用，促进扶正祛邪、扬善惩恶社会风气的形成和发展，引导和督促广大干部群众尤其是青少年学生自觉地按照社会主义荣辱观的要求规范自己的言行。自律是指人们自觉地依照道德规范自我对照、自我践履、自我反省、自我提高的过程。换句话说，也就是要自己要求自己，树立社会主义荣辱观需要他律，更需要自律。就目前而言，在社会主义荣辱观的形成过程中，提倡道德自律显得更为迫切和必要。实现道德自律，就必须做到自省和慎独。

在大学生中树立社会主义荣辱观，青年学生首先要自己做到自省自律、知耻改过。中国传统道德修养理论中，对于自省、改过、慎独等都非常重视，要求人们“日三省吾身”、“君子慎其独”，这些思想，在中国历史上产生了深远影响，有力地促进了中华民族优秀道德传统的形成和发展。在大学生思想政治教育包括荣辱观的培养中，应当积极引导大学生自觉地养成自律自省的意识和知耻改过的观念，勇于反省自己的思想和行为，明确辨别是非荣辱，自觉加强自我约束，使优良思想道德观念的培养成为他们主动的人生追求。

第五，中国传统荣辱观的精华思想成为社会主义荣辱观的精神内核。以“八荣八耻”为核心的社会主义荣辱观是在新的历史条件和社会形态中形成的。它继承与发扬了传统荣辱观的优秀精神内核，是中华民族传统美德与时代精神的完美结合。

古语有：“不知荣辱乃不能成人”、“宁可毁人不可毁誉”、“宁可穷而有志，不可富而失节”等，强调荣辱以“仁”、“义”为界限，“仁则荣，不仁则辱”，“由义为荣，背义为辱”等。这在今天仍有积极意义。社会主义荣辱观继承和发扬了中华传统荣辱观的优秀成分，如忠诚爱国、正直无私、克己奉公、重诺守信、勤劳勇敢、团结统一、自强不息等，具有深厚的传统文化底蕴，同时也充分反映了时代精神，如民主精神、科学精神、法治精神、求真务实精神、开拓进取精神、无私奉献精神、改革创新精神等，充分体现了中国共产党人既继承优良传统，又保持与时俱进的精神风貌。“八荣八耻”社会主义荣辱观吸收了我国传统荣辱观的精华思想，并对传统荣辱观中的不合理成分进行合理性重建，使社会主义荣辱观更具有时代意义。

第七章 诚实守信

诚信，就是诚实守信，也是忠诚信义的概括。诚信的道德要求人们诚善于心，言行一致。诚信规范与忠相通，也与仁、义相联系。诚在于仁，信近乎义。诚信离开仁义，就失去了价值。

诚信，被儒家视为“进德修业之本”、“立人之道”和“立政之本”。孔子不仅提出“人而无信，不知其可”的思想，而且把信提到“民无信不立”，以致去兵、去食，宁死必信。孟子将信与诚相联，阐发了诚信的内在联系和规范意义。荀子则进一步推行于先贤治国，使信不仅是朋友伦理、交际伦理的规范，而且扩至一切伦理关系皆应以诚信为本。总体来说，儒家比较重视诚信的经世致用方面，强调无论上下、左右关系，其诚信之德都在于言行一致、表里如一、真实好善、博济于民。后来的儒家也大都继承了这一传统。

在中国传统思想文化中，儒、道、墨、法等多元并存，对社会的治乱盛衰，对人生穷达荣辱，各持不同的观点和态度。但对于诚信，则是众口一词，它是诸子百家共举的道德标准。关于诚信，孔子有一名言：“自古皆有死，民无信不立。”《孔子家语》有曰：“轻千乘之国，重一言之信。”把信摆在了比国家更重要的位置。荀子曰：“君子养心莫善于诚。”认为诚信是一切美德的心理基础。还说：“夫诚者，君子之所守也，政事之所本也。”“诚信生神，夸诞生惑。”道出了诚信在为人或执政中极其重大的意义。《老子》在哲学思辨中，表达了对诚信的崇扬。他说：“轻诺必寡信。”认为诚信是神圣和庄严的，不容轻漫亵渎。《墨子》则讲得更加明快，“行不信者，名必耗”、“言不信者，行不果”。就是说，不按诺言行事的，名声必然败落，说话不算数的，行动不可能有成功的结局。法家则把诚信作为实践的准则，主张有诺必践。唐代张弧在《素履子·履信》中说道：“天失信，三光不明；地失信，四时不成；人失信，五德不行。”认为诚信是高于一切、支配一切的大道理。清代顾炎武更是以“生来一诺比黄金，哪肯风尘负此心”来表达自己坚守信用的处世态度。总之，古代的圣贤哲人把诚信作为一项崇高的美德加以颂扬。

中华民族有史以来，在古人这些至理名言的传播和熏陶下，在社会实践的基础上，逐渐形成一种诚实守信的道德观念和道德行为评价标准。古代改革家商秧为了取信于民，“立竿见影”的典故至今传为美谈。而“一诺千金”、“一言九鼎”、“君子一言，驷马难追”，这样的成语更是人所熟知。因此，认真挖掘、梳理传统诚信文化这一精神遗产，善于从历史文化资源中汲取传统道德的精华，使之于现代先进道德理念相融合，必将对当今我们建设“诚实守信”的职业道德，具有重要的借鉴和启迪作用。

一、中国传统诚信理念的内涵及道德要求

诚实守信，是儒家大力倡导的传统美德，同时也是处理人际关系的重要准则。诚信，顾名思义，即忠诚和信义。二者之含义在本质上是相通的。

诚者，真实无欺之谓也；信者，守信而不食其言之谓也。“诚信”合起来，就是要求人们在相互交往中，做到真诚实在，不失信誉。许慎《说文解字》云：“诚，信也”，“信，诚也。”不过诚的内涵要更广泛些，而且带有根本的性质。宋儒周颐说，诚是“五常之本，百行之源”。俗语所云“至诚通天”、“精诚所至，金石为开”，亦是此义。关于“诚”与“信”，儒家学者们有许多论述。

1. “诚”的内涵

“诚”的主要内容是真实不欺，亦不欺人。《礼记·大同》云：“所谓诚其意者，毋自欺也。”朱熹云：“诚者何？不自欺不妄之谓也。”（《朱子语类》）“诚只是一个实”、“妄诞欺诈为不诚”。“诚意，只是表里如一”。通俗些讲，不自欺，即对自己要真心实意地加强道德修养，存善去恶，言行一致，表里如一；不欺人，即对他人不存诈伪之心，不说假话，不办假事，开诚布公，以诚相待。一个人只有具备既不自欺又不欺人的优良品德，才能与他人建立和谐的人

际关系。所以，孟子曰："诚者，天之道也；思诚者，人之道者。"他还指出，诚则动人，"至诚而不动者，未之有也；不诚，未有能动者也。"对此，后人亦多有阐发。韩婴云："与人以实，虽疏必密；与人以虚，虽戚必疏。"（《韩诗外传》卷9）杜恕云："君臣有义矣，不诚则不能相临；父子有礼矣，不诚则疏；夫妇有恩矣，不诚则离。"（《群书治要》卷48）《二程集·河南程氏遗书》卷二十五云："修学不以诚，则学杂；为事不以诚，则事败；自谋不以诚，则是欺其心而自弃其忠；与人不以诚，则是丧其德而增人之怨。"司马光云："君子所以感人者，其惟诚乎！欺人者，不旋踵人必知之；感人者，益久而人益信之。"（《温国文正司马公文集》卷74）很显然，若人人奸险虚伪，尔虞我诈，阳奉阴违，口是心非，则必定居无邻，行无友，成为孤家寡人，那么人际关系绝无和谐可言。

2. "信"的内涵

信，本义为"人言"，曰"人言为信"，其含义亦为诚实不欺，但主要是指在与他人交往中应讲究信用，遵守诺言。它是儒家伦理"五常"（仁、义、礼、智、信）之一，并被用来作为调剂"五伦"（君臣、父子、夫妇、兄弟、朋友）的准则。因此，在传统社会伦理中，信，是做人和与人交往的基本道德之一，一个食言而肥、轻诺寡信的人很难得到人们的信赖，最终必将为他人和社会所抛弃。

《易传》云："和兑之吉，行未疑也。""孚兑之吉，信志也。""交孚无咎，志行也。"（《象辞》）谓只有相互信任，无所猜疑，人际关系才能和睦，行事才能吉顺。

孔子极为重信。有人考证在《论语》中，"信"字出现38次，高于善、义、勇、耻。他强调做人要"言必信，行必果"、"信以成之"、"与朋友交，言而有信"、"人而无信，不知其可也。大车无，小车无，其何以行之哉？"车子如无车辕前端与横木相衔接的木销子，则不能行进；人若不讲信用，就无法做人行事。孔子学生有若则指出"信"与"义"内质相近："信近于义，言可复也。"无信即无义。而无信无义，何以处人？

荀子云："耻不信，不耻不见信。"认为做人交友应以不讲信用为耻。“言无常信，行为常贞，唯利所在，无所不倾，若是则可谓小人矣。”但同时他又认为，重信应避免盲目性。“信信，信也；疑疑，亦信也。”相信可信的，才是信；怀疑可疑的，也是信。

《礼记·大学》云：“与国人交，止于信。”

在中国几千年的传统文化里，流传下来无数关于“信”的故事。《资治通鉴》中就有一段“死囚与诚信”的故事。说的是唐太宗纵遣天下死囚，约定第二年秋天来京受死，尽管无人督帅，但390名死囚如期来京无一人逃亡，最后太宗把他们全部赦免了。这说明在死囚的观念中，有着比逃之夭夭保全性命更为重要的东西存在，这就是诚信。

3. “诚信”的涵义

儒家在分别论述诚与信的重要性的同时，还论证了二者的统一关系，认为诚与信是一个完整的统一体。在中国古代，将“诚”与“信”连用首推春秋时期著名政治家，先秦法家创始人管仲，曰：“先王贵诚信。诚信者，天下之结也。”认为诚信是集结人心、使天下人团结一致的保证。荀子也曾将“诚”与“信”连用，“诚信生神，夸诞生惑。”意指诚实守信可以产生神奇的社会效果，相反，虚夸妄诞则产生社会惑乱。东汉的许慎在《说文解字》中说，“诚，信也”，“信，诚也”，仍是以诚释信，以信释诚。唐初的魏徵在给李世民的上疏中已明确使用了“诚信”一词，曰“君子所保，惟在诚信”，将诚信视为国之大纲。在儒家思想文化中，“诚信”被赋予极其丰富的内涵。“诚”与“信”的规范意义存在细微差别并各有侧重，其主要表现在两个方面：第一，“诚”的意义比“信”的含义更广泛，更深刻一些，“诚”侧重于主体的自我修养，“信”则侧重于主体和客体的相互作用。第二，“诚”是指“内诚于心”，表现为真诚、诚实、诚恳等。“信”是指“外信于人”，表现为讲信义，守信用，重承诺。诚是人内在的德性，信则是诚的外在表现。诚是根基，信是枝叶，“诚”是里，“信”是形；“诚”是根基，信是外貌。“信”必然是有“诚”之“信”，“诚”当然是有“信”之诚。诚、信二字联系在一起，二者可以互训，互为涵养，互为表里、不可分割的。诚中有信，信中有诚。有诚方有信，无诚则不信。诚信之德还具有扩展性的特点，它既是内发于主体之诚信，又可以扩展为仁、义、礼、智、信等多种道德，因而成为人们成就理想人格的起点，被世人所重视。正是由于诚信在整个封建道德规范体系中所占据的特殊地位，历代思想家都不断挖掘和提升它。统治者出于稳定江山社稷的政治需要，也不断阐扬和强化它，使之以封建纲常伦理的形式居于社会道德的主导地位。在社会心理层面，明礼诚信也逐步成为人民群众的一种文化传统，内化为我们民族的一种精神特质。这就使诚信之德在中国几千年的封建社会中，实际扮演着维系社会秩序必不可少的道德规范作用，其教化功能、调节功能和导向功能绵延数千年而不衰。

张载强调，信诺必须符合于道义，否则，君子何以“不规规于非义之信”。

陆九渊则论述了忠与信的统一关系。他认为，忠与信本来就是一回事，“忠者何？不欺之谓也；信者何，不妄之谓也。人而不欺，何往而非忠；人而不妄，何德而非信。”二者都是“良心之存，诚实无伪”之意，可并称“忠信”。二者的区别只在于，忠系指“不欺于中”，信则指“不妄于外”而已。忠与诚通，他实际上讲的也是诚与信的一致性。

儒家的这些论述表明，处理一切社会人际关系都必须以诚信为本，它是具有普遍意义的道德要求。不仅朋友之间要讲诚信，而且父子、兄弟、姐妹及亲属之间，上下级、同事之间，家庭、社团、企业、国家之间，都要讲诚信；不仅处事待人要诚实无欺，而且从事各种职业均须“以信成之”。从教为师要讲“知之为知之，不知为不知”，不能误人子弟；行医治病，要讲医德医术，“贫富用心皆一，贵贱使药无别”；经商要讲货真价实，童叟无欺；从政更须将“取信于民”作为“立政之本”，如此等等。否则，就会产生“信誉危机”，不仅自己会失去众人的支持和帮助，影响自身的生存和发展，而且会破坏人际关系，恶化群体环境，影响正常秩序。

中国传统文化的诚信精神并没有把言行一致作为人与人之间最高和僵化的模式。中国传统文化的诚信精神注重的是内在的精神实质，而不是外在的形式。简言之，是说人说的话，未必就应该是真，许下的诺言，未必就应当如实地履行。除了能不能做到，还有该不该做的问题。中国传统文化的诚信实质是要人的一切言行都要符合“义”。也就是说，作为美德的诚信绝不是不分善恶，不问道义与非道义的诚信。中国传统文化的诚信精神中的义是非常重要的，如果没有义的标准，那么“言必行，行必果”就会蜕化为一种匪气和一种江湖义气。诚信的道德要求人们诚善于心，言行一致。诚在于仁，信近乎义。诚信离开仁义，就失去了价值。符合善、道义的诚信是真正的诚信。“信之所以为信者，道也，信不从道，何以为信”。春秋时期曾有“要盟不信”之说，即在受到要挟、威逼的情况下，被迫签订的屈辱盟约或许下违心诺言，可以不履行、不兑现。同样的，在特定条件下，从善意出发的“不诚信”，用今人的话来说，所谓的“善意的谎言”也是允许的，因为它并没有违背道义。当然这是生活中的特例，并不是人须讲诚信的社会生活通则。

总之，经过历代先哲的辛勤耕耘，历经千百年的岁月沧桑，中国传统的诚信思想经过不断的归纳、总结和实践，已经成为中华民族传统美德的重要组成部分，延绵不绝，存续至今。自春秋以后、明清以前，中国一直是一个伦理中心主义的封建大国。在中国传统道德体系中，诚信之德成为中国传统伦理的结合点，诚信与封建道德的其他规范相互贯通并居于核心地位。就一个社会来说，虚伪与诚信永远是一对不可调和的矛盾，问题在于何者居社会的主要矛盾方面。一般说来，在清平盛世，诚信是社会交往中的主流；而在乱世，虚伪则可能超过诚信而居社会主导地位。当诚信处于社会主流时，国家就会走向繁荣昌盛；当虚伪处于社会主流时，社会就会走向动乱和衰落。春秋时代，不信之风盛行，出现了“春秋无信盟”的历史现象，其间，诸侯盟会几乎是年年有，然而能守盟约的诸侯几乎全无。这就导致了诸侯间愈盟愈战，愈战愈盟，朝盟夕毁，明知盟无益却仍要盟上加国盟的怪事。春秋时期社会诚信的衰落直接导致了战国之乱，致使商鞅为改变这种状况不得不“立木树信”。也正是由于商鞅在秦国重建了社会诚信，才使秦国走向强大而最终统一了中国。唐代李世民崇尚诚信带来了唐代的“贞观之治”，使唐代走向了我国封建社会的顶峰。这些都是历史明证。反之，魏晋时期“竹林七贤”的言行，也从另一侧面证明了这一规律。

二、传统诚信美德及其现代价值

中国传统儒家“诚信”思想在数千年的历史发展中，在个人修养、人际交往、治理国家等方面做出了许多明确规定，形成了一系列道德标准和规范，对于调节人际关系，规范个人行为，维持社会秩序，帮助统治者治国等发挥着不可或缺的重要作用。这些规范所具有的理性和超越时空界限的稳定性、有效性，使之在当代道德建设中具有重要的参考价值。今天我们呼唤“诚信”，也不妨从传统诚信思想中获取借鉴。

1. 诚信是立人之本

中国古代先哲认为，诚信是行事通达的凭证，人无诚信则无以立足，行事则无以通达；人有诚信则可以立足，行事则可以通达。在中国古代社会，人们往往把无诚信之人斥之“非人”，而加以鄙视和遣责。

中国古代先哲认为，诚信是人之所以为人的一个道德标志，是做人的基本要求。孔子认为人不讲信用是不可行的，“大车无轮，小车无轮，其何以行之哉。”在他看来，人若有信，行为恭敬，即便身处蛮夷之邦也可行得通；反之，即便在乡里也行不通。他一生痛恨那些外仁内诈、面善骨恶、巧言令色、八面玲珑、欺世惑人的伪君子，即：“乡愿”，痛斥他们是“德之贼”。孟子把修养诚信看作是做人应走的正道，“思诚者”是“人主道也”。墨子也强调，人说话必须守信用，言行一致，说到就要做到。“言必信，行必果，使言行之合犹合符节也，无信而不行也”。古人云：“口惠而实不至，怨及其身。”不讲实话，不守信诺，就会有灾祸。唐代张狐曰：“天失信，三光不明；地失信，四时不成；人失信，五德不行。”（《素履子·履信》）王安石断言“人无信不立”，诚信是做人的道德支柱，无此便无以立足。朱熹把忠诚、讲信义看作是人安身立命的根本，无此就谈不上做人之道，“人道惟在忠信……人若不忠信，如木之无本，水之无源。”陆九渊则把诚信看作是人区别于动物，人之所以为人的标识，他痛骂那些不讲忠信的人，“人而不忠信，何以异于禽兽者乎”。北齐刘昼则把讲信用看作是行动的基础和根本。“人非行无以诚信，行非信无以立”，欲立行而不知立信，犹无楫而行舟也，行而无信，那是行不通的。他用史实揭示丧失诚信的会祸殃自身，其中提到秦之商因“贪诈伪之小功，弃诚信之大义”，“及惠王即位，疑其行诈，遂车裂于市”，带来杀身之祸，为天下所笑。

在古代，济阳有个商人过河时，船沉了，他抓住一根大麻杆大声呼救。有个渔夫闻声而至。商人急忙喊：“我是济阳最大的富翁，你若能救我，给你 100 两金子。”待被救上岸后，商人却翻脸不认账了。他只给了渔夫 10 两金子。渔夫责怪他不守信，出尔反尔。富翁说：“你一个打渔的，一生都挣不了几个钱，突然得十两金子还不满足吗？”渔夫只得怏怏而去。不料后来那富翁又一次在原地翻船了。有人欲救，那个曾被他骗过的渔夫说：“他就是那个说话不算数的人！”于是商人淹死了。商人两次翻船而遇同一渔夫是偶然的，但商人的不得好报却是在意料之中的。因为一个人若不守信，便会失去别人对他的信任。所以，一旦他处于困境，便没有人再愿意出手相救。失信于人者，一旦遭难，只有坐以待毙。

中华民族素有崇尚诚信、耻贱伪诈的传统。古人讲诚信的事例浩如烟海。仅成语中就有“季布一诺”、“一诺千金”、“君子一言，驷马难追”等。许多先哲和伟人更是为我们树立了典范。孔子是春秋时代一位大教育家，他 20 来岁开始教书，50 年如一日，培养了三千弟子，七十二贤人。他的教学内容是多方面的，在思想上，特别重视“诚”、“信”二字。有一天，孔子特地考问曾参：“喂！曾参啊，我的学说贯穿着一个基本观点，你明白吗？”曾参毕恭毕敬地说：“弟子明白。”“那是什么呢？”曾参说：“您老学说的一个很重要的方面是忠诚信实、宽厚爱人啊。”曾参对老师的学说不但笃信无疑，而且付诸行动。他每天多次反躬自问：“为人办事是不是忠实？交朋友是不是守信用？老师的教诲能不能认真领会，学以致用……”孔子很欣赏他，把自己的学业仔细地传给他，使他成了大名鼎鼎的七十二贤人中的佼佼者。

北宋时期著名的文学家和政治家晏殊，14 岁被地方官作为“神童”推荐给朝廷。他本来可以不参加科举考试便能得到官职，但他没有这样做，而是毅然参加了考试。事情十分凑巧，那次的考试题目是他曾经做过的，得到过好几位名师的指点。这样，他不费力气就从千多名考生中脱颖而出，并得到了皇帝的赞赏。但晏殊并没有因此而洋洋自得，相反他在接受皇帝的复试时，把情况如实地告诉了皇帝，并要求另出题目，当堂考他。皇帝与大臣们商议后出了一道难度更大的题目，让晏殊当堂作文。结果，他的文章又得到了皇帝的夸奖。晏殊当官后，每日办完公事，总是回到家里闭门读书。后来皇帝了解到这个情况，十分高兴，就点名让他做了太子手下的官员。当晏殊去向皇帝谢恩时，皇帝又称赞他能够闭门苦读。晏殊却说：“我不是不想去宴饮游乐，只是因为家贫无钱，才不去参加。我是有愧于皇上的夸奖的。”皇帝又称赞他既有真实才学，又质朴诚实，是个难得的人才，过了几年便把他提拔上来，让他当了宰相。晏殊为人诚实，表里如一，不弄虚作假，这是我们应该学习的。

南北朝时期，有个出了名的老实人，叫明山宾，他当州官时，因开仓济贫得罪朝廷，于是被贬为庶民。他只好回到家乡，过着艰苦清贫的生活。有一天，他看到家中快揭不开锅了，便狠狠心把父亲留下的唯一一头瘦牛拉到集市上卖了。明山宾回到家里，从妻子口中得知，牛曾经患过腿疾，就急急忙忙跑到集市上找到买主，深表歉意，说明情况，并主动退了一半钱给买主。那位买主激动不已。天底下竟有这么诚实的人！周围的人都被明山宾的诚实所感动。明山宾尽管生活拮据，急需钱用，但他仍坚持不拿昧良心的钱。他这种待人诚实的行为，是人格高尚的表现，显示出了一个人良好的品质。这种品质，将会赢得他人的尊敬。

关于诚信，有一个广为流传的童话不知感动过、影响过多少人。有一个国王没有子嗣，打算从民间遴选一个小孩做王子，办法是给候选者每人一颗牡丹花的种子，看谁种出的花儿最漂亮、花朵最多。到了预先规定的评比时间，几乎所有的小孩都捧着鲜艳漂亮的牡丹花相互争奇斗艳，只有一个小孩捧着有那颗种子的花盆伤心落泪，他没有种出花来，但是恰恰是这个孩子被选中了。因为国王发给所有候选人的花种都是煮熟了的，绝对不可能发芽，其他孩子全都是拿另外的种子育出鲜花，唯独这个诚实的孩子交了“白卷”。这个故事的诉求很鲜明：做人要诚实，因为诚实可以给你带来好处。

诚实守信，是做人的起码要求，是为人处事之本，也是沟通人与人之间的桥梁。人都是在与他人的交往中得以生存和发展的，如果离开了诚实守信，人与人之间就很难继续交往，会形成一道无形的隔阂。所以，只有诚实守信，才能取得他人的信赖，才能更好地与他人交往，在社会中生存与发展。

2. 诚信是齐家之要

家无诚信不和睦。就公民的家庭关系而言，无论是父母、夫妻、子女，还是兄弟、姐妹之间，只有诚实无欺、信守诺言，才能和睦相处、团结合作、互相爱护、互相关心。

就家庭关系而言，夫妇关系居首位。《渊鉴类涵·人部·夫妇》云：“易基乾坤，诗始关雎，书美厘降，春秋讥不亲迎。夫妇之际，人道大伦也。”家庭中一切关系均自夫妇而始，夫妇之合，有着肇始人伦的重大意义，其他关系如父子、兄弟、姐妹等，皆源于此；家庭能否稳固和谐，亦首先和主要取决于夫妇。《易传》有言：“夫妻反目，不能正室也。”

按照儒家的观点，夫妇关系先于父子关系，但就在家庭中的作用而言，则父子关系重于夫妻关系和兄弟关系。儒家向来重视兄弟友爱和谐，认为兄弟乃同根所生，非友朋可比，平时相亲，危难相助，友好相处，是人生一大幸福。因此，儒家认为，在家庭中，兄弟是仅次于夫妇、父子的最主要的亲情关系，对于家庭和睦起着重要作用。

在儒家看来，诚信涉及到的不仅是朋友之间，也涉及到夫妻、父子、兄弟之间。关于诚信对于家庭和睦的重要性，历代儒家学者也有许多论述。儒家认为，夫妻关系是家庭关系的基石，若使家庭关系和睦稳定，夫妻间就要恪守诚信。中国传统道德要求夫妻关系应当长久稳定。“夫妻之道不可以不久也，故爱之以恒。恒者，久也。”（《周易·序卦》)男女双方一旦结为夫妻，就逐渐超越了生理性欲和传宗接代的需要，就有了精神的交流，情感的交融，性情的磨合，就应义不容辞地承担起应尽的道德义务和应负的道德责任，夫妻关系就应当是长久的、和谐的、稳定的。“天地合而后万物兴焉。夫昏礼，万物之始也。取于异性，所以附远厚别也。币必诚，辞无不腆。告之以直信，信，事人也；信，妇德也。”（《礼记》)强调男女结为夫妇，犹如天地合而生就万物那样，具有神圣性，隆重的婚礼是夫妇情感和意志坚贞的象征，夫妇一生都要诚心诚意，守信不欺，则符合人类善良的心愿的。而强调诚信道德对夫妇关系和睦与稳定的作用，是有积极意义的。

古人云：“贫贱之交不可弃，糟糠之妻不下堂。”诚信对夫妻双方有同等的要求，夫妇之间要互帮互助、同甘共苦、同舟共济、相敬如宾、相濡以沫、和和睦睦、白头偕老。在历史上，夫妻间恪守诚信，互敬互爱的动人故事不胜枚举。众所周知的诸葛亮“少有逸群之才，英霸之器，身长八尺，容貌甚伟”，“亮有妻黄氏”，“发黄而黑、才能独优，亮不嫌丑陋”（《三国志》)。他将别人讥笑置于度外，与妻以诚相待，相敬如宾，二者堪称夫妇诚信的楷模。

刘廷式坚娶盲女是中国古代夫妻诚信相爱美德最生动的诠释。刘廷式本是农家子弟，与邻女定有婚约。后离别数年，刘廷式入太学读书，并考中进士。刘廷式回乡时，准备与邻女成亲。这时才得知邻公已死，其女双目失明，家道中落。不过，刘廷式并不因此违背婚约，还选好日子准备完婚。邻女打算退婚，她说：“我如今双目失明，形同废人，门不当户不对，怎能嫁你为妻呢？”刘廷式回答说：“既然我早与邻翁有约，岂可因翁死子疾而违背婚约？”结果，二人终成眷属，家庭和睦，并生数子。

夫妻间若不讲诚信，家庭就不会和睦。魏晋傅玄说“夫不信以遇妇，妇不信以承夫”，则“夫妇相疑于室矣”。陆九渊说“夫妇不立于忠则乖”。唐代名相魏征说：“夫妇有恩矣，不诚则离；交接有分矣，不诚则绝。”夫妇本来是有恩情的，但如果不彼此忠诚，就会互相猜疑，同床异梦，貌合神离，直至家庭破裂。交朋友也是这样，要是感情不真挚，很快地就要绝交了。

儒家认为，家庭中的父子关系、兄弟关系等离开诚信也不会和睦。“父子为亲矣、不诚则疏”(《荀子·不苟》)，“父不信以教子，子不信以事父”，则“父子相疑于家”，“兄弟而不忠信则伤”。武则天在《臣规下·诚信章》中道：“兄弟不信，则其情不亲。”

今观国人，更加关注婚姻质量，追求美满感情生活，若感情确实破裂，难以为继，只好中止婚姻。理性地说，这样对当事者双方都有益。然而，也不排除某些人“富贵思淫逸”、纵欲享乐主义膨胀，个人主义泛滥、金钱至上肆虐，于是“包二奶”、“包二爷”、卖淫嫖娼丑恶现象沉渣泛起，他们背叛了花前月下的“海誓山盟”，丢弃了诚信道德以及应尽的道德义务和道德责任。此外，子女不赡养老人、兄弟反目等现象也时有发生，这也与丢掉诚信道德有关。因此，重温传统家庭诚信美德，对于家庭和睦稳定，不无借鉴价值。

3. 诚信是兴业之宝

中华传统美德认为，诚信是从事各行各业者之道德准则，也是各行各业兴旺发达的道德保证，可谓无价之宝。远古时代，人们靠“讲信修睦”，维系群体和谐，公平分配资源，共享劳动成果，“人无信不立”的古训相传至今。

谋取正当利益，无可非议。然而“君子爱财，取之有道”，不能靠欺诈等歪门邪道谋利。孔子曰：“富与贵，是人之所欲也，不以其道得之，不处也”，“不义而富且贵，于我如浮云”。《管子·乘马》篇曰：“非诚贾(不是诚实的商人)不得食于贾(以商谋生)，非诚工不得食于工，非诚农不得食于农，非信士不得立于朝。”意指不讲诚信的商人不能从事商业，以商谋生……只有以诚实的态度对待自己的工作，方可事业有成。所谓“为事不以诚，则事败”，“允哉允哉，以言非言则百事不满也”。说的就是不讲诚信则不会有事业的兴旺发达。故诚信是百行之源，也是成事之本。

以诚信为本，才会事业有成。荀子看到了诚信可促使商业兴旺、国家繁荣的作用，曰：“商贾敦悫无诈，则商旅安，货财通，而国求给矣。”就是说诚信可以促使商业兴旺，国家繁荣。我国历代都有一些著名的廉贾、义商。促使他们成功的可能有很多因素，但有一个共同的法宝，就是诚信。

在长期的人类社会和经济发展过程中，以主张儒家道德观念经商，在经商实践中把诚实守信、“君子爱财，取之有道”、“仁、义、礼、智、信”等儒家的道德准则作为商德；做人与经商并重，以做人的追求来经商，在经商过程中体现“诚信”的做人原则；以亦儒亦商为尚的儒商，其道德自觉和以“诚信”自律在中国商业文明开始之初就达到了令人赞叹的水平。

儒商，上承中华文化的优秀传统，下启市场经济的伦理新风，已成为当今华人社会经济和文化领域中一种令人瞩目的现象。儒商精神所提倡的人与自然的协调发展，人与人和谐相处的商业生态文明和义与利、合作与竞争、自强与他律和谐统一的商业伦理道德，具有非常强烈的时代意义。儒商精神是儒商所共有的进步商德，是对全球商业文化的独特贡献。

中国古代的徽商，以“忠诚立质”，以“信义服人”，在明清时代，称雄商贾，财富日增，事业日隆，家业日兴，传为佳话。他们事业的成功，靠的就是诚信。这就是所谓“诚者有信，不诚无物”。它给后人的启示，就是经商做买卖必须讲信用。徽州商人吴南坡宣示“人宁贸诈，吾宁贸信，终不以五尺童子而饰价为欺”，他出售的“南坡布”货真价实，深受顾客信任。久而久之，四方顾客都十分相信“南坡布”。只要去买布，看见是吴南坡的铺面，不管精恶长短，买了就走。封建社会，守法商人把讲信用作为兴商立业之本，以吴南坡为代表的徽商就是靠这种诚实守信的经营理念，雄踞商界三百年。徽州商人注重用儒道的理念经商和规范自己的行为，并以其“贾儒相帮，敬业拼搏，诚信进取，勤俭和协”的理念代表着中国封建社会商品经营思想的最高水平。徽州商人以“信义服人”，使“营谋渐裕”，由于他们“以忠诚立质，长厚摄心，以礼接人，以义应事，故人乐与游、而兴日隆隆起也”，在明代已发达到“商贾之称雄者，江南则徽州”的辉煌地步，至清代前期，其事业达到高峰，活动范围竟涉外洋。

翻开中国近代史，晋商曾经在中国商史上独树一帜；二百年前，当美洲还是一片荒凉的大陆时，晋商的商号已经遍布全国各大城市、水陆码头，甚至远至俄国的西伯利亚和莫斯科、朝鲜的平壤、日本的东京及南洋各地。明清晋商作为一支重要的社会经济力量，雄踞徽商、湖商、粤商等十大商帮之首，长期执掌内外贸易之牛耳，盛极一时，以雄财善贾而饮誉海内外，在中国经济史上占有十分显赫的地位，世界经济史学界也把晋商与意大利商人相提并论，给予很高的评价。晋商创造如此辉煌的主要秘诀是什么呢？那就是诚信经营。首先，晋商具有诚信义利的价值观。在义利问题上，有自己独特的理解和行为规范。主张“君子爱财，取之有道”。晋商所到之处，以关公为偶像，尊为财神，到处建关帝庙，关公成为晋商心目中诚信忠义的化身。各商号在号规中均规定了“重信义，除虚伪”，“贵忠诚，鄙利己，奉博爱，薄嫉恨”，反对以卑劣手段骗取钱财。要求商人恪守“诚信仁义，利从义出、先予后取”的正道。清代晋商乔致庸提出：“首重信，次讲义，第三才是利。”可见诚信义利的价值观，对晋商有着导向性的至深至远的影响。其次，晋商有诚信为本、童叟无欺的经营理念。世人有云，无商不奸。这个“奸”应该是对敏锐的把握，对政策的灵活运用，对对手的巧妙应对，而绝不是损人利己、坑蒙拐骗。中国最早的票号日升昌认为：“一日要奸，可以欺市；二日要奸，可以愚民。但没有哪一家商号，可以数年、数十年靠要奸混迹于世。”“诚信为本，童叟无欺”才是以日升昌为代表的晋商称雄全国五百年的成功之道。清代末年，山西平遥城内有个讨吃要饭几十年的老太太，一天拿着一张 1 200 两的汇票，到日升昌要兑付白银。这张汇票历时三十余年，日升昌经查验无误后，立即将本息全额兑付。原来，这个老太太年轻时，丈夫在张家口做皮货生意，赚钱后办成汇票，藏在身上，在回家途中染病身亡。几十年后老太太摸丈夫唯一的遗物夹袄，无意中摸到这张汇票。通过这件事，日升昌“诚信为本，童叟无欺”的声名大振，业务愈加红火，事业如日中天。晋商处处体现出富而仁义的贾道精神，“纵鲍叔之宏通，慕弦高之豁达”，为今世商人树立了良贾、善贾、诚贾的一代风范。

具有三百多年历史的同仁堂集团公司，是一家闻名的老字号药店，它把讲信用保证药物质量作为最重要的经营理念和道德规范，所属药厂和药店都挂着一副对联，上联是“炮制虽繁从不敢省工”，下联是“品味虽贵必不敢减物力”。他们严把进药关，认货不认人，使假劣药材混进成为不可能，不管市场多变幻，始终抓住“德、诚、信”不放，迄今已发展为拥有31亿多元的大型国有企业，名列全国中药企业之首。无数事实证明，继承、弘扬传统诚信美德，事业就会兴旺发达。

事实也不断证明，“祸莫大于无信”，不讲诚信，事业就会萎缩衰败。古时候，有个年轻人叫赵二；在集市上开了酒馆，取名“实惠酒家”。开始的时候，东西卖得很实惠，碗大，酒香，价钱便宜。每天生意兴隆，客人爆满，不到天黑，酒就卖完了。赵二看在眼里，乐在心里。就动了歪点子，把大碗变成小碗，但还是大碗的价钱，并且欺骗客人说在酒里加了名贵的中草药。客人相信赵二的话，客人不但没少，比以前更多了。赵二赚了不少钱，赵二尝到甜头，又往酒里加水，而且越加越多，几天后，客人越来越少了。一天， 进一位白胡子老头，问赵二：“你这店里怎么会这么冷清啊？”拿笔来，我告诉你一个秘方。赵二拿来纸笔，老头写了两个字：诚信。赵二于是把酒店改为“只赚一文钱”。从此，诚实经营，坚持一碗酒就赚一文钱。人不能贪得无厌，否则，会失信于民啊！

在市场经济高速发展的今天，诚信已成为市场经济健康发展的灵魂和生命线，成为国际社会共同的行为规范，也是现代商业道德的基石。然而，相当时期以来，诚信危机似如瘟疫在我国各地蔓延，一些商人和企业家见利忘义、唯利是图、损人利己、坑蒙拐骗、敲诈勒索、骗税走私等违背诚信的现象屡见不鲜，结果导致企业发展深陷谷底而不能自拔，其教训极为深刻。近年来，知名合资企业南京冠生园食品有限公司因用过期馅料做月饼等，欺骗消费者，结果信誉扫地，企业经营陷入低谷。2002年春节刚过，即向南京市中级法院提出破产申请。人们说，这叫自我毁灭。我国是羽绒服第一出口大国，俄罗斯最需要它。然而，有些羽绒制品里面全是飞丝、粉碎毛或发霉发臭的羽绒，引起了俄罗斯城市焚烧中国羽绒服事件。在那里，经常会看到“本店没有中国货”的招牌。国际羽协针对上述质量问题向中国方面提出强烈抗议，并提出警告：中国羽绒再这样下去就要禁止出口。1993年以前，我国出口俄罗斯羽绒制品曾达2亿美元，而据2000年海关统计已不足700美元。为了扩大中俄双边贸易，中国政府作了很多努力，但重建信誉并非易事。可见，违背诚信传统，教训是沉重的。大量铁的事实已经充分表明，一个人如果不讲诚信，最终将会被朋友乃至社会所唾弃；一个企业如果不讲诚信，就很难生存和发展；一个市场、一个地区如果不讲诚信，其市场迟早会衰落萧条。

诚信是品牌建设的一个必要条件。如果没有诚信，企业就不可能有品牌。品牌体现了知名度、美誉度、忠诚度。但如果企业不讲诚信，将失去美誉度，没有了美誉度，自然谈不上忠诚度，所以诚信对一个企业的成败尤为重要。中华传统商业“货真价实”、“童叟无欺”诚信美德，虽然是自然经济条件下的产物，但即便在今天，也不失为一块不可多得的无从之宝，它对建立、健全、繁荣社会主义市场经济，以及在WTO框架下参与国际贸易竞争仍然具有不可忽视的重要价值。

4. 诚信是交友之道

人无诚信则无友。每个人结交朋友时，诚实守信是基本价值之一。儒家认为诚信是沟通人际关系，促进人与人之间相互尊重、相互理解、相互信任的精神纽带，讲信义是在正常的社会交往中结交朋友的基本准则，所以一再强调朋友之间要彼此信任，要自然地、心甘情愿地为对方负责，坦诚相待，毫不猜忌。孔子的弟子子夏提出，“与朋友交，言而有信”，“信则任焉”。孟子主张：“父子有亲，君臣有义，夫妇有别，长幼有序，朋友有信”。按照他的观点，朋友之间应该有诚信之德。曾子“吾日三省吾身”中就有一项是“与朋友交而不信乎”？这表明儒家对人际交往中诚信的高度重视。由此可见，诚信是人与人之间交往中必须遵循的基本准则，也是社会安定和发展的基础。它要求朋友之间应该以诚相待，言而有信；应该推心置腹，互通有无；应该无私帮助，同甘共苦。《吕氏春秋》则从反面把诚信提升到一个很高的层次来认识，突出了诚信在交友中的重要性。曰：“交友不信，则离散忧愁，不能相亲。”意思是说，结交朋友要以诚信为准则，否则，将会导致极大的混乱。汉代著名学者刘向说：“交不信，非吾友也。”西汉文学家、哲学家扬雄于《法言·学行》曰：“朋而不心，面朋也；友而不心，面友也。”若交朋友而不交心，不能开心见诚，这种缺乏真诚的友谊是难以持久的，故人际交往贵在真心、交心与知心。东晋高道葛洪在《抱朴子·交际》中，反对“匿情而口合”、“面从而背憎”，故我们应以真情实意对待朋友，不可口是心非，隐瞒实情。真诚是友谊的生命，如果对朋友诈伪而无真诚之情，这只是“乌集之交”。只有肝胆相照的朋友，才是“腹心之友”。宋代理学大师程颐也提出“相比之道，以诚信为本”，这些言论都是强调朋友之间要以诚信为本。这一方面要求自己言必信，行必果；另一方面，朋友之间要相互信任，不要胡乱猜疑。唯其如此，一个人才能取得朋友的信任，才能在社会上立足。

诚实守信，是做人的起码要求，是为人处事之本，也是沟通人与人之间的桥梁。人都是在与他人的交往中得以生存和发展的，如果离开了诚实守信，人与人之间就很难继续交往，会形成一道无形的隔阂。所以，只有诚实守信，才能取得他人的信赖，才能更好地与他人交往，在社会中生存与发展。

中国古代调剂人际关系的准则就是诚心，中国历史上有很多故事，说明了为了守信，不惜牺牲自己的利益，他们被喻为高尚的人。《三国演义》内描述的“桃园结义”，充分体现了古人交友时以信义为本。

东汉时范式和张伯元为同窗好友。毕业时，范式对张伯元说：“两年后我会还来这里，那时会绕道你的家乡，专程到你家拜见伯母。”说罢约定了时期，依依相别。两年后，约定日期将近，张伯元将此事告诉了母亲，并请母亲准备酒菜，款待远方来的好友。张伯元虽不相信范式能如约而至，但是还置办了酒菜。到了约定的那天，范式果真风尘仆仆地自千里之外赶来赴约。范式的千里赴约之举，感动了张母，也感动了后人，成为信守诺言的典范。

“伯牙鼓琴遇知音”的故事和《高山流水》古筝曲一直流传至今。它讲的是俞伯牙与钟子期一天偶遇，相见恨晚，成为知音。临别时，伯牙希望子期能再与他同行几天，但子期说“不是我不愿意，实在是父母年纪已大，父母在，不远游”。伯牙要子期回去跟父母说一下后，再去看他，但子期说：“小弟不敢轻薄而寡信，许了贤兄，就当践约，万一禀命二亲，二亲不允，使仁兄悬望数千里之外，小弟之罪更大矣。”

管鲍的相知相交，曾令无数后人唏嘘不已。言人之相知，必称管鲍。管仲，名夷吾，是颍上人。他年轻时常和鲍叔牙交往，鲍叔牙知道他有才干。管仲因贫穷，经常沾鲍叔的便宜，鲍叔始终能很好地对待他，不因此而说他的闲话。后来鲍叔侍奉齐国的公子小白，管仲侍奉公子纠。当小白被立为齐国国君的时候，公子纠被杀，管仲也被囚禁。鲍叔就向齐桓公推荐管仲。管仲被齐桓公任用，在齐国主持政事，齐桓公因此也成霸业，多次联合各国诸侯主持盟会，使天下一切得到匡正，这都是管仲的谋划。管仲说：我当初贫穷时，曾和鲍叔一起做生意，分钱财，自己多拿，鲍叔不认为我贪财，他知道我贫穷啊！我曾经替鲍叔办事，结果使他处境更难了，鲍叔不认为我愚蠢，他知道时运有利有不利。我曾经三次做官，三次被国君辞退，鲍叔不认为我没有才能，他知道我没有遇到时机。我曾经三次作战，三次逃跑，鲍叔不认为我胆怯，他知道我家里有老母亲。公子纠失败了，召忽为之而死，我却被囚受辱，鲍叔不认为我不懂得羞耻，他知道我不以小节为羞，而是以功名没有显露于天下为耻。生我的是父母，了解我的是鲍叔啊！鲍叔推荐管仲以后，自己甘愿做他的下属。鲍叔的子孙世世代代在齐国吃俸禄，得到了封地的有十多代，常常成为有名的大夫。天下的人不赞美管仲的才干，而赞美鲍叔牙能了解人。

“君子修身，莫善于诚信。”这是古人对诚信的认知。“信之不存，友何能存乎”。从古到今，不讲诚信的事例也屡见不鲜。一个不讲诚信的人，也许他在某一事情上能得逞一时，但更多的是换来自食其果。

三国时期，以诚信为本、宽容待人的刘备白手起家，利用天时、地利、人和的有利条件建立了当时的蜀汉政权——蜀国。在刘备主事期间，蜀国人才聚集，文有卧龙凤雏，武有关张赵马黄五虎将，可谓人才济济。然而，诸葛亮借荆州不还，失信于东吴，导致战略伙伴反目成仇。荆州本是自古兵家必争之地，其处要冲，北据汉沔，利尽南海，东联吴会，西通巴蜀。但再好的地方也要有借必还，信守承诺。可诸葛亮不守信用，一借不还，而且多次耍赖，使得孙权对荆州一直记在心里，最后导致盟友反目，荆州遭袭，关羽失荆州，败走麦城，使蜀汉的实力大大降低，也间接地造成了诸葛亮最后的失败！这是缺乏诚信所付出的沉重代价。

5. 诚信是国家稳定之基

国无诚信不稳定。古人很看重诚信对于国家稳定和天下太平的作用。古人认为，能否立信，能否取信于民，是关系到国家政府能否稳定乃至兴衰存亡的大问题。晋文公说："信，国之宝也，民之所庇也。"他看到了诚信对国家稳定和庇护民众的宝贵作用。晋国的士燮说"君命无贰，失信不立"。如果统治者说话不算数，失去信用，就站不住脚。孔子深刻论述了取信于民对国家政权稳定的重要作用。《论语》中记载："子贡问政。子曰：'足食足兵，民信之矣。'子贡曰：'必不得已而去，于斯三者何先?'曰：'去食'。自古皆有死，民无信不立。"孔子这一主张，后来虽然受到王充等人的诘问质疑，但他指出了取信于民与国家政权存亡的重要关联，不失为历史经验的有益总结，还是有可取之处的。国家政权之所以能立得住，是因为有民众出力支持，而民众之所以愿出力支持，是因为得到了民众的信用。荀子用正反两方面史实说明了是否讲信用与国家政权兴衰存亡的关系，曰："古者禹汤本义务信而天下大治，桀纣弃义背信而天下大乱。齐恒、晋文、楚庄、吴阖闾、越勾践，是皆僻陋之国也，威动天下，强殆中国，无它故焉，略信也，是所谓信立而霸也"，而不讲诚信，"内则不惮诈其民"，"外则不惮诈其子"、"上诈欺下，下诈其上"，"权谋日行，而国不免危削，綦之而亡，刘闵、薛公是也"。荀子从国家强弱的角度，强调了诚信在政治生活中的重要性。这条历史经验或者说历史规律是值得重视的，它对今天人民国家政权的稳定和建设仍具有借鉴、启迪价值，正如北宋宰相王安石所言："自古驱民在信诚，一言为重百金轻。"

《史记·商君传》记载："以卫鞅为庶长，卒定变法之令。令既具，未有，恐民不信已，乃立三丈之木于国都市南门，募民有能徙置北门者，予十金。民怪之，莫敢徙。复曰：‘能徙者，予五十金。’有一人徙之，辄予五十金，以明不欺。卒下令，令行于民。”可见，令出必行讲信用是商鞅变法成功的重要原因之一。反之，如果轻诺寡言、背信弃义，则必然失信于民，给国家带来祸患。傅玄说：“夫以上接下，而以不信随之，是以日夜见灾也。周幽以诡烽灭国，齐襄以瓜时致杀，非其显乎!故祸莫大于无信。”他以周幽王、齐襄公因诈伪失信而国破家亡的史实，指出了统治者不以身作则讲诚信的危害、祸患。

在中国古代确实有过“千金买一笑，烽火戏诸侯”失信而丧国的例子。当然也有过“商鞅变法，立木为信”立信以兴国的事情。正反两方面的事例所留下的经验或教训，对于我们今天都是有益的。

中国的历史也证明，重诚信，就能取信于民，取得国家的安定。因此，历代有不少统治者都特别注意取信于民，有不少国君以真诚、诚恳待人，而得到了良臣贤者辅佐的故事，成就了霸业。“秦穆公重金赎回百里奚”要说明的就是其中之一。晋献公灭虞，俘虏了虞公及其大夫井伯、百里奚，就将他们作为穆姬的媵人(随嫁的人)陪嫁到秦国。百里奚不愿忍受奴隶的生活，逃到宛(今河南南阳)，被楚国人捉去。秦穆公胸怀大志，却苦于无贤才辅佐。有人告诉他，穆姬的媵人百里奚是不可多得的人才，他喜出望外，急忙去请，却得知百里奚已经逃到楚国。秦穆公愿以重金赎回百里奚，又怕楚人不给。于是派使者到楚，说：“中国的媵奴百里奚逃到贵国，请允许我方用五张公羊皮将他赎回。”楚国一看此人如此不值钱，也就答应了秦的要求。当七十余岁的百里奚被押回秦国时，秦穆公亲自为他打开桎梏，与他商谈国事。百里奚说：“我是亡国之臣，哪里值得君公垂询！”穆公说：“虞君不用你，才使你被掳，并不是你的过错。”坚持向百里奚讨教，两人一直谈了三天，穆公十分高兴，以百里奚为国相。由于百里奚是用五张公羊皮赎回来的，所以人称其为“五羖大夫”。百里奚辞让道：“我不如我的朋友蹇叔。蹇叔贤能而不为世人了解。当年我在外漫游受困于齐，不得已向别人乞讨，是蹇叔收留了我。我因此想到齐君无知那儿做事，是蹇叔阻止了我，使我幸免与无知一起被杀。我到周地，见王子颓喜欢牛，就以养牛去接近他。后来，王子颓想用我，又是蹇叔阻止了我，使我免予被诛。我到虞君手下做事，蹇叔又阻止我。我也知道虞君不会信用我，只是为了那一份俸禄和爵位，暂时留下来，想不到就当了俘虏。从这三件事，我深知蹇叔的贤能。”秦穆公于是用很重的礼品，将蹇叔请来秦国，任命他为上大夫。

秦国要发展，首当其冲的是其东邻晋国。在百里奚和蹇叔的辅佐下，秦穆公将注意力集中于晋。晋献公晚年，骊姬之乱，公子重耳和夷吾出逃。穆公九年(公元前 651 年)晋献公死，驴姬子奚齐继位，旋即被其臣里克杀死。秦穆公派百里奚带兵送夷吾回国继位，为晋惠公。后来晋惠公对秦国却以怨报德，公元前 648 年晋国旱灾，秦穆公运了大量粟米给晋。晋惠公十四年(公元前 646 年)，秦国发生饥荒，晋国不仅不给秦国粮食救灾，反而乘机出兵，于次年攻秦。双方在韩原大战，秦军最终生俘晋惠公。秦国以晋惠公交换晋国河西(黄河以西)五城，把疆域扩充到黄河西岸。在百里奚和蹇叔的辅佐下，秦国开地千里，称霸西戎，尤其是百里奚“谋无不当，举必有功”，而且为人朴素，工作勤劳，虽身为秦国大夫，却毫无架子。去世时，秦国男女悲伤流涕，孩子们停止唱歌，工役门都喊不出声了。

6. 诚信是天下之结

世无诚信不安宁。古人讲修身、齐家、治国、平天下，认为不仅要把国家治理好，而且要使天下太平。这就要求国与国之间以诚信相交，只有这样，才会带来天下安宁、和平与团结。反之，则失去安宁、和平与团结。《管子·枢言》曰：“诚信者，天下之结也。”诚信是天下之团结一致的保证。《庄子》有云：“凡交近则必相靡以信，远则必忠之以言。”国家间的交往，近的就必须以信任相亲近，远的就必须以语言表达忠诚。在荀子看来，一个国家，对内，政令既已颁布，虽说已预见到自己的利益将会受到损害，也不欺骗他的民众；对外，盟约已经签订，虽然已预见到自己的利益将会受到损害，也不欺骗他的盟友。如此讲信用，就会兵力强大、城防坚固，敌国不敢来犯，从而就会保住和平与安宁；反之，则“敌国轻之，与国疑之”，即遭到敌国轻视和盟国怀疑，从而带来不安宁因素。

春秋战国时期，各诸侯国争霸混战，不得安宁。每个国家为了生存发展，都要联合一些友好国家结成同盟，讲信用守盟约尤显重要。国家之间的正常往来，需要信德来规范与维系。处理国家间的外交关系，必须讲求信用，特别是弱小国家若失信，就会被大国作为借口，遭攻伐而亡国。大国也愿意寻衅滋事以诱发小国失信，为出兵侵占小国找借口。中国历朝历代与周边少数民族部落相邻，彼此间建立信用关系更显重要，中华各民族的讲信修睦、团结友善，是中华民族兴旺发达的重要原因和基本保证。

诚然，古人讲的天下与我们今天讲的天下不是一个含义，但古人讲的天下安宁，以及靠讲信修睦达致天下安宁，则仍然是很有价值的。综观当今世界，和平与发展已成为时代主题。局部地区战乱不止，这固然有诸多深层次原因，但其中一个值得重视的原因是某些国家、某些政治势力为了自身的狭隘利益，不惜背信弃义。在当今世界，国际交往空前频繁、密切，国际有识之士呼吁建立有利世界和平与发展的新的政治经济秩序之际，瞩目于中华民族的诚信美德，绝不是偶然的。

三、诚信的基本标准

诚信是做人的基本准则，但究竟怎样才算是有诚信？中国古代先哲们是从以下五个方面实践诚信之道的。首先是戒欺，其次是有过则改，其三是重诺守信，其四是诚信待人，其五是言行一致。

1. 戒欺

“戒欺”，即不自欺亦不欺人。《礼记·大学》中说：“所谓诚其意者，毋自欺也。”意思即真诚实意就是不自欺。宋代哲学家陆九渊也说：“慎独即不自欺。”即使在闲居独处时，自己的行为仍能谨慎不苟且，不会自欺。中国现代学者蔡元培先生说：“诚字之意，就是不欺人，亦不可为人所欺。”可见，戒欺是诚信的重要准则之一。

东汉名臣杨震在赴任东莱郡太守的途中，经过昌邑县。昌邑县令王密是他过去推荐的秀才，王密深夜带十斤黄金私赠给杨震。杨震说：“老朋友了解你，你却不了解老朋友，这是为何？”王密说：“现在是深夜，没有人知道。”杨震回答说：“天知，地知，神知，你知，我知，怎么说没有人知道呢？”王密听了这番话，很羞愧地走了。杨震“不受五知金”的故事，说明他的道德修养已达到了不自欺的“慎独”境界。只有在没有人监督的情况下，能做到不自欺，才算是真正的“诚信”。

现代一个留日学生的故事则从反面告诉我们“戒欺”的重要。曾经在一篇文章中看到这样一个故事：在日本东京的餐馆里，有着许多中国的留学生从事洗盘子的钟点工工作，以补充学费和生活费。日本餐馆老板要求用水把盘子要刷三遍，其中一位留学生在刷累了盘子的时候自作聪明地认为刷两遍也是无人知道的。于是他试探着偶尔在无人监督的情况下，刷了两遍，而且从外观上似乎看不出什么来，老板还夸他卖力气给他了不少的小费，因为他只刷两遍，比别人要少一遍，当然速度要快了，于是这位留学生很是得意，有时曾在中国的同学中夸耀自己的小聪明。可是别人都怕被人发现后丢掉自己的工作，没有人效仿，他便笑他人没有胆量。他一直在做着偷懒的事情。终于一天老板发现了他的秘密，将他辞掉了。他只好去了别的餐馆，可是没有两天，他就又被辞掉了，一连好几次，甚至他一报出自己的名字别人就摇头了，说，这里不需要你。他最后急了说，怎么说不需要呢，你们明明写着要招聘洗碗工吗？别人回答他说，是呀，可是不需要你这样的人，别人刷三次，你刷两次，你的名声已经在这个街区传开了，不讲信用、不遵守劳动规则，你已经被列上黑名单了，谁还敢用你！

诚信是一个人做人的基本准则，这位自作聪明的留学生，因为不守劳动规则，不守诚信，最终连洗盘子的工作也找不到了，只好去了另外一个很远的街区去找工作，从此，他再也不敢做类似的投机取巧的事情了。

2. 有过则改

有过则改是古人十分看重的一种道德修养，属于自省和修身养性的重要方面。有过则改是指一个人有了过错就马上改正。古人认为，即使是圣贤，也难免有过失。只要能知错必改，就是圣贤。在我国经典大作《左传》里面，有这样的一句话：“人谁无过？过而能改，善莫大焉。”这句话出自一个历史故事。晋灵公生性残暴，时常借故杀人。一天，厨师送上来熊掌炖得不透，他就残忍地当场把厨师处死。正好，尸体被赵盾、士季两位正直的大臣看见。他们了解情况后，非常气愤，决定进宫去劝谏晋灵公。士季先去朝见，晋灵公从他的神色中看出是为自己杀厨师这件事而来的，便假装没有看见他。直到士季往前走了三次，来到屋檐下，晋灵公才瞟了他一眼，轻描谈写地说：“我已经知道自己所犯的错误了，今后一定改正。”士季听他这样说，也就用温和的态度道：“谁没有过错呢?有了过错能改正，那就最好了。如果您能接受大臣正确的劝谏，就是一个好的国君。”但是，晋灵公并非是真正认识自己的过错，行为残暴依然故我。相国赵盾屡次劝谏，他不仅不听，反而十分讨厌，竞派刺客去暗杀赵盾。不料刺客不愿去杀害正直忠贞的赵盾，宁可自杀。晋灵公见此事不成，便改变方法，假意请赵盾进宫赴宴，准备在席间杀他。但结果赵盾被卫士救出，他的阴谋又未能得逞。最后这个作恶多端的国君，终于被一个名叫赵穿的人杀死。

有过则改是对自己行为的积极修正，所以是值得赞扬的事情。人们都有过失，但如果有了错误，而不想改正，那就犯了双重的错误。孔子曾多次谈到改过是“善”的一种体现，认为有过不改才是真正的“过”。孔子曰：“过而不改，是谓过矣。”孔子还以颜回为例指出，有道德的人不在于不犯错误，而在于有过就改，不要重犯。后来的思想家对于有过则改也有过许多精辟论述。韩愈曰：“告我以吾过者，吾之师也。”陆九渊曰：“闻过则喜，知过不讳，改过不惮。”古人申居郧(yun)曰：“小人全是饰非，君子惟能改过。”由此可见，中国古代先哲认为如何对待过错，是君子与小人的重要区别之一。以铜为镜，可以正衣冠；以古为镜，可以知兴替；以人为镜，可以明得失。这是唐太宗追怀魏征时说的话。魏征是唐代贞观年间的名相，以敢于直言强谏而名扬四海，他纠正了唐太宗不少错误。唐太宗认为魏征之死，使他“亡一镜矣”。“以人为镜”就是要以别人的言行作为参考，来检验自己的言行是否正确。如果别人的意见有道理，而自己的意见没有道理，那就要采纳别人的意见；如果别人做得对，自己做得不对，就要承认并改正自己的错误。如果别人的言行有错误，自己也要警惕，防止犯了同样的错误。勇于改过，才能不断修正自己的言行，完善自己的道德，才能在学业和事业上取得更大的成就。古代哲人强调知过即改，是诚实的一种表现。《孟子·滕文公下》载有一则寓言：有一个人每天都偷邻居家的鸡，有人劝告他说："这不是有道德者的行为。"那人回答说："那么，我打算减少一些，一个月只偷一只鸡，等到明年，然后停止偷鸡。"这则寓言说明，如果已经知道这样做是不道德的，就应立即改正，何必等到明年！所以，人对于过错应该"随善如风之迅，改过如雷之烈"。一定要与过错一刀两断，彻底改正。

苏东坡与王安石私交甚厚，经常在一起切磋诗词。有一次，苏东坡去王安石家拜访，恰逢王安石不在家，苏东坡见书桌上有一首未完成的诗，只有两句："昨夜西风过园林，吹落黄花满地金"。苏东坡看后，心中好笑，认为菊花怎能像春天里的花一样，在一夜之间落得满地花瓣？于是，他续上"秋花不比春花落，说与诗人仔细吟"以讥讽王安石。王安石回到家看到续诗，心想："真是少见多怪"！后来，苏东坡被贬到湖北黄州当团练副使。有一晚，一阵秋风过后，第二天院内菊花被刮得满地金黄。此时，苏东坡深愧自己妄自续诗，见识短浅。回到京城后，他即当面向王安石认错。王安石称赞说："知错能改，是难能可贵的啊！"从此以后，苏东坡十分谦虚谨慎，写下了许多脍炙人口的名篇佳作。一个人的人生不可能是完美的，不可能是一个错误都不犯的！以上这则故事说明，即使像苏东坡这样聪明的人也会犯错误。只要"知错能改"，就是一种令人钦佩的君子风范。

3. 重诺守信

《左传·僖公十四年》中讲到："弃信背邻，患孰恤之。无信患作，失援必斃。"意思是说，若自己丧失信用，背弃邻国，遇到祸患有谁会同情自己。失去了信用，一旦祸患发生，没有人来支援自己，就必定会灭亡。由此可见，重诺守信是十分重要的。履行诺言，说到做到，言而有信，是诚实守信的基本要求。重诺守信就是讲话算数，即按照自己许诺的话，去实践、去行动，并把事情实实在在地做好，实现诺言。大凡事业有成就之人，人格品德具有魅力之人，都是人品诚实、恪守信用之人，都是说话算数、办事可靠之人。每个人都要有这样的信念，只要说过的话，只要答应过的事，不论大小，都要想方设法、尽责尽力去兑现，做到“言必信，行必果”。这就是重诺守信。

“尾生抱柱”又称“柱下期信”，是一则古人重诺言、讲诚信的故事。典出《庄子·盗跖》：“尾生与女子期于梁下，女子不来，水至不去，抱梁柱而死。”古代有一名青年名叫尾生，与一女子相爱，情深意切。一日，两人相约在某桥下相会。后来，恰遇泛潮，江水上涨，那女子还没有到来。尾生却始终坚守诺言，死守在桥下，抱着桥柱不放，最后被江水淹没而死。后人常以“尾生抱柱”或“柱下期信”作为守信的代词。

历史上中国人守信不渝的事例不胜枚举。战国时期，像荆轲那样的刺客，几乎一生都生活在对他人的许诺之中。慎诺、重诺，这是不少古人毕生遵照执行的生命逻辑。而那些背信弃义的人，历代都是被人作为人伦不耻的最大罪恶，千古遗臭，万人唾骂。

4. 诚信待人

先哲们认为诚信是人的修身之本,也是一切事业得以成功的保证。《河南程氏遗书·卷二十五》云：“学者不可以不诚，不诚无以为善，不诚无以为君子。修学不以诚，则学杂；为事不以诚，则事败；自谋不以诚，则是欺其心而自弃其忠；与人不以诚，则是丧其德而增人之怨。”说明“诚”对于做人、做事的重要。

“童叟无欺”的故事熏陶感染着一代代人。

宋就以诚感人：宋就曾在梁、楚交界处当县令，梁、楚边亭四周都种瓜。由于梁亭人勤劳，所以瓜长得很好；而楚亭人懒惰，所以瓜长得不好。于是，楚亭人心生嫉妒和恼恨，在深夜践踏和扯断梁亭的瓜藤。梁亭人发现后，去请示县令宋就，准备报复，也去践踏楚亭瓜藤。宋就立即摇摇头说：“怎么可以这样做呢？与人结怨，是招祸的门径。人家对我们不好，我们也对人家不好，这多么狭隘呢！你们如果听我的话，就应该以诚感人，每夜派人暗中为楚亭浇瓜地，不要让他们知道。”楚亭人每天早晨到瓜地一看，知道梁亭人已把瓜地浇过了，瓜长得越来越好，楚国县令和楚王知道这件事后，深深受到宋就以德报怨的行为所感动，自觉惭愧，就以重礼对梁王表示感谢，并请求两国交好。当我们在现实生活中遇到“以怨报怨”的情况，采取“以德报怨”的态度，必将收到“以诚感人”的效果。

诚信是具有双向性的，只有自己以诚对待同事和朋友，才能得到他人以诚相报。这样，同事之间的关系更为和谐融洽，会大大提高工作效率。诸葛亮“以信制胜”的故事，说明诚信待人，以心换心，这是产生相互信任的强大内驱力。它又一次验证了中国古人的这句话：“以诚感人者，人亦以诚应。”当年诸葛亮准备进攻陇西时，长史杨仪报告说，军中现有4万人应该回家休息了。诸葛亮立即命令这些将士收拾行装，准备回乡休息。这4万多人即将启程时，魏军突然发起进攻。杨仪建议让这4万人留下，打完仗再走。诸葛亮说，用兵遣将，以信为本，得利失信，古人所惜。军情再紧，也不能失信前言。诸葛亮让大家按时启程回家，并对他们说，你们的父母如此牵挂你们，我怎么可以把你们留下呢？他的信誉深深地感动了士卒，虽几次下令，士卒都不愿意走，诸葛亮无奈之下，只得让他们参战，蜀军大获全胜。

5. 言行一致

古代哲人要求言行一致，《礼记·中庸》曰：“言顾行，行顾言。”切不可“自食其言”、“面诺背违”、“阳是阴非”、“阳奉阴违”。所以朱熹认为：“信是言行相顾之谓。”要求“口能言之，身能行之”，这才是“国宝”；如果“口言美，身行恶”，那是“国妖”，是君子所不取的。孔子也说过：“始吾于人也，听其言而信其行；今吾于人也，听其言而观其行。”意思是说，从前(孔子)对于人，只要听了他讲的话，就会相信他的行为；现在(孔子)对于人，当听了他讲的话后，还要观察他的实际行为。在这里，孔子肯定道德实践是评价诚信品格的标准。

“破镜重圆”这个千古传颂的故事证明言行一致的可贵，忠于爱情尤为可贵。相传南朝陈国将亡时，驸马徐德言估计公主可能会被人掠去，于是将一面铜镜一分为二，夫妻各持一半，作为日后见面时的凭证。并约定每逢正月十五日，就在市集上卖镜，以探听各自的消息。陈国亡后，其妻乐昌公主被杨素所占。此后，年复一年徐德言总在正月十五日到市集上卖镜。数年后终于有人在集市上叫卖半个铜镜，与徐德言所持吻合。于是徐德言在上题曰“镜与人俱去，镜归人未归。无复嫦娥影，空留明月辉。”来人将镜带给乐昌公主后，乐昌公主哭涕不止。杨素知道了大发慈悲，就让夫妻团聚了。

“季札赠剑”则可谓是古人言行一致的典范。吴国宗室季札，在出使北方大国途中，顺道访问了徐国国君。徐君非常喜欢季札的宝剑，但知它是吴国国宝，所以不好意思索要。季札心知徐君很喜欢这宝剑，想立即将它送给徐君，但由于自己仍需前往其他国家，所以需要带着这宝剑以代表吴国出使。于是，季札心中暗暗向徐君许下诺言：“当我结束这次行程后，我会再到徐国，届时定将这宝剑送给您。”后来，当季札返回徐国时，徐君已死。季札来到徐君墓前，便将宝剑挂在徐君墓旁的树上。随从连忙问道：“人都死了，还赠他宝剑干什么？”季札说：“我早在心中答应将这宝剑送给徐君，如今徐君虽已离世，但不可因此改变我的承诺，我仍要履行诺言。”季札这种重诺守信、言行一致的品格是值得称赞的，所以，司马迁在《史记》中赞道：得黄金百斤，不如得季布一诺。古人对无人知道的“心诺”尚能守信，我们今天对“言诺”或“笔诺(合同)”就更应该守信。

四、诚信与当代大学生修养

诚信是做人的基本准则，是处理个人与社会，个人与个人之间相互关系的基础道德规范，是人生的第二身份证，是对一个人是否诚实守信的证明，同时也是当代大学生全面发展的前提，是当代大学生全面发展的助推器。当代大学生是国家宝贵的人才资源，是民族的希望、祖国的未来，要肩负起全面建设小康社会和社会主义现代化建设的历史使命，就必须把诚信作为高尚的人生追求、永恒的行为品质、立身处世的根本准则。加强道德修养，养成诚信的品质，对当代大学生来说是至关重要的。当代大学生诚信品质的培养应该从以下四个方面入手。

1. 端正态度，提高认识

思想是行动的先导，人的一言一行、一举一动都是由思想来支配的。要想在自己的学习、工作和生活中做一个诚实守信的人，首先在思想观念上就应深刻认识诚实守信这一品格对于一个人来说是多么重要。春秋时，子贡向孔子求教治国的方法，孔子告诉他："足食、足兵、足信。"子贡问：如果三个条件去掉一个，应该去哪个？孔子说"足兵"，那么再去一个呢？孔子说"足食"，足见孔子对信的重视程度。孟子也说："诚者，天之道也；思诚者，人之道也。"司马光也说："国宝于民，民宝于信。"他们都把诚信看成做人的根本，看作最可宝贵的东西，所以，我们讲诚信品格的培养。首先在思想上一定要入心入脑，真正把它看成是比生命还重要的东西。

2. 从一点一滴做起，逐步养成品格

一个人的品格从一点一滴中来、从潜移默化中来、从不断积累中来，正所谓"不积跬步，无以至千里；不积小流，无以成江河"。在我们的日常生活与工作中，要时时恪守诚实守信的原则，不以善小而不为，不以恶小而为之，要持之以恒，坚持几年、几十年如一日，只讲诚信，不说谎话，这就是一个量的积累。如果你真正做到了坚守诚信几十年如一日，那么就会有一个质的飞跃，你就会成为毛主席说的那种"一个有道德的人，一个纯粹的人，一个脱离了低级趣味的人，一个有益于人民的人"。

3. 建立约束机制，自觉抵御诱惑

一个人诚信道德防线的崩溃往往发生在名与利的诱惑之下，有的人为了偷税漏税不惜作假账，有的人为了名誉职位不惜尔虞我诈、见利忘义，在青年学生中更有一些人为了取得文凭不惜考试舞弊，这些行为破坏了人们之间的互信，也破坏了社会的和谐。所以，作为一名当代大学生在各种诱惑面前要构筑好诚信的道德防线，建立起坚守诚信的自我约束机制，真正把诚实守信作为自己的座右铭，时时警醒自己，把它作为一条铁的纪律来规范自己、约束自己，坚决杜绝在金钱与地位面前不择手段、弄虚作假的行为。

4. 人人坚守诚信，形成良好风气

俗话说，一枝独秀不是春，百花齐放春满园。一棵树不是森林，千万棵树汇成茫茫林海。社会是由无数个个体的人组成的，在这茫茫人海之中，如果只有几个人道德高尚，追求诚信，那它代表不了这个社会的整体素质。在大学的校园中，如果人人都能深刻理解诚信的重要，人人都身体力行，诚实守信，那么，我们这个校园就会形成一种良好的风气。如果我们这个社会也都人人尊崇诚信，事事处处讲究诚信，那么，我们这个社会也就形成了一个良好的氛围，和谐社会的建立也就水到渠成了。

第八章　敬业奉献

敬业奉献是中华民族几千年来形成的传统美德。敬业就是对所从事的事业敬重热爱，忠心耿耿，全心全意；奉献就是为了事业不辞辛苦，勇担重责，勇于拼搏，为之献身。敬业是奉献的前提和基础，尽责是敬业最具体、最集中的体现。敬业奉献离不开人们的职业活动。《史记·货殖列传》“《周书》曰：‘农不出则乏其食，工不出则乏其事，商不出则三宝绝，虞不出则财匮少’，财匮少而泽不辟矣。此四者，民所衣食之原也”。正是人们在自己的职业岗位上勤奋工作，默默奉献，才创造了社会的物质财富和精神财富。

敬业奉献就是要求人们把职业当做自己的事业兢兢业业地为之奋斗，终身不懈。因此，敬业奉献，表现了人们的高度的社会责任感和历史使命感，是人们在职业活动中的高尚品德。敬业奉献是传统职业道德的基本原则。我国古代职业道德源远流长，内容丰富，它大致成熟于春秋战国时期。当时由于社会分工的深化和不同职业的相应区分，为职业道德的创立奠定了社会基础。在春秋战国之际的百家争鸣时期，儒、墨、道、法等不同学派，都思考过职业道德问题，其中尤以儒家学者倡导的“敬业乐业”、“尽职尽责”、“诚实守信”、“礼貌待人”、“办事公道”观念等，最引人注目，值得我们认真总结，大力发掘。

在中国传统道德中，职业道德的资源非常丰富，对某些不同职业的人有不同的要求。为人治病的医生，除了医术精湛，还必须具备高尚的医德。治病救人，不论贫富贵贱，亲疏美丑，要求一视同仁。军事家被要求精忠报国，身先士卒，舍生忘死，“进不求名，退不避罪”。史官被要求除了才学兼备外，还要“不虚美，不隐恶，善以劝世，恶以示后，所以暴露成败，明彰是非”，为维护史之真实，不惜生命。官德更是传统道德的中心议题，除了仁、义、礼、智、信、勇、耻、廉等抽象的范畴外，还有刚直不阿、忠言直谏、奉理循法、谨身帅先、任人唯贤、不徇私情、鞠躬尽瘁、清正廉洁等具体规范。知识分子就要宣传圣王之道，为社会培养人才，即所谓“传道、授业、解惑”；商人就要做到买卖公平，诚信无欺，货真价实，童叟无欺。否则，如果不能各自遵循其道德，就难以维护社会的正常秩序和安定。这些道德规范，在今天都有重要的借鉴意义。

一、儒家的敬业观

敬业是传统职业道德的基本原则，也是中华民族的传统美德。敬业是一种职业态度，也是职业道德的崇高表现。

敬，本义是指恭敬谨慎。“敬”者恭敬也。敬的范围约分为敬人与敬事。敬人，就是礼貌待人，所谓“敬人者，人恒敬之”；敬事，就是做事专心致志，敬谨将事，毫不怠忽。

“业”是什么？我们现在理解的“业”是指行业、职业、专业、事业，是我们的衣食之源、立身之本，也是实现人生价值的平台。

所谓敬业，就是敬重自己的工作，将工作当成自己的事，其具体表现为忠于职守、尽职尽责、认真负责、一丝不苟、一心一意、任劳任怨、精益求精、善始善终等职业道德。敬业爱岗是儒家伦理道德的理性积淀。早在春秋时期，孔子就提出“敬事而信”，后来《礼记·学记》更明确地提出了“敬业乐群”一语。其所谓“敬事”、“敬业”，均指的是聚精会神、全心全意地做好自己的工作。北宋程颐曰：“所谓敬者，主之一谓敬；所谓一者，无适(心不外向)之谓一。”可见，敬是指一种思想专一、不涣散的精神状态。南宋朱熹进一步指出：“敬者何？不怠慢、不放荡之谓也。”又曰：“敬字工夫，即是圣门第一义，无事时，敬在里面；有事时，敬在事上，有事无事，吾之敬未尝间断。”这里的“敬事”、“敬业”，都是指在工作中要聚精会神、全心全意。这种“不怠慢、不放荡”、“未尝间断”的职业态度和敬业精神，是职业人做好本职工作所应具备的起码的思想品格。

从业人员踏上岗位后，碰到的第一个问题，就是对职业抱什么态度的问题。为了教育从业人员端正对待职业的态度，就必须引导他们去追求职业的社会价值，这就需要大力提倡敬业奉献精神。儒家认为敬业奉献的实践程度一般可以分为敬业、乐业、勤业、精业等层次。

1. 敬业

敬业，从古至今，被许多有志之士视为人生的圭臬。他们带着智慧，带着敬业精神站在时代的浪尖。思接千载，儒家先哲告诫我们一生要始终勤奋、刻苦，为事业尽心尽力，曰："执事敬、思事敬，修己以敬。"敬，就是这样一种思想专一、行为负责的精神。敬原是儒家哲学的一个基本范畴。孔子曾多次谈到"敬"，《论语》所讲的"敬事而信"，就是要求以恭敬谨慎、严肃认真的态度对待工作，要诚实守信，而不能弄虚作假，敷衍塞责。孔子还说过"君子敬而无失"、"执事敬"、"事思敬"(《论语·季氏》)、"谨而信"等话，也都是指对待工作要严肃恭谨，尽职尽责，勤勤恳恳，而不能玩忽职守，懈怠散漫。孔子主张："不在其位，不谋其政。"曾子也说："君子思不出其位。"都是要人们专心致志，心无旁骛，把思虑用在自己的本职工作上。孔子曾借"南人"的话告诫说："人而无恒，不可以作巫医。"他认为如果没有一定的敬业精神和勤奋专一的态度，是连巫医都做不了的。孔子把不勤奋工作，而是患得患失，只关心自己的职位和利益的人称为"鄙夫"。他说："鄙夫可与事君也与哉？其未得之也，患得之。既得之，患失之。苟患失之，无所不至矣。"这种"鄙夫"虽然处在一定的职位上，但不能积极勤恳地对待工作，而只是为了自己的职位和利益而算计，甚至无所不用其极，为了谋取个人的职位而不择手段，这样的人是不能与其共事的。孔子认为，人应当在其位，谋其政，忠于职守，勤恳工作。子张"问政"时，孔子回答说："居之无倦，行之以忠。"即在一定的职位上不能疲倦懈怠，对待本职工作要有忠心。子路"问政"时，孔子除了回答"先之劳之"外，还补充说："无倦。"即为政者不但要身先士卒，在工作中走在大家的前头，还要勤勤恳恳，克己奉公。《论语·颜渊》载齐景公问政于孔子，孔子回答："君君、臣臣、父父、子子。"即君要做好君的工作，臣要做好臣的工作，为父者要承担为父的责任，为子者要尽为子的义务。孟子也说："欲为君，尽君道；欲为臣，尽臣道。二者皆法尧舜而已矣。”(《孟子·离娄上》)这也就是要求人们认清各自的社会角色，在各自的岗位上，努力干好自己的本职工作。

尽职尽责是敬业的基本要求，因而也是职业道德的首要准则。职业不仅是谋生的手段，它还是人们作为特定的社会成员所承担的社会责任。努力做好本职工作，是每个社会成员应尽的道德义务。在现实生活中，每个人都从事着特定的职业。古人强调，不要把职业活动看成是做事，而要把它当做是“成业”。“有事无业，事则不经”。一个人是否有作为不在于他做什么，而在于它是否尽心尽力地把所做的事做好。“成业者系于所为，不系所籍”。因此，我们民族历来崇尚脚踏实地的朴实作风，贬斥那种“大事不得，小事不为”的浮华习气，干一行，爱一行，干好一行。正是无数代人朴实无华的默默奉献，创建了中华民族的千秋大业。

2. 乐业

敬业总是和乐业联系在一起的。乐业是敬业的前提，敬业是乐业情感的进一步升华，是对职业责任、职业荣誉的进一步深刻理解和认识。一个不乐业的人很难做到敬业，一个不敬业的人，很难说是真正的乐业。所以，每个人要真正做到敬业，必须从乐业做起。敬业源于乐业，敬业先需乐业。

乐业，出自《礼记》的“敬业乐群”和《老子》的“安其居乐其业”这两句话。儒家关于乐业的论述，集中体现在现代新儒梁启超对上海中华职业学校学生的一次演讲中。梁启超主张乐业即是趣味，就是指“干一行，爱一行”。只有乐业，人才能从职业工作中得到精神享受。孔子有句名言：“知之者不如好知者，好知者不如乐知者。”人生能从自己职业中领略出趣味，生活才有价值和意义。孔子因材施教，“诲人不倦”，出贤人七十有二，功名赫赫，为我国最早的教育大家，受之无愧。孔子的再传弟子孟子也仿而效之，以“得天下英才而教育之”谓为一乐，广收门徒，做起“人师”。“人之患，在好为人师。”一语道破天机。

然而，为人师者未必乐事。尽管孔子“危邦不入，乱邦不居。天下有道则见，无道则隐”。仍然难逃劫难。入于宋国，遭人追杀，如

“丧家之犬”；困于陈、蔡，险些命归黄泉。但孔子泰然处之，自得其乐。孔子携弟子周游列国，满腹经纶，却一生清贫，两袖清风：“饭蔬食，饮水，曲肱而枕之。”倒也“乐亦在其中矣。”就是孔子最为得意的门生颜回也是一介穷书生，“一箪食，一瓢饮，在陋巷，人不堪其忧，回也不改其乐。”博得孔子啧啧称赞“贤哉，回也。”孔子自述生平时道：“其为人也，发愤忘食，乐以忘忧，不知老之将至云尔。”

凡是职业都是有趣味的，只要肯继续做下去，自然会发现其中的趣味。为什么呢？第一，每一个职业要有所成就，都离不开奋斗；一步一步地向着目标奋斗，从刻苦中体会逐渐增长的快乐。第二，职业的性质，常常要和同一个职业中的人比较并进，好像比赛一般，因为获得胜利而感到快乐。第三，专心于一个职业时，会把很多游思、妄想都杜绝了，自然也就没有时间去发牢骚了。人生如果能从自己的职业中领略出趣味，那生活才真的有价值。对于职业的态度不同，有的是以热情拥抱的态度迎接职业，有的是以冷酷无聊的态度迎接职业。其结果是，前者把职业当成是亲爱的永久伴侣，从中获益；后者则只是得到烦恼，甚至是伤痛。所以，乐业对人的一生很重要。

3. 勤业

“勤”就要舍得花力气，不惜“劳其筋骨，饿其体肤”；“勤”是指勤勉奋发、尽职尽责，以求业务上更加精熟，即所谓“天道酬勤”、“勤能补拙”、“一生之计在于勤”、“业精于勤”。勤业，指对事业的追求始终保持一种积极向上、努力拼搏、坚持不懈、持之以恒的态度，就是要以“人一能之，己百之；人十能之，己千之”的百折不挠，勇往直前的拼搏精神，艰苦奋斗，自强不息。故荀子曰：“良农不为水旱不耕，良贾不为折阅不市，士君子不为贫穷怠乎道。”

勤业是儒家敬业思想提倡的重要内容。在儒家经典中，一再强调勤业对于个人事业成功的重要性。《周易·易经》指出“君子以自强不息”，《论语》认为“学而不厌”、“死而后已”等。长期以来，儒家的这种勤业观念，形成了中国人做事中的一种潜意识行为准则，中国人以格言、警句等形式诠释这种勤业观念，如“笨鸟先飞早入林”、

“少壮不努力，老大徒伤悲”、“一年之计在于春，一生之计在于勤”等。这种勤业观念激励着一代代中国人成就自己的事业。

儒家经典学说对勤勉敬业的圣贤作了由衷的褒扬。如对“三过家门而不入”的大禹，《史记》载其为“禹为人敏而克勤，其德不违，其亲可仁，其言可信；声为律，身为度，称以出，伟伟穆穆，为纪为纲。”而《左传》更是对大禹高度赞誉：“美哉禹公，明德远矣。”魏武帝曹操则对“一沐三捉发，一饭三吐哺”的周公赞叹不已：“周公吐哺，天下归心。”而杜甫苦吟“为人性僻耽佳句，语不惊人死不休”。这体现的就是一代诗圣的敬业精神。且不论他的那份天下之志、用世之心，从他那《三吏》到《三别》，从《秋头八首》到《茅屋为秋风所破歌》……都体现了他忧国忧民、献身社稷的伟大精神。

4. 精业

“精业”一词源出韩愈《进学解》：“业精于勤荒于嬉，行成于思毁于随。”精业：精通业务，精通专业，是指精通自己所赖以安身立命的行业，也就是要做本职工作方面的行家里手，具备本行业的“看家本领”。 明代大儒吕坤倡导人们要“做第一等人，干第一等事，说第一等话，抱第一等识。”精业是人们对职业理想与职业荣誉的执著追求的高度自觉的统一。因而，是在一个更高的层次上反映出来的敬业、乐业、勤业精神。从业者在职业活动中应该力求做到“干一行、爱一行、钻一行、精一行”。《庄子·养生主》讲了个“疱丁解牛”的故事，疱丁不仅能迅速快捷地解牛，而且他在解牛过程中，动作出神入化，技术精湛绝伦。文惠王夸他好手艺，他却答道：“臣子所好，道也，进乎技矣。”对庖丁而言，他早已由技入道，将解牛的职业劳动变成了艺术创造和生命享受，以至他的解牛“莫不中音，合于桑林之舞，乃中经首之会。”真所谓“三百六十行，行行出状元”。但要真正成就一番事业，却需要付出艰苦的劳动，孜孜不倦，自强不息。一个能够在职业上成就一番事业的人，对于工作总是精益求精的。韩愈批评“有雄志而无雄才”（《后汉三贤传》），苏轼批评：“志虽大而才不副”，都是说明精业的重要。放眼古今，不难发现，从来青史留名、德被后世、奉为榜样者，无不是干一行、爱一行而且专精一行的才俊之士。如文学家为一词一字的精当而殚心竭虑，反复斟酌，为千古传颂；医学家为诊治一病、考订一药而跋山涉水、四处求师，广搜博采，令人崇敬。

唐代的贾岛是著名的苦吟派诗人。相传他为了一句诗或是诗中的一个词，不惜耗费心血、花费工夫。贾岛曾用几年时间做了一首诗。诗成之后，他热泪横流，不仅仅是高兴，也是心疼自己。有一次，贾岛骑着毛驴在长安朱雀大街上走。那时正是深秋时分，金风一吹，落叶飘飘，那景色十分迷人。贾岛一高兴，吟出一句“落叶满长安”来。但一琢磨，这是下一句，还得有个上一句才行。他就苦思冥想起来了，一边骑驴往前走，一边念念叨叨。对面有个官员(京兆尹刘栖楚)过来，不住地鸣锣开道。那锣敲得山响，贾岛愣是没听见。刘栖楚见贾岛闯了过来，非常生气。贾岛忽然来了灵感，大叫一声：“秋风生渭水。”刘栖楚吓了一跳，以为他是个疯子，叫人把他抓了起来，关了一夜。贾岛虽然吃了不少苦头，却吟成了一首诗《忆江上吴处士》：“闽国扬帆去，蟾蜍亏复圆。秋风生渭水，落叶满长安。此处聚会夕，当时雷雨寒。兰桡桡未返，消息海云端。”贾岛吃了一回亏，还是不长记性。没过多久，他又一次骑驴闯了官道。他正琢磨着一句诗，那就是“僧推月下门”。可他又觉着推不太合适，不如敲好。嘴里就推敲推敲地念叨着。不知不觉地，就骑着驴闯进了大官韩愈的仪仗队里。韩愈比刘栖楚有涵养，他问贾岛为什么乱闯。贾岛就把自己做了一首诗，但是其中一句拿不定主意是用“推”好，还是用“敲”好的事说了一遍。韩愈听了，哈哈大笑，对贾岛说：“我看还是用‘敲’好，万一门是关着的，推怎么能推开呢？再者去别人家，又是晚上，还是敲门有礼貌呀！”贾岛听了连连点头。他这回不但没受处罚，还和韩愈交上了朋友。“推敲”从此也就成了脍炙人口的常用词，用来比喻做文章或做事时，反复琢磨，反复斟酌。

总之，敬业、乐业、勤业、精业意识，是搞好一切工作的思想基础。从业人员只有具备这一品格，才能做好本职工作。敬业、乐业，是做好本职工作的前提，失去这个前提，工作绩效和职业道德都无从谈起。勤业、精业则是在敬业、乐业的基础上产生的，缺乏敬业、乐业精神就不可能有勤业、精业的观念与行为，一旦坚定了敬业、乐业精神，自然就会形成勤业、精业精神，并产生勤业、精业的行动。一个人从事某种职业，首先总是不熟悉，不精通的，要从不熟悉到熟悉、从不精通到精通，就需要作出艰苦的努力。业精于勤。首先要勤，然后才能精，勤于动手，勤于思考，就能不断积累经验，不断总结经验，并加以理性的加工，就可以成为该职业岗位上的能手、专家。

二、传统敬业奉献的职业道德规范

敬业奉献是传统职业道德的核心，也是职业道德的首要原则和基本原则，适用于各个行业。它是古今中外所有职业对各自的从业者设定的普遍性要求，它具有深厚的文化底蕴。由于不同的职业，其工作方式、生产对象、服务对象、技术要求都有所不同，因此传统职业道德针对不同职业，进一步提出了与之相应的不同的职业道德规范。考虑到其在今天的实用价值，在此仅选取了政德、师德、医德和商德等四个方面。

1. 政德

政德，即官德，就是指官员的道德。官德在社会中有示范作用，官德状况影响到全社会的道德状况，所以一般来说，对官员的道德约束是特别严格的。在中国传统道德中，官员的政治道德不仅仅是一般的职业道德，还是一种平治国家、天下的“道”。所以，传统政德不是敬业二字所能概括的。在这里主要介绍传统勤政方面的道德规范。

儒家学者历来强调“仕而优则学，学而优则仕”，要求做官执政者必须做到“在其位”、“谋其政”、“尽其职”、“负其责”、不可消极怠惰、玩忽职守、丧失责任。我们知道，周朝规定要从六个方面选拔、任用、赏罚、去取官吏。即廉善：有德行；廉能：有才能；廉敬：不懈怠；廉正：直躬职守；廉法：奉公守法；廉辨：明辨是非。儒家学者的官吏道德论，继承和发扬了这些思想，强调做官为吏者，要勤政守职，尽心尽力，认真负责，不可懈怠，消极荒政。孔子的学生子张向老师请教如何为政时，回答是：“居之无倦，行之以忠。”

在位时不要疲倦懈怠，执行政令要忠心耿耿。否则，不可以为官执政。

儒家历来注重为官勤政，忠于职守，敬业严密。在儒家学者的文论、史志等著作中，都对此作了具体的阐发、规定。欧阳修、宋祁在评论唐代官制时曾说：唐之官制，……以分职定位。……以时考核而升降之，所以任群材、治百事。其为法则精而密，其施于事则简而易行，所以然者，由职有常守，而位有常员也。方唐之盛时，其制如此。“职有常守，位有常员”，是对历代官制的高度概括，亦是历代官制的重要经验，当然是儒家学者所积极提倡的必然结果。宋濂在评论元代官制时，说：元代官制，亦是“官有常职，位有常员，其长则蒙古人为之，而汉人、南人贰焉。于是一代之制始备，百年之间，子孙有所凭籍矣。”就是说，有职有位，有位有官，有官有守，守职尽责。吕东莱在《官箴》中说：“当官之法，唯有三事：曰清，曰勤，曰慎。”兢兢业业，清清楚楚办理政务；勤勤恳恳，按章按制办好政事；慎重决策，认真处理政事。以此免使他人乘机生事，亦免得耽误政事。为官“称职在勤”，“勤于行则事治”，这便是为官之法，为官之德，亦是考核、奖惩、升降官吏的标准。《旧唐书·职官志二》规定：吏部的职责为“凡择人以四才，校功以三实。较之优劣，而定其留放，所以正权衡，明与夺，抑贪冒，进贤能。然后据其官资，量其注拟。其有历职清要，考第颇深者，得隔品授之，不然即否。”这是说，选拔、任用、考核、奖惩官吏，要以“四才”：身行、言论、文书、能力，择优选用；“三实”：德行、才用、劳效，考核实绩。从道德、才能、劳绩等方面，全面考核，权衡优劣，决定奖惩、升降、去留，从而使贤者得进，否者则去。真正有道德、有才能、有政绩的优秀官吏，要不拘一格，破格任用。具体“考课之法，有四善：一曰德义有闻，二曰清慎明著，三曰公平可称，四曰恪勤匪懈”。有才德、尽职守、有政绩者，奖之、留之、升之。否则，罚之、去之、降之。以此使各级官吏勤政守职，尽力尽责，管理好政务。这种官德政风，习以相沿，使做官为吏者相互效法。

清代曾国藩总结“修身、治人之道”为“勤、大、谦”三个字。“勤若文王之不遑；大若舜、禹之不与；谦若汉王之不胜。而‘勤、谦’二字，尤为彻始彻终，须臾不可离之道。勤所以儆惰也，谦所以儆傲也。勤能且谦，则大字在其中矣。千古之圣贤豪杰，即奸雄欲有立于世者，不外一‘勤’字；千古有道自得之士，不外一‘谦’字。”修己正身，为政治人，关键是“勤而不惰”，“谦而不傲”，“大而不与”。如此守道勤政，则会尽心竭力，管理好政务。这也是儒学官德之要务。

2. 师德

对于教师职业的神圣性，早在古代就被人们所崇仰。教师以教人为长，师严道尊决定了教师有崇高的社会地位。据史料记载，人类原始社会的先民以氏族和部落中的智者、长者为师，而我国历史上真正出现专职教师，始于春秋末期。当时官学衰退，私学勃兴，在这样的历史背景下，孔子首创私学，在中国乃到世界上第一次出现了以教为业并以此谋生的教师和教师职业。教师道德是随着人类教育活动的产生、发展而形成和延续的。长期以来，教师一直被作为具有崇高奉献精神的专业性职业，正是这种神圣职责，从而形成了献身教育、教书育人、为人师表的教师道德。徐特立老先生曾经说过，因为教师是学生的示范者、领导者，所以不能不说教师的人格，教师既是“经师”，又是“人师”。经师，是教学问的，而人师，是教行为的，也就是教学生怎样做人。显而易见，教师既要教书，传授知识；又要育人，还得言传身教，培养学生优良的人格。在长期的教育实践中，教师道德时时受到人们的关注和重视，教师的思想学识、道德风范深刻地影响着受教育者，进而对社会文明起着举足轻重的作用。在人类文明的历史长河中，人们把尊师重教与治国安邦紧密联系起来，留下了“国将兴、必贵师而重傅”的古训。孔子认为“师道立则善人多，善之本在教，教之本在师”，并指出“其身正，不令而行，其身不正，虽令不从”，“不能正其身，如正人何？”可见，教师道德比其他职业道德有着更高的水准，其行为要比其他职业有着更强的示范性，对整个社会的前途和未来将产生极其重大的作用，可以说，教师的道德是人类社会道德的代表。

在中国历史上，由于教师的特殊地位，因此对教师的道德要求甚高。中国传统师德的精华主要有以下内容：

(1)立志乐道，甘于奉献。传统师德强调积极入世，以“出世”的精神，干一番“入世”的大事业，讲究“修身”、“齐家”、“治国”、“平天下”的原则，并且，在老百姓心目中，教师是与天地君亲并举者。这就决定了教师具有强烈的社会责任感和历史使命感。所以，教师一般都具有淡泊名利、不计较个人进退、热爱本职工作、专注投入的高尚品格。

(2)严于律己，为人师表。传统师德非常重视严于律己，身体力行，为人表率的模范作用。孔子提出“躬自厚而薄责于人”（《论语·为灵公》）。董仲舒则主张教师“治我”要严，待人要宽。这样做，不仅体现了传统师德之美，而且说明教师只有成为“人之模范”，才会赢得学生的尊敬。

(3)学而不厌，博学知新。孔子说：“温故而知新，可以为师矣。”是把不断积累知识作为为师的先决条件。“学而不厌”无疑是孔子对为师者提出的基本要求。近人蔡元培先生则从正反两方面阐明了为师者刻苦钻研、勤奋不辍的必要性，“使教员之知识，本不丰富，则不特讲授之际不能详密，而学生偶有质问，不免穷于置对，启学生轻视教员之心，而教授之效为之大减。故为教员者，于其所任之教科，必详博纵贯，肆应不穷，而后能胜其任也。”

(4)乐教善教，讲究教法。传统师德认为，为师者不仅要乐教，还要善教，即强调实施教育必须要有科学合理的施教途径和方法。荀子提出为师的四个条件，实际就是教学道德，曰：“师数有四，而博习不与焉。尊严而惮，可以为师；耆艾而信，可以为师；诵说而不陵不犯，可以为师；知微而论，可以为师。”（《荀子·致士》）只有具备了上述四方面条件者方可为师。传统师德对教学之德的要求，具体说可分为因材施教、启发诱导、循序渐进等方面。这些都是当今师德建设有益的不可多得的借鉴。

3. 医德

医德，即医务人员的职业道德。自古以来，我国从医人员都非常重视医德。中国传统医德无疑是中国传统文化中最宝贵的精神财富之一，闪耀着人性与理性的光芒。它崇尚“生命至重，惟人最尊”的道德信念，尊重生命，以人为本，人道为先，是医者从业立术的最根本的思想基础；它倡导“医乃仁术、济人为本”的“仁爱”思想，同情、关爱、尊重、保护和真诚善待病人，一视同仁，爱人如己，时时处处把病人利益放在首位，是任何时候任何情况下都不能动摇的原则；它坚持“医贵乎精，仁术济世”的精术敬业精神，精勤不倦，刻苦钻研，努力提高医疗技术和业务水平，力求达到“救民济世”的终极目标；它恪守“贵义贱利，自正己德”的廉洁自律准则，不以医谋私，淡泊名利，无欲无求，始终保持高尚的情操和可贵的品格。同时，它还要求医者注意个人综合修养，敬业、谦恭、礼敬、自重、严谨、诚实、勇毅、团结同行，力求使自己成为广大群众所欢迎的真正的“苍生大医”。

传统医德归纳起来包括以下几方面的内容：

(1)为医之道，必先正己。南宋《小儿卫生总微论方》中说：“凡为医之道，必先正己，然后正物。”正己，就是堂堂正正做人，树立高尚的职业道德；正物，就是很好地掌握和运用治病的药物和技术。清代陈梦雷等编的《古今图书集成医部全录》中更明确地指出：“无恒德者，不可作医。”直到现在，众多老中医还是非常注重自己的人格和医德的。“做人要有人格，看病要有医德；贫莫贫于无才，贱莫贱于无志。缺此不可为良医。”这就是说，做一个医生不仅要具有精良的技术，而且要具备高尚的品德。

(2)精求医理，博采众长。中西医理，博大精深；古今著述，浩如烟海。“医之为道，非精不能明其理，非博不能至其约”(《医门法律·先哲格言》)。号称我国医圣的汉代医生张仲景都能“勤求古训，博采众方”；金元四大家之一的朱震亨求知于罗知悌时，整天地站在门外，风雨无阻，终于被收徒；唐代大师孙思邈直到白发暮年还手不释卷，“一事长于己者，不远千里，伏膺取决”……“六安喻氏伯仲本元本亨，究师皇岐伯之经，泄伯乐宁戚之秘，针砭治疗，应手而痊，不浃月而马大繁息。时出其余，绪以治牛，民赖以有耕者无算。壮国威而成岁功，其为裨益，岂浅鲜哉！”这些都说明，“医道精深，不可浅尝辄止，而医者责任重大，临证不可不慎”；“医学贵精，不精则害人匪细”；“医贵乎精，学贵乎博，识贵乎卓，心贵乎虚，业贵乎专，言贵乎显，法贵乎活，方贵乎纯，治贵乎巧，效贵乎捷。知乎此，则医之能事毕矣”(《医门补要·自述》)。因此，古人对医生的技术要求是很高的，必须精求医理，博采众长，“捐众贤之砂砾，掇群才之翠羽”。砂砾是淘金时应丢弃的废物；翠羽是装饰时宜挑选的精华。这就是说，向他人学习时不但要勤，而且要扬长避短，去粗取精。

(3)廉洁淳良，不唯名利。古之医生最反对“恃己所长，专心经略财物”，“竞逐荣势，企踵权豪，孜孜汲汲，唯名利是务”（《伤寒论·原序》)；而提倡“不计其功，不谋其利”。清代叶天士就被誉为“良医处世，不矜名，不计利，此其立德也”。对李春松，后人也给予了很高评价：“医道精通，妙传岐黄之术；珠囊善会，不减华扁之能。故一时之受其教者，门徒甚众；食其德者，延年弥长；宛如熙台之登。而且徒步效劳，不索谢礼；俭素成风，不食酒肉；远来近到，安居住而备饭食；彼追此寻，请医众若归集市。真乃一世罕觏之选，十全上品之列也。”（《李春松碑文》)有人在评价明代医学家陈实功时说过四句格言似的话：“不张言灾祸以伤人之心；不虚高气岸以难人之请；不多言夸严以勾人之贿；不厚求拜谢以殖己之私。”因此，不唯名利是良好医德的一个重要方面。故云：“夫医者，非仁爱之士不可托也；非聪明理达不可任也；非廉洁纯良不可信也。”今人张爱萍也有一句座右铭“勿逐名利自蒙耻，要辨伪真羞奴颜”。

(4)宽厚仁和，倾诚无忌。医术历来被称为仁术，讲究待人和善，以诚相见，急人所急。“医，仁术也。仁人君子，必笃于情；笃于情，则视人犹己，问其所苦，自无不到之处”（《医门法律·问病论》)。因此，行医看病也好，配方制药也好，必须要有良好的职业道德，讲求实事求是，“中无城府。……与人交，倾诚无所忌讳；赴人之急，不计利害”；决不能弄虚作假，唯利是图，自欺欺人。但在医药界，却总有那么一小部分人“腹无藏墨，诡言神授；目不识丁，假托秘传。此欺诈之流也”。“或巧语诳人，或甘言悦听，或强辩相欺，或危言相恐。此便佞之流也”。在这方面，以诚信闻名于世的同仁堂有两句著名堂训，即“修合虽无人见，存心自有天知”。很值得我们的某些医药人员引以自重自勉。

(5)谦虚谨慎，尊重同行。古今从医人员中，总有一些“无行之徒，专一夸己之长，形人之短。每至病家，不问疾疴，唯毁前医之过，以骇患者”这是很不道德的。作为一个医生，应当时时处处谦虚谨慎，尊重同行。古人云：愚莫过不知己短，笨莫过不识人长。明代著名外科学家陈实功在这方面就做得很好，曰：“凡乡井同道之士，不可轻侮傲慢。与人切要谦和谨慎：年尊者恭敬之；有学者师事之；骄傲者逊让之；不及者荐拔之。如此自无谤怨，信和为贵也。”孙思邈也告诫说：“为医之法，不得多语调笑，谈谑喧哗，道说是非，议论人物，炫耀声名，訾毁诸医，自矜己德。”并说，有的人“偶然治瘥一病，则昂头戴面而有自许之貌，谓天下无双。此医人之膏肓也”(《备急千金要方·大医精诚》)。

中华医学有着悠久而优秀的传统医德，她吸取了中国传统文化之精华，博大精深。古代民间医生董奉，热心为百姓医伤治病，不计报酬，凡有感谢者，则让其在山中种杏树，其美名在民众中广为传送。数年后，杏树繁茂成林，后人将医学界及其美德称之为“杏林”，许多杏林佳话在世间历代流传，“杏林美德”在传统医学界不断发扬光大，并成为行医的基本准则和道德标准。这些优秀的历史遗产，对我们今天的医德建设仍有极为重要的意义。

4. 商德

商德，即经商之道德。中国是世界商业的发祥地之一。中国人历来有经商的传统。在中华民族的优秀传统道德中，商德也是一个重要的组成部分。传统商德是中华民族五千年历史形成的美德，是祖国的瑰宝。“诚信”历来是中国商品交换的优良传统；“诚信”也是商人在经济活动中普遍奉行的商业伦理。在商业活动中把诚实守信，以诚正己，重承诺，守合约，作为商人的立人和立业之本，才能获得别人对自己的信任，维护和扩大自己的信誉。以诚待人，就能获得他人善意的回应，提高商业活动的效率。因此，传统商德强调在商业活动中必须以诚信为宗旨，把诚信视为从商的生命，《素履子·履信》中曰："可终身而守约，不可斯须而失信。"商人们在与人相交往时，总是信守"有所许诺，纤毫必偿；有所期约，时刻不易"的行为原则。传统的诚信商德主要体现在以下方面：诚信无欺，公平交易，货真价实，逐利思义，重视声誉，笃守信用，和气生财，乐善好施。在民间广为流传的一些商业俗语中，有许多也是宣传商德的，诸如"君子爱财，取之有道"、"诚交天下客，誉从信中来"、"诚信赚得字号久，谦和赢来顾客长"、"买卖不成仁义在"、"人无笑脸莫开店"等。

(1)买卖公平，诚信无欺。这是古今儒商一脉相承的传统，也是儒商能够"买卖兴隆通四海，财源茂盛达三江"的法宝。买卖公平，是商业经营的重要规范。它贯穿于整个商业活动的始终，要求经营者在买卖过程中，公买公卖，平等交易，自觉地维护消费者的利益，不允许有欺骗行为，杜绝以次充好、以假乱真、欺行霸市。《礼记·王制》曰："布帛精粗不中数，幅广狭不中量，不粥于市。"如果布帛的升缕度数达不到精布或粗布的相应等级或数量要求，其宽窄幅度不符合规定，就不能在市场上销售。要求人们在商业活动中做到价格公平合理，童叟无欺。《孟子·滕文公上》中记载曰："从许子之道，市价不贰，国中无伪；虽使五尺之童适市，莫之或欺。布帛长短同，则价相若；麻缕丝絮轻重同，则价相若；五谷多寡同，则价相若；屦大小同，则价相若。"如果顺从许子的学说，市价就不会不同，国都里就没有欺诈行为。即使让身高五尺的孩子到市集去，也没有人欺骗他。布匹和丝织品，长短相同价钱就相同；麻线和丝絮，轻重相同价钱就相同；五谷粮食，数量相同价钱就相同；鞋子，大小相同价钱就相同。这就是要求人们在从事商业活动时要做到公平合理，货真价实，童叟无欺。因为以小充大，缺斤少两还很难欺骗一般顾客，而以次充好，假冒伪劣对顾客的危害更大。买卖公平的关键在于有不欺人之心，才会有不欺人的行为。

买卖公平在商业实践中具体体现为两个方面：一是秤平提满。"秤平提满尺码足，合情合理称人心"，"称准量足，顾客盈门"，"紧打酒慢提油，不洒不漏客回头"，"顾客是杆秤，斤两自分明"，"做生意不怕顾客不来，就怕自身买卖不公平”，“缺斤少两称不足，生意门路自己堵”，这些历代关于不克扣斤两的商谚，都强调“要想生意好，称秤要量好”。量好称秤需要在出售商品前认真校对好度量衡器，不能在称量器上作手脚，少给顾客分量，占取顾客便宜，而应保证斤两不差，赢得顾客的信任，长期做好回头生意。二是货不二价。凡是有经验的经营者都深知“一货不说两样价，一店不说两样话”的道理。因为货物是质量和价格的统一体，无论何种货物都有一定的质量、型号和功能，这就决定了销售价格的确定性，而不能在经营中见风使舵，投顾客所好，把商品性能和价格说得前后不一，互相矛盾。

把诚信美德应用和渗透到古代的商业活动中，对中国传统商人产生了深刻的影响。中国古代商人有很多格言、谚语，像“货真价实”、“童叟无欺”、“买卖公平”、“以诚经商”，这些都成为古代商人经商的明理信条、基本信念。并且通过他们的实践活动铸成了中国古代优秀的商业传统。

诚信不欺是我国传统文化所倡导的商业道德的核心，是中国传统商业中的一条立世立业的原则。古代早就有“信者储也”的说法，认为只有诚信之人才是善于积聚财富的人，主张从商之人须讲诚信。战国时的思想家管子提出：“士、农、工、商”都要以“诚”、“信”为本，他说：“是故非诚贾不得食于贾，非诚工不得食于工，非诚农不得食于农，非信士不得立于朝。”也就是说，不是诚实的商业，就不要以经商谋生，其他农、工、士人也如是。北宋的哲学家周敦颐也说：“诚，五常之本，百行之源也。”诚信不欺、笃守信用是众多老字号、老品牌得以在市场上传承不衰、生生不息的奥秘所在。诚信无欺的经商之道不仅是必须遵守的商业伦理,而且是能够带来经营好处，达到促进流通、利贾利民的有效手段。借用梁启超“公德”与“私德”的区分法，中国传统商业恪守的“诚信为本”原则，既有人格信任的“私德”，也有社会秩序的“公德”，正所谓商业利润来自道德回报。商人出身的吕不韦认为，诚信无欺，取信于民是“万利之本”，商业利益取决于买卖者的数量，买货的人越多，商人获利越多。诚信的商业道德可以招来更多的买者。清代末年，广州一位商人，在充当客商代理人时，一位客商结算时多付了千余两白银。该商人发现后，立即登程追赶，将多收的白银奉还。此事传开，各地到广州来采购的商人争相雇他为代理人。特别在明清商人的商业伦理中，“诚信”和“不欺”一直是占有重要地位的行为规范。《水窗春呓》中载：“著名老店，如扬州之戴春林，苏州之孙春阳，嘉善之吴鼎盛，京城之王麻子，杭州之张小泉，皆天下所知，……然此各家得名之始，只循‘诚理’二字为之。”他们善于预测市场供求关系变化，取予合时，公平交易，薄利广销，往往比奸商获利更多。他们最主要的经营原则就是以义行商，诚信不欺。

(2)货真价实，童叟无欺。“货真价实，童叟无欺”、“言不二价，翁稚不欺”、“老不欺、少不哄”，一直是中国生意人信奉的经商秘诀和商业道德信条。所谓“货真价实”，就是销售中保证商品的质量，质价相符，定价合理。这样一视同仁地对待各种顾客，就能做到童叟无欺，使经营享有信誉。要做到“货真价实”，就需要在销售中对商品必须按质论价，残次商品要削价处理，名牌商品不得随意加价，处理商品标明“处理品”字样，标准商品不能掺杂使假、随意涨价。所谓的“童叟无欺”，是我们中华民族的优良传统。童叟无欺作为一种商业职业道德规范，要求商家在经营活动中不欺骗小孩，也不欺骗老人，买卖公平。

历史悠久的中华老字号，诚信经营的方针基本是八个字：货真价实，童叟无欺。百年老店“全聚德”、三百年不倒的“同仁堂”，就是坚持诚信理念而长久不衰的铁打样板！同仁堂的堂训是：“求珍品，品味虽贵必不敢减物力；讲堂誉，炮制虽繁必不敢省人工。”“瑞蚨祥”一直奉行百年老店的至诚至上、货真价实、言不二价、童叟无欺的“十六字方针”。现在“瑞蚨祥”已成为北京大栅栏街上的一颗璀灿的明珠。

(3)逐利思义，义以生利。在中国传统文化中，“趋利”往往和“倡义”结合在一起，表现最集中的就是“重义轻利”。孔子主张：“君子义以为上。”所谓“义”，就是道德原则；所谓“上”，就是价值。孔子认为道德是最有价值的东西，他虽赞成“趋利”，并愿把知识“待价而沽”，但是认为“放于利而行，多怨”，一个人总是以个人利益为目的而行事的话，难免招致他人的怨恨。告诫世人处世要以忠孝仁义为重。以孔子为首的儒家历来主张“廉贾经商，取利守义”，以在经商中遵守道义，诚信无欺，货真价实，称准量足。

儒家“以义为利，趋义避财”的义利观被商人运用于商业实践，用以指导他们的经商行为，形成具有中国特色的儒商精神。对于义和利的关系，中国优秀传统商德首先主张“义以生利”、“以义取利”、“见利思义”、“逐利思义”、“取之有义”、“信载义而行之为利”，而不能“见利忘义”。所谓“经商之道首重信，即以信誉赢得顾客；其次讲义，不以权术欺人，该取一分取一分，昧心黑钱坚决不挣；第三才是利，不能把利摆在首位”。以上这些，都是论述信、义、利的关系的。商业经营是利与义相统一的行为，或称之为利与义并举。而当利与义发生冲突时，不能弃义而取利，应当持义、守信而舍利。

中国古代的儒商精神，就是以义为经济活动的目的和行为的准则。有的“义商”更表现了忧国忧民，以国家社稷为重，以民生民疾为怀的道德思想境界。据《史记·货殖列传》记载，战国时期的巨商范蠡“十九年之中三致千金，再分散与贫交疏昆弟”，被称做“富好行其德者也”。又据《后汉书·马援列传》记载，西汉有一个叫卜式的富人，得知武帝将出击匈奴，他上书愿意献一半家产助边。后来他还捐资 20 万救济移民。东汉的马援，在北地牧畜致富，但他毫不吝惜财产，慷慨解囊，济危扶困，他说“凡殖货财产，贵其能施赈也。否则，守钱虏耳”。可见，中国传统商业道德不是不图谋利益，而是主张不采取违法和不道德的手段谋求利益。中国的老字号店铺，人们常称它们有一块金字招牌。它们之所以能够久负盛名，其中有个重要原因，就是注重信誉，注重商德。北京同仁堂创建于 1669 年，至今已有 338 年的历史，从创业之初就提出了“济世”、“养生”的经营宗旨，“在赚钱与济世养生这二者之间，始终把济世养生放在第一位，为济世养生而制药卖药”。“在义与利的关系上，重义在先，通过义而获利。”因此，在制药中，坚持“修合无人见，存心有天知”；“炮制虽繁必不敢省人工，品味虽贵必不敢减物力”。

(4)和气生财，乐善好施。和气生财，关键是一个“和”字。以和为贵，和气生财。在中国人传统观念里面，和谐是非常强调的一个层面。君子以和为贵，和气方能生财。“和”决不仅仅表现于能够生财，而是渗透于社会生活的方方面面。在古代先哲看来，天与地乃至天地之间的万物，原本是浑然一体的。所以，相互之间，应该和！“和为贵”、“家和万事兴”、“天时不如地利，地利不如人和”乃至“天人合一”。“和气生财”、“和气致祥”是古今商人长期信奉的格言。它指的是做生意必须广积人缘，广开财路，避免四处受敌，从而为自己创造一个良好的经商环境。为了达到这一目的，就必须做到与人为善、笑脸迎人，以小损换大益，以小忍促大成。一方面趋利避害，巧创商机；另一方面以“知足常乐”为座右铭，以“假糊涂真聪明”为基本原则，变危机为契机，从长计议，细水长流，真正开辟和气致祥的生意局面。

“和气生财”可以说是一句最古老的生意经了。把待人和气用于经商中，不仅会受到顾客的欢迎，改善商店与顾客的关系，提高商店信誉，而且可促进成交，扩大销售，增加赢利。从这角度来说，和气生财是一种不显山不露水的生意经。同质同价的商品，有的商店因待客和气，光顾者便络绎不绝，生意十分兴隆；有的商店因待客态度冷淡，结果门前冷清、顾客稀少，生意甚为萧条。有些顾客宁可舍近求远到服务态度好的商店或优秀服务员跟前去买东西，而不愿就近到服务态度不好的商店去买东西，可见和气生财在生意上的重要性。陶朱公(范蠡)深谙天时地利人和之大和之道，辅政则政兴，从商则大富，更兼“富好行其德者”，故司马迁曰：“故言富者皆称陶朱公。”陶朱公真不愧为中华第一商人，真不愧为中华代代商人顶礼膜拜的老祖宗。

三、历代英杰敬业奉献的道德情操

事业有成，敬业第一，这是千古流传的良训。中华民族上下五千年历史中，人才辈出，群星璀璨。有数不清的成功者为社会发展和历史进步作出贡献，为开创事业和造福人民建立了丰功伟绩。他们的成功各有各的原因，但具有强烈的敬业精神则是他们成功的一个共同原因。

自古以来，许多仁人志士敬业奉献的故事广为流传。大禹治水，三过家门而不入；周公辅政，“一沐三捉发，一饭三吐哺”；王猛为相，临终不忘国事；范仲淹为官，振衰除弊，政绩卓然。更留下了“春蚕到死丝方尽，蜡炬成灰泪始干”、“鞠躬尽瘁，死而后已”等许多鞭策人们敬业尽责的警语名言。尽管这些明君、贤相的所作所为带有一定的阶级局限性和历史局限性，但他们高尚的道德情操、笃功务实的作风、廉洁爱民的精神，却永远值得学习。

敬业奉献者志存高远，济世安邦。古代那些有为之士莫不是胸怀大志，不愿虚度此生，以便有所奉献。子产“苟利社稷，死生以之”治政有方；海瑞晚年罢官，闲居家中16年，但他不甘老于林壑，仍不忘时事，不仅发表自己的政治主张，还直接干预某些政治措施。72岁二度从政，报国爱民之心不减当年。胸怀报国大志，兢兢业业，恪尽职守，有功社稷，造福人民，令后人钦敬。

敬业奉献者重义轻利，无私奉献。远大的抱负，是敬业的源泉。无私的奉献，是敬业的体现。中华民族向来是重义轻利的民族，无私奉献的精神，光彩照人。西汉大将霍去病18岁时，因武艺超群被任命为侍中(负责保卫皇帝安全的官员)。他曾 6 次挂帅出征塞外，抗击匈奴，屡建战功，打通了河西走廊，保卫了西北边境的安全和“丝绸之路”的畅通无阻，被汉武帝拜为骠骑大将军。为了奖励他，武帝命人为他修了一所豪宅。霍去病却推辞说：“匈奴未灭，何以家为！”这种为国忘家的精神为后世所称颂。诸葛亮“鞠躬尽瘁，死而后已”；魏征勤劳敬业，不嗜俸禄；宋代大将军宗泽丧子而不还，坚持抗金，以国事为己任，置个人利益于度外，一心为民，一心为国，无私奉献。这些古代社会的政治家，之所以做出卓越的贡献，就是因为他们以国事天下事为己任，而把个人利益置之度外，一心为民，一心为国，无私奉献。封建公卿尚能如此尽力国事，那么今天的青年，不是更应为了人民而勇于贡献出个人的一切吗？

敬业奉献者刚正耿介，勇于负责。“心底无私天地宽”，因为他们具有远大的志向和无私奉献的精神，所以他们大抵都是刚正不阿、嫉恶如仇，为了定国安邦的大业，不计个人安危，甚至对封建皇帝也敢于触犯逆鳞。东汉“强项令”董宣，搏击豪强，除暴安良，身受弹劾，被捕入狱，被判死刑，后任洛阳令。他不畏权贵，敢于惩恶，终获“强项令”美誉。明代杨继盛忧国忧民，为民请命，忠言谏君，触怒了皇帝，多次被降职，最终被捕入狱，身遭酷刑、被关押近三年后被处死。面对死亡，他镇定自若，毫无畏惧，从容赋诗：“浩气还太虚，丹心照万古。生前未了事，留与后人补。”公道自在人心，当身戴刑具的杨继盛被押赴朝审途中，“风吹枷锁满城香，簇簇争看员外郎”，民众还是拥上街头，表达对他的敬意。明嘉靖卒，穆宗继位，不久就为他平反。杨继盛不畏强暴，视死如归的精神，是中华民族传统美德的具体表现，是他留给后人的珍贵遗产。海瑞，一生刚正不阿，不避权贵，犯颜直谏，两袖清风，人称“海青天”……他们所表现出来的不怕死的精神，代代传颂、家喻户晓。还有的在任职期间，恪尽职守，勇于负责。如张释之严格执法，卜天漳开仓济民，周人龙虽已迁官，仍亲率百姓冒雨救灾。他们这种勇于负责的精神，时至今日仍令人感奋，不愧为中华民族的好儿男。

敬业奉献者不屈不挠，顽强拼搏。从事任何事业都不可能是一帆风顺的，能在任何情况下都敬业尽责，没有顽强的毅力，没有百折不挠的决心是做不到的。许多仁人志士的事迹给我们以启迪。司马迁忍辱负重，毕生倾心于《史记》的著述；东汉儒家学者，中国著名经学家郑玄，约三十七岁时，“以山东无足问者”，就西入关中，通过马融的学生卢植介绍，师事著名的古文经学家马融。据说，马融平素娇贵，郑玄在其门下，“三年不得见”，只能听高业弟子传授。但是，郑玄“日夜寻诵，未尝怠倦”，将马融的学问都学到家了。一次，马融召集高业弟子“考论图纬”，涉及到某些天文历算问题，“闻(郑)玄善算”，就召他到楼堂上一起讨论，郑玄就几个问题提出了质疑，亲聆老师的解释，“问毕辞归。”这时，郑玄已过不惑之年。马融喟然对门人说：“郑生今去，吾道东矣。”其实，郑玄意识到自已的学问已超过马融了，便辞归家乡。返回山东，家境依旧贫寒，客耕东莱(今山东黄县东南)，学徒相随达数百人。由于“党锢”事件的牵连，便隐修经业，杜门不出，长达十四年。汉灵帝末，“党锢”解禁，大将军何进执政，想重新起用郑玄。郑玄年已六十，婉言谢绝，宁愿从事教学与著述，往后的十多年里，郑玄勤奋著述，凡百余万言。郑玄在经学史上的地位，范晔为其列传时作了这样的评论：“括囊大典，网罗众家”，其业绩无疑是经学史上一座丰碑。明代的地理学家、旅行家、文学家徐霞客，幼年好学，博览群书，尤钟情于地经图志。少年即立下了“大丈夫当朝碧海而暮苍梧”的旅行大志。他本来聪明过人，但他不应科举，不入仕途，不畏艰险，曾三次遇盗，数次绝粮，仍勇往直前。他三十多年如一日，游历于人迹罕至的穷乡僻壤之中，进行地理考察。他不避风雨，不怕虎狼，不计程期，长年累月跋涉于崇山峻岭、川流峡谷之间，身单力孤，多次陷于绝境，几乎丢掉性命，但从不放弃，终以《游记》传世。这些学者从另一个角度体现了中华民族敬业奉献，奋勇拼搏，无畏献身的优良品格。

敬业奉献者刻苦钻研、精益求精。古代的伯乐相马、庖丁解牛等，都说明了功夫不负有心人，只要刻苦钻研、勤学苦练就能达到技艺精湛的地步。我国著名的科学家祖冲之从小就是个勤奋好学的人。长大后，祖冲之有许多发明和创造。他编制了历法《大明历》，改进了“指南车”、“千里船”，看到人们推磨很辛苦，他还发明了利用水为动力的“水锥磨”，是个了不起的发明家。但是，他最伟大的成就是他对于圆周率的计算。秦汉以前，人们以“径一周三”作为圆周率，这就是“古率”。后来发现古率误差太大，圆周率应是“圆径一而周三有余”，不过究竟余多少，意见不一。直到三国时期，刘徽提出了计算圆周率的科学方法——割圆术，用圆内接正多边形的周长来逼近圆周长。刘徽计算到圆内接 96 边形，求得 $\pi=3.14$，并指出，内接正多边形的边数越多，所求得的 π 值越精确。祖冲之在前人成就的基础上，经过刻苦钻研，反复演算，求出 π 在 3.1415926 与 3.1415927 之间。这一成果使我们国家对圆的计算领先于世界达一千年左右，被国外同行称为“祖率”。祖冲之能够取得这一伟大成就的原因，就是他一生勤奋好学，刻苦钻研，勤于实践。

李时珍是我国古代杰出的科学家之一。他在医药学方面的巨大贡献，近四百年来，一直为国内外人士所称颂。他的名著《本草纲目》，不仅是一部总结我国明以前药物学知识和经验的巨著，而且也是一部具备了初期植物形态分类学内容的伟大著作。李时珍出身于世家，祖父和父亲都是热心替人诊治疾病的医生。李时珍受到父亲的影响，从小对医药学就产生了浓厚的兴趣。考举人落第后，立志学医。由于李时珍刻苦钻研医理，用心吸取前人经验，并且善于发挥自己的创造性，加上对患者的高度责任心，所以仅几年时间就声誉卓著，成为名医。李时珍在行医过程中，发现以往的本草书中存在着不少错误、重复或遗漏，深感这将关系到病家的健康和生命，于是决心重新编著一部新的本草专书。31 岁那年，他就开始酝酿，为了“穷搜博采”，读了大量参考书，“长耽嗜典籍，若啖蔗饴”，有人赞他“读书十年，不出户庭，博学无所弗觐”。他不但读了八百余种上万卷医书，而且看过不少历史、地理和文学名著，遍读了敦煌的经史巨著，仔细钻研过几个古代伟大诗人的全集，还摘录了大量有关医药学的诗句。这些诗句给了他许多真实有用的医药学知识，帮助他纠正了前人在医药学上的许多谬误。但李时珍认识到，“读万卷书”固然需要，“行万里路”更不可少。于是，他既“搜罗百氏”，又“采访四方”，深入实际进行调查。李时珍穿上草鞋，背起药筐，在徒弟庞宪、儿子建元的伴随下，远涉深山旷野，遍访名医宿儒，搜求民间验方，观察和收集药物标本，“远穷僻壤之产，险探山麓之华”。经过 27 年的辛勤努力，以唐慎微《经史证类备要本草》为基础，进行大量的整理、补充，并加进自己的发现和见解，经过三次大的修改，至公元 1578 年他 60 岁时，终于编著完成一部内容丰富、论述广泛、影响深远的 52 卷医药学巨著——《本草纲目》。

《战国策》和《史记》的《扁鹊传》中，记载了很多扁鹊治病的生动事例。他行医到了虢国，正碰上虢国忙忙碌碌地准备给太子办丧事。扁鹊问了情况后，判断太子是患了尸厥病，即休克，人还有可能救活，于是坚决要求进宫诊视。经过针灸、按摩和灌药，虢国太子竟然真的坐了起来。这事很快传遍各地，扁鹊走到哪里，哪里就有人说：

“他就是使死人复活的医生！”扁鹊听了，谦逊地笑着说：“我哪里能使死人生还呢，太子患的是‘尸厥’病，本来就没有死，我只不过是使他苏醒过来罢了。”以后，人们常用“起死回生”这个词来形容医生的高超技艺。

我国历史上不断涌现出众多的灿若北斗的大思想家、教育家、军事家、科学家，还有更多的如银河繁星般的能工巧匠，李春、毕升、黄道婆就是他们当中的杰出代表。“三百六十行，行行出状元”这句谚语也不知流传多少年，反正是家喻户晓、妇孺皆知。这句话不知激励了各行各业中多少个朴实无华的敬业尽责者最终成为了千古流芳的能工巧匠。“卖油翁倒油”、“王叔远微雕”、“柳敬亭说书”、“郭橐驼种树”等至今仍被世人津津乐道。具有敬业精神，即使在普通领域中也能创造出奇迹。北京天桥杂耍艺人的绝活就是对敬业精神的最好诠释。他们那些身怀绝技的卖艺者，他们为了苦练基本功，真可谓是“冬练三九，夏练三伏”；表演时，一丝不苟，全神贯注，即使极细微的一招一式也都毫不含糊。殷殷敬业之心，令人肃然起敬。

随着时代的前进和中国历史的变迁，敬业奉献这一美德在革命实践中被发扬光大，并赋予了新的含义。中国共产党人把在中国实现社会主义和共产主义作为最伟大的事业。不论是在艰苦卓绝的战争年代，还是在蒸蒸日上的建设时期，不论是革命先辈，还是人民公仆，工人、农民、教师、战士……每一个共产党员、共青团员，每一个把建设繁荣强盛社会主义祖国当做自己事业的公民都在自己的岗位上勤勤恳恳，兢兢业业，尽职尽责地为这一伟大的事业添砖加瓦，贡献着自己的一分光、一分热，甚至为之献出自己的生命。张思德、焦裕禄、蒋筑英、罗健夫……他们就是我们今天敬业奉献的典范。

四、敬业美德与当代大学生爱岗敬业精神的培养

随着现代社会分工发展和专业程度的增强，各条战线、各行各业都面临新的挑战，竞争日趋激烈。整个社会对从业人员职业观念、职业态度、职业技能、职业纪律和职业作风的要求越来越高。作一个称

职的劳动者，必须遵循职业道德。而敬业尽责则是职业道德的基础和核心，是社会主义职业道德提倡的首要规范。无数实践证明，高度的敬业精神是成功者共有的品质，是现代社会竞争取胜的重要条件，也是当代青年走向成才之路的必要准备。当代大学生有的刚刚走上工作岗位，有的即将走上工作岗位，在人生职业生涯的这个关键阶段，培养良好的敬业精神是十分必要的。

敬业奉献的传统美德，对于我们当今的职业道德建设，仍具有不可忽视的现实价值。今天，在改革开放、建立和发展社会主义市场经济的过程中，职业道德受到了一定程度的冲击，各行各业都有职业道德受到指责的现象。如医生见死不救，或收取“红包”，对病人区别看待；教师向学生索要钱物；学者剽窃他人学术成果；记者搞有偿新闻；商业活动中存在的坑蒙拐骗、制假售假；部分干部中存在的玩忽职守、收受贿赂、贪污腐化、以权谋私、欺上瞒下、吹牛拍马等行为。一个时代的青年身上总是能反映出这个时代的某些特征。不可否认，当今社会职业道德“滑坡”现象是客观存在的，大学生群体的职业道德现状也令人堪忧。青年人充满激情，踌躇满志。大学生有远大理想，憧憬着干大事业，这值得肯定和鼓励。但有些人也往往好高骛远，眼高手低，一旦工作岗位不理想或不喜欢，就怨天尤人，或对工作敷衍了事，或这山看着那山高，频繁跳槽。在敬业精神方面，相当一部分人渴望成功，轻视敬业，不少青年敬业奉献意识普遍弱化，而非常强调奉献与索取成正比，并将二者置于同等位置，带有明显的功利主义倾向。如何培养当代大学生的敬业精神，在当前就显得尤为迫切。因此，认真研究和吸取儒家职业道德思想中的积极因素，高扬儒家的敬业精神，从儒家敬业思想中吸取营养，真正在提高自己的业务能力上下工夫，坚持在业务工作中做到“精勤不倦”、“精益求精”。这对于推进社会主义事业的发展和实现主体的人生价值，尤其是当代大学生的人生价值，都有十分重要的现实意义。

当代大学生培养敬业精神，关键是培养三种意识：爱业意识、乐业意识、勤业精业意识。有了这三种意识，就能自觉树立起敬业尽责的人生追求。

1. 培养爱业意识——认同职业社会地位

俗语云："三百六十行，行行出状元。"社会需要的任何职业都是为人们提供发挥聪明才智的领域,都能被人们做出令人瞩目的成就。人们如何看待自己所从事的职业和岗位,是否认同职业所联系的"责、权、利"，是否认同和追求岗位的社会价值，是能否培养敬业精神的基础。如果没有认同，就不会有尊重和忠实于职业的敬业精神；而认同的方面不同，也会产生不同的敬业态度。因此，要从职业认同培养爱业意识入手，培养敬业精神。

在宋代的时候，有个叫叶元清的人被点为状元，叶元清骑着高头大马，得意洋洋地在街上走着。来到一个路口时，只见一个樵夫不避不让，照旧往前走，衙役们高喊让道，樵夫才停在路口说："新科状元有什么了不起！如果我小时候能够上学，现在也是一个状元！"叶元清闻言大怒，喝道："山村匹夫，如此不自量力！还是老老实实砍你的柴去吧。"樵夫不以为然地说："天下学问多的是，就说砍柴吧，我想怎么砍就怎么砍，你能吗？"状元不信，樵夫拿过一块方木，在上面画了一条线，举起斧头往下一劈，正巧沿线劈开了木头这时，又走过来一个卖油翁，嚷着说："这有什么了不起，如果我是樵夫，我也能这样！"叶元清一听，就说："好！我买你一斤九两油，但得用手倒。"卖油翁哈哈大笑，拿出一个小瓶，又在瓶口放了一个铜钱，拿起油桶便倒。只见油如同一根线一样落入钱眼中，称一称，一点不差。状元看了两人的表演，叹了口气说："三百六十行，行行出状元啊！"在今天，这句谚语已是家喻户晓、妇孺皆知。

人们常言，工作没有贵贱之分，差别仅仅是岗位不同而已。全国优秀厨师罗文用实际行动践行了这一常理。虽然他的工作岗位极为平凡普通，但是他的成就却印证了"三百六十行，行行出状元"的说法。他向世人宣告，要想获得别人的尊重，首先要尊重自己的职业。罗文，1967 年 11 月出生于大冶市汪仁镇，1985 年从事烹饪工作，曾获"中华金厨奖"、"全国优秀厨师"、"全国餐饮业科技创新奖"、"黄石市五一劳动奖章"等荣誉称号。1984 年是罗文难以忘怀的一年，那年他以优异的成绩考取了大冶一中，但 由于家境贫困，让他的读书梦在大冶一中戛然而止。现实虽然残酷了些，但是他还是必须得去认真面对。于是，他开始了自己的厨师生涯。在舅舅的帮助下，他去大冶东风饭店学习了三年的厨师。那三年对于渴望读书的他来说，是边学边哭的三年，在理想与现实中，他常常做梦在读书。随着时间的推移，自己逐渐成熟了许多，他明白了现实是不可改变的，他下定决心：要做就做一个合格的厨师。他开始全身心地投入到厨师这门行业当中，认真刻苦地学习厨艺。1994年，他在外闯荡回到家乡大冶后，在娱乐大世界主厨，凭“香酥猪脚”一鸣惊人，从此奠定了他在大冶饮食界的地位。

2. 培养乐业意识——确立职业目标理想

职业理想是人们对职业劳动和职业生活所寄予的向往。大体而言，人们所持的与职业劳动和职业生活相关的向往有这样三个方面的内容，即维持生活、发展个性和承担社会义务。人们通过职业追求什么样的目标和理想，选择什么样的社会价值和自我价值，是敬业精神的进一步表现。一个人在职业岗位上能否做到敬业而安心，取决于他追求什么，能否从中找到人生的意义和乐趣。如果一个人只把谋生致富当做职业追求，那么，他在职业中只不过是一个“挣钱机器”，而不会有更多的人生价值和乐趣。敬业乐业的更高境界，在于把职业作为自己理想和追求的寄托，全身心地投入，在职业活动中发展、完善自己，实现自己的价值，为社会做出更大的贡献。

树立起富有时代精神、健康向上的人生理想和高尚的立业动机，并把它落实到为人民服务的职业岗位上，是确立乐业意识的思想保证。它的前提在于个人与社会之间的根本利益的一致、个人发展与社会发展的相互依赖、人的自我价值与社会价值的统一，而不是它们的分离和对立。无数事实告诉我们，确立远大的人生理想和立业动机是培养敬业精神的基础和前提。理想和动机是敬业的前提，敬业是工作的风帆，要想将来有所作为，就必须树立远大理想，确立高尚的立业动机。古往今来，凡是有所作为的志士仁人，都是在远大理想和高尚的立业动机驱动下，最终走向成功的。宋代史学家司马光，为了让世人以史为镜、明兴衰得失，决心编撰《资治通鉴》。这种高尚的立业动机使他废寝忘食，敬业不倦。他用圆木做了个枕头，取名“警枕”，睡觉时只要稍微一支，枕头就会翻滚，惊醒的司马光便起床挥笔著书。全书几百万字，全是司马光一丝不苟地用遒劲古雅的楷书写成，前后历时19年，终著成辉煌巨著。

当代“活雷锋”徐虎是一个掏马桶、捅管道的水电维修工，在1985至1995年的10个春秋中，把7 400个小时的业余时间，无私奉献给了千家万户的普通居民，被人们誉之为替群众解决困难的“及时雨”、带来光明的“夜明珠”。徐虎的感人之处就在于他不只是8小时内抢着干，而且是8小时外仍然拼命干。尤其是他在自己服务社区的不同地段挂上“夜间水电急修特约报修箱”后，每天晚上7点，人们总是见到他骑着自行车，带着工具包，奔向“报修箱”，然后按报修的纸条，挨家挨户上门修理，并从不收取用户一分钱。他不论是星期日还是节假日，都从不间断。徐虎的义务维修之举，受到了广大居民的热情称赞，许多人深有感触地说：“徐虎这是把困难留给自己，把方便送给了居民。”个人要寻找发挥才智、创造人生价值的天地，就要重视从人民的利益和需要出发，重视社会的现实条件，并把它变成自己的需要和条件。社会的全面繁荣的发展，最终也是个人自由全面发展的保证，因而个人为此付出一定的代价是值得的。在职业活动中，只有诚实的劳动和创造，才是人生光荣境界的标志；敢于面对职业上的困难与挑战，并能够战胜它、超越它，也是发现和创造人生价值的成功与乐趣所在。

3. 培养勤业精业意识——追求职业价值

职业有多方面的价值。对于社会，它不仅有实现各种职能、创造效益的价值，也有组织社会结构、稳定社会秩序等价值。对于个人，它既有谋生的价值，又有学习和锻炼的价值；既有服务和贡献社会的价值，也有实现人生塑造的自我价值。总之，职业的价值不是单一的。但是，无论追求什么样的价值，都只能以实现职业的职能和效益为前提。只有职业本身的存在和发展有保证，才能为实现更多的价值提供保证。而职业本身的存在和发展，要依靠职业成员的勤业精业；职业成员的本职工作做得越好，其他追求的实现也越有机会和条件。所以，培养勤业精业意识相当重要而又非常必要。所谓“勤能补拙，业精于勤”，“一年之计在于春，一生之计在于勤”等，无非想让人知道创业中勤奋的重要性。“天才出于勤奋”，勤奋可以弥补天资的不足，而天资却永远无法弥补懒惰的缺陷。一个天资不足的人，只要勤奋，勇于实践，敢于探索，就能滴水穿石，为社会做出贡献。勤奋是创业者必须具备的品质。不同职业的人，勤的具体内容与要求也各有侧重。对于生产者、劳动者来说，是要求勤于生产劳动。工农生产者是社会物质财富的直接创造者，他们的勤惰直接关系到社会物质财富的多寡。勤对于执政、从政者来说，是要求“在位尽其职”，勤于国事、天下事。

精业意识就是在工作上要有精益求精，奋发向上的精神。古人崇尚“苟日新，日日新，又日新”的日新之德。《河南和氏遗书》中有云：“日新者日进也，不日新者，必日退，未有不进不退者。”“日新”就是坚持每日的进取，积少成多。一个人要使自己的职业技能达到很高的水平，绝不能凭借一时的冲动，更不能好高骛远。学习任何一门知识或技能，一曝十寒，三天打鱼两天晒网都不可能有很大的收获。精益求精是与职业活动相始终的过程，要想获得高精的专业技能，把工作做得尽善尽美，就需要人们在职业活动中循序渐进、持之以恒。时代在发展，事业在不断进步，对待生活和事业，都必须昂扬向上，紧追时代的步伐，才能把本职工作做好，如果停留在原地，消极对待工作，则终将被时代和事业的发展所淘汰。

勤业、精业与通过职业实现人生价值两者相辅相成。勤业是实现职业最基本价值的保证；精业是实现职业最高效益的价值追求。越是懂得什么是人生的价值，怎样才能实现人生价值的人，就越能自觉地勤业精业。因此，培养敬业精神，必须培养勤业精业意识，即自觉追求职业价值。

第九章　尚中贵和

“尚中贵和”的中和思想是中华传统文化中的核心和精髓。它虽然不是儒家的独创，但儒家在其中一直居于主流和先导地位。发端于《论语》、《中庸》的中和思想经过历代诸儒的阐发，构成了涵盖世界观、人生观、价值观、认识论、道德论的完整哲学思想体系，集中反映了中华民族的精神特质，反映了人类的生存智慧。

《礼记·中庸》称之为“天下之大本”、“天下之达道”。孔子则认为，“中庸之为德也，其至矣乎”。在儒家伦理思想中，“中和”、“中庸”、“中道”这些概念，有多种不同的理解和诠释，在不同的场合也从不同意义上的使用。对这些概念理解上的分歧至今仍然存在。在这里，我们主要是取其道德意义，要求人们为人立身要正，处事要坚守正道，力避过与不及的偏激行为，使人际关系保持一种正义与和谐状态，以利社会发展。

“尚中贵和”不仅是中国传统文化中极其重要的思想观念，而且也培育了中华民族的群体心态。正是因为千年来中国人对“尚中贵和”思想的认同和追求，才形成了中国人仁爱温良、平和宽大的品格，崇尚团结、热爱和平的价值取向。才使得中国人十分注重和谐局面的实现和保持。做事不走极端，着力维护集体利益，求大同存小异，成了人们普遍的思维原则，并逐步形成了一种比较稳定的社会心理和民族文化传统。当前，在我国构建社会主义和谐社会的进程中，对“尚中贵和”思想进行历史考察，辩证分析其利弊得失，对于我们提高对社会主义和谐社会的认识和增强构建社会主义和谐社会的信心，无疑是有益的。

一、尚中贵和思想的历史渊源及内涵

主张“尚中贵和”，是中华民族优秀的民族精神，它突出的是“中和”二字。何谓“中和”？“中和”包括“中”与“和”两个方面。下面分别加以说明。

1. “中”的涵义

所谓“中”，指的是适中、中正。从“中”字起源上，通常认为：“中之一字，本义为射之命中”。也就是说，中是人们对射箭“中”的认识派生，应为狩猎经济见长的部族观念，它是夷殷所形成。因而，理学家程颐在为“中”下定义时，就做出“不偏之谓中”的解释，反映了“中”即“正”的含义。而“正”有“不偏”之意，即不左不右，不上不下，恰到好处，无过而无不及。《说文解字》对“中”的解释有二：一曰“内也”，即人之本性情感藏之于内心中，尚未显露，无偏无倚；二曰“正也”，即无过不及之义，恰到好处。尚中观念历史悠久，早在甲骨文，金文中就已有中字。《易经》云：“中行，无咎。”意为处中而行，足以免咎(即：免除灾难)；《周易·益卦·象传》提出“中正有庆”，意为做到了“中正”，就会有喜庆的结局；《礼记·乐记》强调“中正无邪”，意为做到了“中正”，就不会有邪恶出现。这都表达了崇尚中道的基本观念。孔子在继承与发挥殷周时期“尚中”观念的基础上，第一次把中与庸结合起来，并上升到哲学思想和伦理学说的高度，正式提出了中庸这一概念。即“中庸之为德也，甚至矣乎！民鲜久矣”（《论语·雍也》）。

何谓中庸，概言之，中庸本义就是用中之意，即要求人们的一切言行都要合乎中的原则。其主要含义有三：一是中道；二是适中；三是时中。可见，中庸思想的核心是一个中字。其一，中道，又称中礼。它指的是中庸是一种伦理道德和君子人格。孔子提倡“过犹不及”。《论语·先进》载：“子贡问：‘师与商也孰贤？’子曰：‘师也过，商也不及。’曰：‘然则师愈与。’子曰：‘过犹不及。’”意思是说，过分与欠缺同样不好。师徒的这段对话，几千年来一直被看作是孔子主张中道的最典型的对话。其实，中道的准则作为一种道德范畴和哲学思想，则由来久远。据传，尧传位于舜时，已有“人心惟危，道心惟微，惟精惟一，允执厥中”十六字诀的传授。这十六字诀的道理是：人类心情易于变动，很难持平；宇宙自然法则极其微妙，很难把握；面对变幻的人心，微妙的自然，只有用精密的方法了解事理和物理的真相，用一贯的态度洞察宇宙和人生的全体。这一贯的态度就是不偏不倚，以中道为准则来立身处世。孟子也主张“君子引而不发，跃如也；中道而立，能者从之。”荀子要求“君子宽而不慢，廉而不刿，辩而不争，察而不激，直立而不胜，坚强而不暴，柔从而不流。”此一中道精神，博大精深，义理恢宏，其运用在自然地域上，便成为博厚广大的中国；运用在历史文物上，便成为悠久无疆的中华；运用在待人接物上，便成为不偏不倚的中庸；运用在立身处世上，便成为进退有节的时中；运用在修养身心上，便成为参天化育的中和。其二，适中，它指的是中庸是一种待人处世坚持适中合度的原则。《中庸》提出“执两用中”。即“执其两端，用其中于民”。也就是研究和把握可能产生的过与不及两种极端，引以为戒，找出避免陷于其弊的适度办法。朱熹释中为“无过不及”，“不偏不倚”。《中庸·章句》曰：“中者，不偏不倚，无过无不及之名。”朱熹对中最为精彩的解释是“恰到好处”。《朱子·语类》载：“中者，未动时恰好处，时中者，已动者恰好处。”他还把这种恰到好处上升到辩证法高度，认为：“凡物皆有两端，如大小厚薄之类，于类之中又执其两端，而量度以取中，然后用之。”这就是说，人在处理事情时理应执其两端，量度以取中，用中，使其恰到好处，如给人钱，“若与之二百则过，与之五十则少，只是百钱便恰好。”其三，时中，它指的是中庸是一个追求随时随地以处中的动态概念。时中这一概念，最早见于《周易》，《蒙卦·象》云：“《蒙》，‘亨’，以亨行，时中也。”这里的“以亨行时中”，就是强调人的行为要随时而求中。比如穿皮袄，漫天飞雪的寒冬穿皮袄是时中，但骄阳似火的盛夏穿就不是了。孔子提出“无可无不可”或“权”。《论语·微子》载：“我则异于是，无可无不可。”也就是说，伯夷、柳下惠皆有所偏，我则不拘常规，不法常可，随时变通，以适应时势之变。孔子将“权”视为道德纯熟的最高阶段，《论语·子罕》中有：“可与共学，未可与适道；可与适道，未可与立；可与立，未可与权。”意谓可以与人共学而未必就可以至于道；可以学而至道而未必就可以立于礼；可以立于礼，而未必就能反常合于道。在这里，孔子提出了一个“权”字来作为中的补充。权的意思本来是指秤锤，秤锤的位置是灵活的，它根据不同的重量在秤杆上移动不同的位置，这个位置当然不会永远处于正中，但却永远应当是处在一个适当的位置上。因此，权变比共学，适道，立礼更胜一筹，与时中相近相通。孟子主张“执中有权”。指出：“子莫执中。执中为近之，执中无权，犹执一也。”(《孟子·尽心上》)从这段话中看出，孟子对“子莫执中”颇有微词。其原因就是子莫从对立的两端找出适中之变，虽近于正确，但执中也要注意通权达变。假若执中无权，而一味地死守中道，这与过、不及一样是错误的。因权变而时执一端，倒是随时之用中，这比子莫执中无权的做法更为高明。荀子提倡“与时屈信”。他说：“与时屈信，柔以若蒲苇，非摄法也；刚强猛毅，靡所不信，非骄暴也。以义变应，知当曲直故也。《诗》曰：‘左之左之，君子宜之；右之右之，君子有之。’此言君子能以义屈信变应故也。”按荀子的思想，不管是“柔以若蒲苇”，还是“刚强猛毅，靡所不信”，或柔或刚，或左或右，虽流于一偏，但从时间的全过程看，倒是符合时中原则的，因而是允许的。《中庸》强调“君子而时中”。《中庸》有这样一段话，“君子之中庸也，君子而时中；小人之反中庸也，小人而无忌惮也。”显而易见，这里所说的时中，即随时以处中。作者以君子和小人对比，就是告诉人们要不拘常规，在不同的时空条件下，应灵活对待，随时变通以合于中道。朱熹认为“中无定体，随时而在。”《中庸·章句》曰：“中无定体，随时而在，是乃平常之理也。”正因为“中无定体”，所以切不可死守一途；正因为“随时而在”，所以人们观察事物和处理事情也要随时变化。

在《论语》和《孟子》中，有许多孔、孟论述时中、权变的话语和生动事例。例如：在谈论孔子因材施教的教育方法中，有这样一段话：孔子从学生的实际出发进行教育，他在回答不同学生同样的问题时，不是千篇一律，而是根据学生的特点讲出不同的答案。子路问：“听到一个道理就马上实行吗？”孔子说：“有父兄在，怎能立刻就去实行？”冉求也问：“听到一个道理就马上实行吗？”孔子回答道：“对，马上实行。”公西华听后糊涂了，跑去问老师，为什么对同一问题而答复却相反。孔子说："冉求向来行动迟缓，所以我推他一下；仲由(子路)向来胆大好胜，所以我向后拉他一下。"因材施教的方法表现了孔子灵活、生动、因时而变的思想方法。又如《孟子·离娄上》记载这样一个故事：齐国贤人淳于髡问孟子："男女之间不亲手交接东西，这是礼的规定吗？"孟子说："是礼制规定的。"淳于髡说："如果嫂嫂掉在水中，那可以用手去救她上岸吗？"孟子说："嫂嫂掉在水中不去援救，那简直是豺狼一样呀。男女之间授受不亲，是礼的规定；然而嫂嫂溺水，援之以手，这是一种权变的方法。"可见，待人处事都要权其轻重，有灵活的变通。

需要指出的是，中庸并非折衷调和，不得罪人，八面玲珑，而是有原则的。据《论语·子路》记载，子贡问："乡人皆好之，何如？"孔子说："未可也。"子贡又问："乡人皆恶之，何如？"孔子回答道："未可也。不如乡人之善者好之，其不善者恶之。"意思是说，乡人"皆好之"或"皆恶之"，都"未可"。不如好人喜欢他，坏人讨厌他，四面讨好，八面玲珑，不讲原则，恰恰是首倡中庸思想的孔子所痛恨的。他把这种好好先生称之为乡愿，并斥责道："乡愿，德之贼也。"同时，中庸是有标准的。《中庸》载："道之不行也，我知之矣，知者过之，愚者不及也，道之不明也，我知之矣；贤者过之，不肖者不及也。"即过与不及，都是因为偏离道而造成的。《礼记·仲尼燕居》云："礼乎礼！夫礼，所以制中也。"可见，中庸的基本标准就是道和礼。中庸也决不是平庸。的确，中庸往往是介于两极之间，其效果看上去通常是很平常的，也许在有些人看来是卑之，无甚高论，只是平平淡淡、普普通通。不如极端的言行和主张那样，或使人热血沸腾，慷慨激昂；或令人触目惊心，毛骨惊然。特别意义的中庸是一种很高的道德境界，而普通意义的中庸只是一般、平常、普通的意思。但是在平凡中体现出伟大，在平常普通中见出高明。

2. "和"的涵义

所谓和，指的是和谐、协调之义。《说文解字》释为二义：一曰"相应也"，即唱和之和，最初来自音乐，如别人唱歌你来打拍子，正好和上。二曰"调也"，即多种不同的事物、成分、因素，按照一定的规则和关系和谐地组合在一起。贵和意思源远流长，早在西周末年，周太史伯就得出了“夫和实生物，同则不继”的著名论断。春秋末年，齐国的晏婴也表示对“和”的重视。到孔子那里，对“和”的重视更变成了一种重要的原则：“礼之用，和为贵。先王之道，斯为美；大小由之。有所不行，知和而和，不以礼节之，亦不可行也。”孔子以后，中国的思想家几乎都重视“贵和”的思想传统。

中华民族素以“贵和”著称，几千年来已成为我们这个多民族大家庭的精神纽带。《尚书·尧典》云：“克明俊德，以亲九族；九族既睦，平章百姓；百姓昭明，协和万邦，黎民于变时雍。”意思是说尧发扬才智美德，使九族亲睦，百姓和顺，万邦协调，是后世效法的榜样。《左传·桓公十一年》云：“师克在和，不在众。”认为能否打胜仗的决定因素不在于兵之多寡,而取决于全军上下能否同心协力。《黄帝内经》提出：“阴阳和，万物生”；民间所谓“和气生财”、“家和万事兴”、“国和民气旺”等，都表达了“贵和”的基本观念。孔子强调“君子和而不同，小人同而不和”，以及“和为贵”的观念。孟子更明确主张“天时不如地利，地利不如人和”，把人和作为处事和成就大业最理想的观环境来追求。荀子认为，一个群体，贵在“和齐”。《礼记》强调，应通过各种人际关系的和谐以“致天下之和”。

重和谐既是中华民族的悠久的优良传统，也是中国传统道德的重要规范之一。它包含着自然的和谐、人与自然的和谐、人与人的和谐以及民族的和谐四层意思。

首先，自然的和谐。中国古代的思想家们把自然一般称为天或天地，并看成是一和谐的整体。孔子说：“天何言哉，四时行焉，百物生焉，天何言哉!”(《论语·阳货》)意味天地的运行是自然而然的。《周易》提出，在阴阳变化中体现了宇宙运行的规律，自然的运行是在元、亨、利、贞循环往复中进行着。元是自然界万物的初始、兴起、亨指万物的通达、茂盛；利即万物的成熟、获得；贞意谓万物的贞固、收藏。以植物的生命为例，春天萌生，夏天长茂，秋天成熟，冬天收藏。这展示了植物的自然的、有条理的生命运动规律。不仅植物的生命历程是如此，而且整个宇宙的生命历程也是依次而运行。它充分表现出了自然界万物生长的和谐与统一。

其次，人与自然的和谐，亦称天人关系的和谐。中国的古代哲人主张“天人合一”。《易经》有句名言，叫做“天行健，君子以自强不息；地势坤，君子以厚德载物”。意思是说，天道是永远不停地运动变化着的，有道德的人始终都应该自觉地奋发向上，永不松懈；地道是柔顺的，有道德的人始终都应该自觉地待人宽容，待物宽容。这句话告诉我们，人与自然是一个和谐的整体，人应该体现天的特点。这一观点的基础正是“天人合一”的思想。孔子认为：“人能弘道，非道弘人。”（《论语·卫灵公》)在他看来，人的努力可以使天道发扬光大，而天道并不能使人高尚完善。天道要由人道来体现，人的作用就是要使人道完完全全地体现天道，以实现人与自然的和谐。孟子把天和人的心性联系起来，他说：“尽其心者，知其性也。知其性，则知天也。”意思是说，充分觉悟、发掘、扩展人的本心，就能认识自己的本性，进而把握天的本质。即以人性为中介将天和人沟通和统一起来。无疑，这里暗含着一个理论前提：天与人在本质上具有内在的共同性、统一性。庄子也说：“天地与我并生，而万物与我为一。”(《庄子·齐物论》)“天人合一”最成熟的理论形态是宋明时期。《河南程氏遗书》说“人与天地一物也”。“仁者以天地万物为一体”，“仁者浑然与物同体”。由于理学各派对天的理解各异，所以，其理论又有程朱的天人合一于理与陆王的心便是天的天人合一之别。不过，宋明理学在讲天人合一的同时，却又鼓吹“存天理，灭人欲”的说教，反而扼制了人的正常的生命发展和生活的幸福，使他们的“天人合一”思想的积极性大打折扣。

中国古代哲人根据“天人合一”的观念，要求以和善、友爱的态度对待自然万物，善待鸟、兽、草、木，提出了丰富的保护自然资源的思想。孔子提出“钓而不纲，弋不射宿”，主张只用鱼竿钓鱼，不用大网拦河捕鱼，并反对射猎夜宿之鸟。很显然，他反对人类的滥捕滥猎，破坏生态平衡的。史书上记载的“网开三面”、“里革断罟”等典故也体现了古人善待自然万物的生态伦理思想。

再次，人与人的和谐。中国传统道德提倡“和而不同”。孔子说：

“君子和而不同，小人同而不和。”在他看来，人与人之间可以有矛盾、有意见，但能够在一定的道德原则和规范之下达到统一与和谐，而反对那种没有任何差别的雷同。可以说，“和而不同”的实质乃是强调矛盾的统一和均衡，强调通过事物之度的把握，以获得人际关系的和谐。与和相对的概念是同。所谓同，就是同一、单一，没有任何的差别。《左传·昭公二十年》载：齐景公问：“和与同异乎？”晏婴回答：“和好比做汤，要在水里放上酱、醋、盐、梅等各种作料，与鱼、肉一起烹，每一样东西的分量都要合适，少了加一点，多了去一点，这样才能做出美味的汤来。如果只是一锅水，又不断加水，那就还是一锅水。而做不成汤，谁喜欢喝呢？”在这生动的比喻里，前者是和，是对不同的事物进行协调，利用事物之间的差异和特性进行相互补充，以充分发挥不同事物结合的整体功用；后者是同，是相同事物的排比，不可能产生相互补充的整体效应。

在人际关系上，和并不是无原则的调和，而是“和而不同”。“和”不是提倡做息事宁人的和事佬，也不是生硬的排斥，而是吸纳和包容了对立面的成分而达到总体上的和谐。提倡“和而不同”，就如交响乐团的指挥要将几十种乐器有机地协调起来，步调一致，互相配合，才能奏出动听的和弦。“和而不同”，不是否认矛盾，恰恰是要承认矛盾，正确对待矛盾。《左传·昭公二十年》有言：“君所谓可，而有否焉，臣献其否，以成其可；君所谓否，而有可焉，臣献其可，以去其否，是以政平而不干，民心无争。”通俗地说，就是要通过不同意见的互相争论、互相补充来达到正确的认识，既不是不允许不同意见存在，也不是鹦鹉学舌，随声附和。

最后，民族的和谐。中国古代的思想大师们在民族关系上，主张平等待人，和谐共处，即“协和万邦”。“协和万邦”是中国道德文化的贵和传统之一。据有关考证，距今六七千年前后，中华大地就已经逐渐繁荣起来。而自上古至春秋时代，一些区域人口已相当密集，许多文献都谈到“诸侯万国”，“天下万邦”。那么，古代中国人是怎样解决民族矛盾、协调民族关系的呢？《尚书·尧典》云：“克明俊德，以亲九族；九族既睦，平章百姓；百姓昭平，协和万邦，黎民于变时雍。”可见，尧的德行之大者，在于能“协和万邦”，这是中国传统道德贵和思想中的民族和谐的具体表现。《周易·乾卦》说：“首出庶物，万国咸宁。”即主张万邦团结，和睦共处。孔子提出“四海之内皆兄弟”，又说：“远人不服，则修文德以来之，既来之则安之。”主张以文德感化外邦，反对轻率地诉诸武力。孟子提出“仁者无敌”，主张“以德服人”，提倡王道，反对霸道。王道与霸道相反，霸道是以武力做后盾，处理国内和国际关系；王道则是利用和平的手段，通过在国际间建立相互间的信任关系来扩大自己的影响。

“协和万邦”不仅体现着古代先贤的道德理念，而且也是一种民族精神，并促进着民族的融合和“大一统”国家的建立。翻开中国的先秦史，由上古的天下万邦，到春秋时代的数十诸侯国，再到战国七雄，最后由秦统一天下。统一是中华民族的历史趋势，也是炎黄子孙的共同心愿。在中国历史上，每当中华民族处于存亡的生死关头，人心所向总是维护统一，反对分裂。在这方面，贵和的道德规范无疑起过积极的作用。可以说，中国的民族和谐的历史在世界史上堪称典型。

中国古代先哲既“尚中”，亦“贵和”。《周易》提出“中正有庆”、《礼记》强调“中正无邪”，表达了尚中的基本观念。史伯倡导“和实生物，同则不继”。孔子认为“君子和而不同，小人同而不和”，民间流传的“和气生财”、“家和万事兴”、“国和民气旺”等，都表达了“贵和”的基本观念。“中”与“和”结合起来，称之为“中和”观。所谓“中和”，简言之，即是将不同因素或对立的两端适当配合，使事物合乎法度准则，即符合“中”的标准，达到最佳与和谐状态。《中庸》曰：“中也者，天下之大本也；和也者，天下之达道也。致中和，天地位焉，万物育焉。”即是说，“中”是天地万物之根本，“和”为天地万物所共同遵守之道；若能推及“中和”于天下，则天地万物各正其位，一切生灵因此而孕育繁衍。这都鲜明地表达了我们祖先对“中和”的理想追求。“中和”意识在我们民族早已深入人心，提倡中庸之道，强调以和为贵，主张友好相处、相互协作、共享祥和，已成为我们民族的优良传统，并在人们生财、理家、治国的实践中发挥着重要作用。

中国传统文化植根于农耕文明，表现出一种“静态”的特征，重视自然的和谐、人与自然的和谐、人与社会的和谐、人与人之间的和谐以及人自身的身心和谐等。中国传统文化以和为贵的和合精神最为典型地体现在“天人合一”的思想传统中。在中国古代思想家看来，天与人、天道与人道、天性与人性是相类相通的，因而达到和谐统一。在人与自然的关系中，中国文化比较重视人与自然的和谐统一，而西方文化则强调人要征服自然、改造自然。这从孔子所谓“礼之用，和为贵”到孟子所说的“天时不如地利，地利不如人和”的思想，可得到明确印证。在中国古代，中庸之道可以说是一种调节社会矛盾使之达到中和状态的一种高级哲理，其理论基点是维护矛盾的统一性以及矛盾体的平衡，防止矛盾的激化，以避免统一体之破坏与破裂。这些内容都是很有价值的。

贵和尚中的思想，作为中国文化基本精神的一个重要内容，对中国社会带来的影响也是双重的。一方面，“中和”作为道德范畴包含着丰富的辩证内容，它既是人伦之道，又是君子之德；它要求人们的喜怒哀乐之情思和欲望应保持适当的限度，行为要合乎礼义，中正不偏，和而不同，防止中心不正，情欲失和，行为偏激，背离人道。这对于消除社会中的人际矛盾，达到社会稳定和发展的目的，对于统一的多民族国家的维护，有着积极作用。另一方面，由于历史条件的限制和认识的局限性，古代有些思想家在此阐述中和思想时，不同程度地表现出无原则地调和社会矛盾和阶级矛盾的倾向，在哲学上也有唯心主义和形而上学的理解，甚至包含某种神秘色彩。它力图使对立双方达成的统一、平衡经久不渝，永远不超越“中”，这在某种程度上压抑了人们的斗争精神，导致了中华民族性格中的因循守旧，谨小慎微，缺乏如西方文化中的竞争、探险与创新精神，成为一种阻碍事物发展变化的保守思想，这对社会的发展也带来不少不利影响。

二、弘扬尚中贵和思想的时代意义

尚中贵和、崇尚中庸、追求和谐是中国传统文化的一大特色。经过长期的沉淀，尚中贵和的精神渐渐成为中华民族普遍的社会心理和中国文化各门类的共同追求：如政治上，人们重视君臣、国家、民族间的和谐，主张“克明峻德，以亲九族，九族既睦，平章百姓，百姓昭昭，协和万邦”；经济上，主张“百姓时和，事业得叙”，“不患贫只患不均”；思想方法上，主张“执其两端而用其中”，即不要过分又不要不及；个人修养上，主张“从容中道”、“文质彬彬”；艺术上，主张“乐而不淫，哀而不伤”；美学上，主张“以和为美”；戏剧文学上，“大团圆”的结局等。中和的观念世代相传，潜移默化，已经渗透到社会生活的许多方面。尚中贵和，对于现今中国，需要尤为迫切。中国正处在空前广泛而深刻的巨变之中，正在实现一场自古以来最有意义的旧质向新质的飞跃。计划经济体制正在转变为市场经济体制，农业文明将转变为工业文明，传统社会转变为现代社会。这是一个17世纪、18世纪、20世纪与21世纪并存的时代。这场变革尽管是和平的、渐进式的，但它的震荡程度仍然相当猛烈。许多旧的价值准则和运动机制正在解体并失去约束力，而新的体制和规范尚很稚弱，还不能对全社会发挥其约束功能。虽然社会发展总的方向正确主流健康，但失序、失衡、失调、失范状态也时有表现，社会不和谐的因素大量存在，有待解决。诸如：

与经济体制改革的进程相比，政治体制改革滞后，民主化、法制化水平跟不上社会发展的需要。特别是对权力的制约和监督很不得力，导致腐败现象受不到有效的遏制，使公众的政治心理、政治态度发生了不利于政治稳定的严重变化。

在经济领域，第一、二、三产业之间发展失衡；东部、中部、西部及不同省区之间发展差距拉大；不同所有制的经济成分之间起点、负担和效益反差显著，特别是事关全局的国有企业振兴艰难；财税、金融、外贸、物价、计划、投资等方面的改革不协调，有些严重滞后；城乡之间、行业之间、不同社会阶层之间，收益分配和生活水平面大相径庭，贫富悬殊倾向日渐突出，公平与效率的关系处理得不尽人意。

在意识形态和精神生活领域，文化建设与经济建设失衡，教育、科技的地位与社会总体进程不适应，精神文明与物质文明发展不同步，人的素质跟不上社会进步的要求。尤其在非规范、非成熟的市场经济冲击下，出现了相当程度的价值迷失、道德迷失和行为规范迷失，拜金主义、享乐主义、纵欲主义迅速败坏着社会风气。

社会转型时期这些失序、失衡、失调、失范现象，有些是难以避免的、有些则是人为造成的。倘若我们始终站在公正的立场，保持理智的头脑，多一点系统观和辩证法，把社会和谐作为必不可少的价值取向，在思维方式和工作方式上善于运用中国传统的“中和”原理，那么上述不和谐现象就可以大为减少,社会转型进程无疑会大大加快。尤其在构建社会主义和谐社会的今天，对传统文化中的和谐思想作一番疏理、审视，无疑具有重要的启迪和借鉴意义。

(1)尚中贵和思想有助于化解当代社会矛盾，协调各种关系，发展我国安定团结的政治局面。一个国家的综合国力，不仅包括经济力量和物质财富，也包括思想文化力量和精神道德素质；换句话说，衡量某个国家是否强大，不仅要看它的物质力量，而且要看它的精神力量。精神力量中最主要的，是这个民族的亲和力、向心力和凝聚力，即内部关系是否和谐、团结。

儒家认为，和是人与人之间良好关系的集中体现。因此，孔子的学生有若提出，应把“和为贵”作为处理人际关系的基本原则和价值目标。孔子认为，人和是事业兴衰成败的决定性因素：“天时不如地利，地利不如人和。”荀子认为，一个群体，贵在“和齐”。《礼记》强调，应通过各种人际关系的和谐以“致天下之和”。

虽然“尚中贵和”的思想及其由此反映出的价值取向，与“争于气力”的时代要求大相径庭，但是当时代风云由雷电交加转为风和日丽之后，便凸显其价值。它不仅提供了在新的社会制度下如何处理人与人之间矛盾等问题的理论依据，而且还可防止可能出身“过”与“不及”的片面性弊端，从而使新的社会制度能够长期稳定发展下去。亚洲四小龙的崛起，有多种因素，但他们积极推行儒家思想，坚持和弘扬“尚中贵和”的思想，正确处理国民内部矛盾、协调人际关系、促进全社会和谐有序发展，无疑对其经济发展起了极大促进作用。

根据中和的道德价值取向，维护社会和谐，必须尽可能防止出现过富过贫两极分化的现象。董仲舒在《春秋繁露·度制》中曰："大富则骄，大贫则忧。忧则为盗，骄则为暴。"认为大富大贫都会引起社会动乱，所以，统治者据此进行调均，使富者足以显示高贵又不至于骄傲，使贫者足以养家糊口而不至于忧愁，从而使社会和谐。由于生产力水平的限制和劳动者素质的不同，现代社会还必然有贫有富，这是正常的现象。但同时要有制约机制，抑制大富大贫的两极分化。有些国家对大富者采取高额征税，对大贫者采取社会救济，这对两极分化有一种抑制作用。在社会分配中，相对的调均是重要的原则，而调均的哲学基础就是尚中贵和思想。

中国传统道德的尚中贵和，在处理人际关系时，主张和睦相处，互谅互让。由于中华民族对中和思想的一致认同，通过传统文化的遗传因子，早已深深植根于中国人的实际生活中，成为具有中国特色的一种思维定势。人们常说办事要"掌握火候"、"把握分寸"、"审时度势"、"适可而止"这些都是传统的尚中思想在民间的通俗表达。在日常交往中，"和气"、"和谐"、"祥和"、"谦和"等话语俯首拾来，随处可闻，"和为贵"、"和气生财"、"和以处众"、"和衷共济"、"内和外顺"更是传统的贵和道德留给人们的劝世良言。可见，尚中贵和在人与人之间影响之广泛和深刻。

古往今来，我国流传许多乐群贵和的故事。如将相和、娄师德荐才、李世民不计前嫌等。现实生活中，人与人之间发生矛盾冲突是常见的，被人误会、妒嫉的情况也时有发生。刘少奇说：世界上完全不被别人误会的是没有的，而误会迟早都是可以弄清楚的。我们应该警惕、检点自己的思想行动。如果每个人都能"以责人之心责己，以恕己之心恕人"，就能化干戈为玉帛，化分裂为团结，化矛盾为和谐。"人和万事兴"，团结加强，力量集中，事业就能兴旺发达。

冯友兰先生在《中国哲学中之民主思想》一文中讲："法律，道德的规律和组织等的目的，都是为了一个适当的限度，这个适当的限度就是'中'……'和'的意思是'不同'的'协和'。一个'和'的团体，必须在这团体里面的各分子都处在他的适当地位，各分子的欲望都满足而彼此间没有冲突。为了如此，这团体中的各分子，都必须按照中的原则去做。”一个有修养的人在处理其与他人、与社会的关系时，都应当恪守中道，应当和睦相处。

当然，尚中贵和的思想既要人我和谐，又要“和而不同”。这就是说，一个人应当与他人和睦相处，同时又保持自己的独立性。这是孔子对当时君子提出的道德规范，也是现代社会所推崇的人格，还是一种令人向往的人生境界。美国心理学家马斯洛认为，人既能够与他人和睦相处融入社会群体之中，受到别人的尊重，又具有超然独立的要求，不受他人影响；既是个体化的，又是社会化的。联系到目前人们的生存状况，这种和而不同的人格就难能可贵了。现代社会给人们带来了越来越多的自由空间，但现代人似乎越来越丧失个性。网络使人们的交往四通八达，同时也使越来越多的网虫不分昼夜地将自己封闭于斗室之中。古人的生活方式虽然与现在不同，但人我和谐、和而不同的论述却值得我们深思和借鉴。

(2)尚中贵和思想有助于家庭和睦、社会和谐，有助于促进现代社会的文明进步。儒家的目标，是建立一个和谐有序的理想社会，而家庭作为构成社会的原初基本单位，是整个社会和谐稳定的基础。中华民族是一个家庭观念浓重的民族。儒家从人的发展角度，认为和睦幸福的家庭是人获得发展、事业取得成功的必备条件。“父义、母慈、兄友、弟共、子孝，内平外成”。常言道：人和关系睦，家和万事兴，即是此义。儒家从家庭在社会中的作用的角度，认为家庭是社会的缩影，家庭每个人各安其位，各负其责，相互补充，紧密配合，才能形成一个和谐有序的社会，家庭和睦是社会稳定和进步的基础。在家庭中做到“父慈子孝，兄爱弟敬”，实现家庭和谐；然后是“尊尊”、“亲亲”，“以亲九族”，实现六亲和睦；同时在与周围人的关系上，要“和长幼”，和邻里，“和乡射”，和朋友，和师生，实现人我和谐；儒家的这一思想，几千年来得到了广大民众的普遍认同，并在实践中又不断得以丰富和发展。

家庭要达到和谐的状态和境界，最根本的途径就在于其成员就必须各尽自己的道德义务。比如父子之间要达到和，为父者就要做到慈，为子者就要做到孝。慈父和孝子之间，一定是和谐的。兄弟之间、夫妻之间莫不如此。反之，“父子不和，其世破亡；兄弟不和，不能久同；夫妻不和，家室大凶”。同时，家庭成员在尽各自的道德义务时，还必须尚中，过和不及均不可取。要求家庭成员行为不偏激，中正准确，恰到好处。为父者当慈，慈过则是溺爱，不及慈则为乏爱。无论是溺爱，还是乏爱，都会影响子女健全的道德品质的形成，从而最终会影响父子之间的和谐关系。

儒家重视家庭建设、促进家庭和谐的思想不仅在历史上起了积极作用，而且对于现代的伦理道德建设和社会的安定进步，亦有着巨大的社会价值和现实意义。不可否认，现代产业社会、现代科学技术给人类带来了高度的物质文明，但随之而来的人际疏离、亲情冷漠等非人性化、非伦理化的问题也十分突出。仅就婚姻家庭问题而言，由于许多人强调绝对的个人自由和个性解放，出现了越来越多的单身家庭、单亲家庭、未婚同居家庭、同性恋家庭。由这些所导致的老人失养、子女失教、人们精神失所、犯罪率上升、社会秩序混乱等一系列社会问题，已不局限于西方发达国家，而成了国际性的不幸和病态。我们这个东方伦理大国也受到了这些问题的前所未有的挑战。因此，提倡“中和”之道，要求每个家庭成员力求言语要和气，态度要和蔼，举止要谦和，以重建家庭伦理规范，重构家庭道德价值体系。目的就在于求得家庭和睦、社会和谐，使社会秩序稳定，以促进现代社会的正常发展。

(3)尚中贵和思想有助于搞好国际交往，实现不同国家之间的和平共处。和平与发展是当今世界的主题。和平与发展既离不开人际关系的和谐、社会的和谐，也离不开人与自然的和谐，更离不开世界的和谐。小至个人、家庭，大至一个国家、一个民族，乃至整个世界的发展，都是同样的道理。从某种角度上讲，尚中贵和应当成为当今世界最低限度的共识。也就是说，中和思想的价值在今天不仅没有过时，而且具有现代和后现代的意义，以及全世界的普遍价值。正如英国历史学家汤因比在《谁将继承西方在世界的主导地位》一文中所说：“人类已经掌握了可以毁灭自己的高度技术文明手段，同时又处于极端对立的政治，意识形态的营垒，最重要的精神就是中国文明的精髓——

和谐。”“中国如果不能取代西方人类的主导，整个人类的前途是可悲的。”

的确，20世纪是一个对抗、战争、冷战交织的世纪，是一个剧烈动荡的世纪，而中国道德文化的协和万邦思想正是与这种形势相反，提倡的是和谐、仁爱、秩序。今天充满战争与冷战气氛的年代已经过去，代之而起的21世纪将是人类所期望的充满和谐、稳定、发展的新世纪。世界的和平与发展离不开每个国家的统一、繁荣与稳定。儒家尚中求和及“定于一”的思想，给中国人民提供了深厚的民族思想文化基础，同时，对世界文明的发展作出了巨大贡献。随着社会物质生产的发展和人们生活节奏的不断加快，如何树立科学发展观，正确处理人类与自然、科学与人文、现实与长远的关系，如何努力构建和谐社会，积极推进家庭和谐、群体和谐、地区和谐、社会和谐等，日益成为备受关注的时代话题。所有这些，都可以从儒家的中和论中找到哲学、思想、文化根源。

面对新世纪，世界已经进入了一个多极化时代，国家和民族不论大小、强弱，都应该和平共处，求同存异，不允许霸权主义和强权政治。国家之间和平共处的五项原则是新中国成立后50年代周恩来总理在万隆会议上提出来的，现已成为处理国际关系的通行的重要原则。而这一原则能不说是中华民族中和思想的一种体现和中道原则这一智慧的充分发扬。

以儒家中和思想为核心的中华文化是一种真诚的和平文化。中为本、和为贵的价值取向，造就了中华民族“协和万邦”、“里仁为美”的博大胸怀与忠恕心理。协和万邦可以在现实中具体化为和平共处、和立和达、兼相和爱。所谓和平共处，是指以“地球村意识”和“太空船意识”为基础，用宽容、温和的态度对待他人和世界。主张彼此之间相互尊重、和平共处。所谓和立和达，就是以开放的、宽容的胸怀接纳、保护和协助他者，让他者按照适合自己的生存方式、发展模式生存发展，以达到共同发达。所谓兼相和爱，也就是说，人对于他人、他国都要像爱自己的人、自己的国一样去爱，推而广之，对于自然、社会和世界，也要像爱人一样去爱。因此，和平共处、和立和达、兼相和爱，是中国和谐发展所必须，也是世界和谐发展所应遵循的基本原则。当前，和平与发展仍是时代的主题，但地区冲突不断，民族矛盾频发，霸权主义与恐怖主义猖獗。在这种情况下，大力倡导儒家中和思想，对于进一步增强世界各国人民的和平共处观念，深刻认识霸权主义与恐怖主义的危害，树立坚定维护世界和平的信心，具有重要的现实意义。

(4)尚中贵和思想有助于推进人与自然的和谐相处。如何正确认识和处理人与自然的关系，决定着人类的生存与发展，关系着人类社会的前途和命运。因此，它理所当然地成为人类思考的永恒主题，也是文明和谐的永恒主题。特别是在科学技术突飞猛进、工商经济迅速发展、物质文明蒸蒸日上的同时，环境污染、能源枯竭、资源匮乏、生态环境等问题日渐突出的今天，人与自然的关系问题已经引起人类的普遍关注和忧虑。在重新建构保证社会持续、协调、健康发展的精神文明和生态文明过程中，发达国家和不发达国家都不约而同地把目光和注意力投向了人与自然的关系上。于是“天人合一”——这一植根于中华民族、有着数千年历史的几乎被现代人所遗忘了的古老命题，又重新被人们重视起来。

“天人合一”，在以儒家为主干的中国传统文化中一直有着非同寻常的地位。它是中国传统文化的基本精神，是以中国人为代表的东方人的综合思维模式的最高、最完整的体现。中国文化有重人伦关系和人伦之理的特点，伦理又不仅仅限于人与人的关系的范围之内，而是扩而充之，将人与整个生态环境、自然宇宙之间的关系容纳进来，强调人要与自然宇宙相和。北宋思想家张载曰：“乾称父，坤称母……民吾同胞，物吾与也。”“民胞物与”的思想充分反映了先人的自然宇宙观，人是天地间的生灵，人是大自然的朋友，甚至这种关系已经具有了拟人的意义，把自然界看成生长、养育人类的父母双亲。因此，人类要爱护自然、保护环境；人类还要效法自然，与天地合其德，以德配天，达到天人合一圆融的境界。在人与自然的关系上，儒家主张天人合一，肯定人与自然界的统一，强调人类应当认识自然，尊重自然，保护自然，而不能破坏自然，反对一味地向自然界索取，反对片面地利用自然与征服自然。

社会的可持续发展已成为世界各国迈向21世纪的行动纲领,成为我国现代化建设的一项重大战略。这是人类文明史上的一次历史性的跨越。能否把可持续发展从理论变为现实，关键在于能否正确处理人类与自然、个人与社会、今世与后代、物质文明与精神文明的关系，使之和谐化。从可持续发展所包含的基本含义中可以充分透视出，尚中贵和，是可持续发展的核心价值目标和保证。现代国学大师钱穆先生认为："中国文化过去最伟大的贡献，在于对'天'、'人'关系的研究。……之所以西方文化一衰则不易再兴，而中国文化则屡仆屡起，故能绵延数千年不断，这可说，因于中国传统文化精神，自古以来即注意到不违背天，不违背自然，且又能与天命自然融合一体……我深信中国文化对世界人类未来求生存之贡献，主要亦即在此。"德国一著名的汉学教授曾高度评价代表着儒家人文主义传统的"天人合一"思想，"是通向现代化的一种思想"，"是一个具有世界性的思想"，如果中国"真正把这一思想付诸实践"，"在迈向现代化的道路上避免西方的一些重大失误"，那么，中国"也许将是我们这个星球的希望所在"。

尚中贵和，就要倡导环境道德，保护自然环境，促进人与自然的和谐发展。随着近代工业革命的到来，科学技术突飞猛进，日新月异。当今的世界更处于科学技术高速发展的时代:从生物技术到网络技术，从试管婴儿到克隆绵羊，每一个进步都令现代人欢欣鼓舞，但当人类在工业化、现代化方面取得了巨大成功之后，却吃惊地发现，人类对于自然的盘剥。如环境的污染、生态的破坏、物种的锐减、气候的变暖、土地的沙化、水土的流失等。在对人与自然关系的认识上，有人把地球形象地比喻为全人类共同的航船，而人类则是这艘"地球号"航船上的乘客。一方面，它揭示出了人与自然环境同舟共济的关系，故保护自然环境，实质上就是保护人类自己；另一方面，它也揭示出世界各国和地区的人都是"地球号"航船上平等的乘客，故保护自然环境是每一位乘客共同的道德责任。反省自然环境之所以不断恶化，主要是由于人类只顾眼前的利益，过度地使用，以致成了自然外物眼里的地地道道的暴君。面对人类这种超越自然环境极限的行为，一些有识之士纷纷发出警告和呼吁。联合国“人类环境会议”发表了《只有一个地球》和《人类环境宣言》两个文件。联合国“环境与发展大会”，提出用人口、资源、发展、环境协调、可持续发展来代替原来的发展观。这两次国际会议的召开，成为人类环境保护史上的两座里程碑，标志着人类环境保护意识的不断提高。自然环境的保护、人与自然的和谐相处，是人类共同的问题。人类共有一个地球，一个国家或者地区的自然环境遭受污染，可能会对全球产生影响。这好比一个在海上行驶的轮船，一个船舱触礁漏水，如不解决，最终会导致整条船的沉没。因此，为了全人类的共同利益，人类必须同舟共济，高扬“天人合一”的旗帜，不仅法律上保护自然环境，而且从道德关心生态环境，从而达到万物共处，其乐融融的境界。

三、中和思想与当代大学生修养

作为儒家思想的重要内容，“尚中贵和”在两千多年的中国社会中深入人心，从而成为整个民族的情感心理原则，内化为一种基本的民族性格，在历史上产生了重要而深远的影响，其中，合理的、有生命力的内蕴在当今乃至未来仍具有重要价值。当代大学生应从历史的高度辩证认识中和思想，从中汲取生活的智慧与哲理，放远眼光，提高境界，砥砺德行，努力使自己成为一个中华民族传统思想的优秀继承者。

现实生活中，运用中和思想指导人生实践，正确把握“中”“和”的内蕴，需要做到以下几点。

(1)注重自我身心和谐。2006年8月6日，中共中央政治局常委、国务院总理温家宝到医院看望著名学者季羡林时，季先生提出了一个“内心和谐”的新概念。他说：“我们讲和谐，不仅要人与人和谐，人与自然和谐，还要人内心和谐”。“内心和谐”应该是一个人内心对欲望、名利、权力、他人、家庭、社会、祖国、自然、世事的宁静与平和。“内心和谐”对应的是心灵世界的物化的杂乱、纷争与纠缠。

用温总理的话说，“内心和谐就是主观与客观、个人与集体、个人与社会、个人与国家都要和谐。个人要能够正确对待困难、挫折、荣誉。”人的内心和谐是和谐社会的一个高层次，即精神面貌和谐、道德和谐。和谐社会，固然需要物质生活的丰富宽裕，但是，如果没有人的内心和谐，社会的和谐注定只是表面的或低级的。所以，只有公民内心和谐，才会有社会的终极和谐。内心和谐注定是公民社会公民的终极修炼和至高境界。美国宪法之父詹姆斯·麦迪逊指出：如果人都是天使，就不需要政府了，如果是天使统治人，就不需要对政府有任何外来的或内在的控制了。之所以在这里提到詹姆斯·麦迪逊对人的经典比喻，就是想说，人虽然不是天使，但人注定要向天使修炼。

要实现人的内心和谐，就要不断调整自己的心理状态，达到一种平衡、平和的境界。这实际上是哲学、心理学上的修养功夫。能做到这一点，人的心理就是健全的。而要做到这一点又非常不容易，它是建立在一个人对事、对人的充分认识、了解的基础之上，建立在人具有较高的政治觉悟和良好道德品质的基础之上，建立在进取、诚实、慎独、谦逊等美德的基础之上的心理平衡。而不是那种庸庸碌碌、不思进取、容易满足的“阿 Q”精神。比如，我们提倡人要自谦又要自信，这是建立在一个人对自己的生理、心理、性格、意志品质、各种能力以及对他人的充分的了解之上而形成的。只有这样，才能认识自己的长处与短处，才能发扬优点，改正缺点，才能学人之长、补己之短，才能避免人的自卑与自满，才能保持心理的平衡。

大学生随着主体意识的觉醒和增强，开始独立认识自我及外部社会，进入了理性认识阶段。在此社会化过程中，由于个人与社会、理想与现实的冲突，道德困惑也随之产生。这种困惑主要体现在对于价值、信念、物欲、情感的认识和理解等方面。要处理好这些问题，就必须促使个体道德由他律向自律过渡，达到他律与自律的统一。也就是把社会的道德规范内化为个体的内心准则，把道德义务升华为内心的道德责任，达到道德的自由状态，即“随心所欲不逾矩”。这就要求青年学生要有正确的自我认识能力和辩证思维方式，自我觉知、控制、调节情绪情感的变化，学会克制个人欲望，防止和抑制过激情绪的产生，保持平衡的心境和健康的精神状态。

(2)把握中道准则，做到“比中而行”。中庸是儒家提出的一条重要伦理原则和基本道德规范，它要求人们为人立身要正，处事要坚守中道。在现实社会生活中，要做到“比中而行”，就要求大学生要有开阔的心胸，不自以为是；要善于听取别人的意见，不固执己见；要择善而行，勇于改过。惟如此，行事做人才能不走极端，无“过”与“不及”的偏颇行为，当行则行，该止则止。同时，由于事物是不断发展变化的，此一时、此一事的“中”，未必是彼一时、彼一事的“中”，因此在观察、处理问题时，还要有“时中”的观念，要具备通权达变、因事制宜、灵活变通的能力。而做到这一点就应注意，首先，要整体把握事物，能够站在一个宏观的、战略的高度去观察问题、认识事物，整体把握事物的发展变化规律。这样，才能因势利导，促进或延缓矛盾双方的转化，做到灵活变通。其次，要具备发展的眼光和思维，充分认识到矛盾双方相互转化的规律，做到居安思危、未雨绸缪，才不至于陷入临渴掘井的窘迫境地。第三，要坚持原则性与灵活性的统一，做到既能统揽全局，虑事周密，又头脑灵活，善于全面冷静地观察外部环境，随着时势的变化而做出明智的反应。

(3)谦和处世，建立良好的人际关系。人际关系的和谐是一个人生存发展的良好环境。人是社会关系网中的一分子，都在扮演着自己的社会角色，都在尽着做人的权利与义务。我们几乎每时每刻都要与人打交道。早晨起床后到户外呼吸一下新鲜空气，免不了要和邻居打个招呼；上班、上学后要与同事、上下级、同学、老师一起工作、学习；下班、放学后还要与家人共享天伦之乐；每逢节假日，少不了走亲访友；出差或旅游，不知要遇到多少素不相识的路人……不同的人，有不同的需要；不同的人，有不同的心理。在人际交往中，需要我们锻炼出一套得心应手的与不同的人相处的本领。当代大学生由于年龄特点，人际交往开始变为大胆主动。但有些人由于很难把握自己在群体中的位置及个人在社会中的角色，容易形成以自我为中心的观念，最终导致人际关系的失衡。因此，青年学生要与他人和谐相处，需要学会公平竞争、消除嫉妒心理、敢于争还要乐于让、友善而宽厚地待人，在道德行为选择中，应以和为贵，树立严以律己、宽以待人、诚心守义、平等相处、助人为乐、无私奉献的精神，这样，人与人之间才能真诚相待，建立起良好的人际关系。

第十章　崇高境界

追求崇高的精神境界是中华文化的重要特点，更是中华传统道德的精华。中国传统伦理道德强调人文精神，推崇伦理价值，追求理想人格与崇高境界，以儒学为核心的华夏道德对中华国民的人格塑造曾起了重要作用，至今其精华仍在发挥着重要作用，并以新的面貌激励着当代人奋发图强，努力拼搏。以儒学为核心的中华道德立足仁学追求高尚的人格境界，“富贵不能淫，贫贱不能移，威武不能屈”是华夏民族倡导的人格境界。两千多年来，无数仁人志士把这种人格境界作为自己终身不懈的追求，并且以坚强的意志和自觉牺牲精神去实现这种理想。

儒学认为人生在世要有自强不息的奋斗精神，要有兼济苍生的远大抱负，要有厚德载物的高尚品德。孔子曾以“大水”为喻教育他的学生要追求崇高的人生境界：“遍予而无私，似德；所及者生，似仁；其流行卑下倨句皆循其理，似义；浅者流行，深者不测，似智；其赴百仞之谷不疑，似勇……蒙不清以入，鲜洁以出似善化；至量必平，似正；盈不求概，似度；其万折必东，似意。”(《说苑·杂言篇》)孔子立足仁学，把理想中的君子形象以大水的自然属性进行了生动的比喻：你看浩浩大水流经之处滋润万物，它遍予无私，就像君子宽厚仁慈的美德；它执中守节、沉污化垢，就像一个深明大义的勇士；它的浅行深藏就像君子内敛的智慧；它的赴百仞之谷不疑和万折必东就像君子具有的万难不屈的精神。应该说孔子的这段比喻形象地描绘了儒学所追求的精神境界。

一、君子人格是古代中国理想的人格境界

君子人格是古代中国追求的人格境界。人格，简而言之就是做人的规格。所谓理想人格，就是道德原则规范的结晶和道德的完美

典型，是做人的最高道德标准。就中国传统的理想人格看，以儒家所倡的“君子”人格为主体，糅合其余诸家的人格理想，形成中国传统理想人格——君子人格。儒家所塑造的理想人格都是具有高尚道德品质的典范，儒家所崇尚的理想人格是圣贤。圣贤包括两个层次的人格追求，即圣和贤。圣指圣王、圣人，是儒学理想人格的最高境界，主要是最高统治者所追求的人格目标，其典范人物是尧、舜、禹、汤、文、武、周公。孔子被其后的儒家奉为“无冕之王”，所以也被加入圣人之列。但是，圣人德无不备明哲绝伦，并能“博施于民而能济众”，这需要一定的能拯救生民的物质条件，这是一般的人所不具备的，于是儒学设计了一种相对易于达到的人格标准，这就是“贤”，“贤”即是“君子”。孔子曰：“圣人，吾不得而见之矣，得见君子者，斯可矣。”以后“君子”就成为历代志士乃至平民百姓追求的人格目标。宋代儒学大师朱熹说：“君子者，才德出众之名。”“次于圣人者也。”在中国历史的漫长发展中，“君子”长期是中国人心目中的人格典范。“君子”一词在先秦典籍中多见。《周易》提到“君子”64处，《诗经》提到99处，《孟子》提到54处，《论语》使用“君子”一词多达107次，其中除少数指身居高位的人外，绝大多数都是指道德修养较高的贤人。可见其使用频率之高，也可见此词在当时社会生活和人的精神生活中的重要。

何谓“君子”？先秦时代最初只指有地位的人，后来才逐渐向有道德的方向转化。《周易》在提到“君子”时，多次提到“王”、“大人”、“大君”，有时，指的就是“王”。孟子说：“无君子莫治野人，无野人莫养君子。”可见，“君子”是处于社会上层的统治者，《周易》等先秦儒家经典所提出的道德修养都针对统治者而言，后来才缓慢地演化为对知识分子和社会公众的一般要求。后来儒家所言“君子”就是指道德修养较高的人。儒家的代表人物孔子、孟子在《伦语》、《孟子》中，从不同的角度对君子的道德修养进行过描述。儒家关于“君子”有“三戒”、“三畏”、“三变”、“五耻”、“五美”和“九思”之说，也就是说，君子不是简单的刚毅、木讷，实实在在的是懂得风情和方法的智慧仁义之人。君子三戒：“少之时，血气未定，戒之在色；

及其壮也，血气方刚，戒之在斗；及其老也，血气既衰，戒之所得。”要求君子之人，少年时，要重戒色欲无度；壮年时，要禁忌斗气生非；到了老年，千万要保持晚节，不要被钱财所迷恋，毁了自己的一世英明和安稳的生活。君子有三畏：“畏天命，畏大人，畏圣人之言。小人不知天命而不畏也，狎大人，侮圣人之言。”在君子与小人的比较中，我们可以看出，君子是敬重客观规律、敬重长者历史、敬重先哲圣惠的，不同于小人的行为妄自尊大。在与人交往中，君子给人的还有三变的感觉：“望之俨然，即之也温，听其言也厉。”刚结交时，严肃规矩，让人敬重；继之而来的交往，实际会感觉越来越温文尔雅，体贴风情，言语行为无不忠诚，信义诚恳，叫人敬佩，乐于结交，安于结交。根本上说，君子之道，就是仁义之道，就是信义之道，就是智慧之道，就是成人之道，就是敬人之道，也就是人之道。君子有五耻：“居其位，无其言，君子耻之；有其言，无其行，君子耻之；既得之而又失之，君子耻之；地有余，而民不足，君子耻之；众寡均而倍焉，君子耻之。”身居其位，而没有良言善谋，君子以此为耻；有良言善谋，而不能实行，君子也以此为耻；开始时能因其才学得到其职位，后来总因无能而失去职位，君子以此为耻；管辖的地区很广大，而百姓却贫困不足，君子以此为耻；众人所得都是相等，而自己却倍数于他们，君子以此为耻。君子有五美：惠而不费，劳而不怨，欲而不贪，泰而不骄，威而不猛。君子给老百姓好处，但自己不耗费；役使百姓，但不招致老百姓的怨恨；追求仁义，却不贪婪财力；态度矜持，却不骄傲；威严庄重，却不凶猛。所以，必然的，君子能够做到九思，也就是在许多方面不糊涂、不迷失。君子的九思曰：“视思明，听思聪，色思温，貌思恭，言思忠，事思敬，疑思问，忿思难，见得思义。”

君子有自己坚定的信念和做人的原则，并具有自觉牺牲精神。孔子曰：“君子成人之美，不成人之恶，小人反矣。”君子的可爱就在于，他坚持自己的内修，但从不破坏别人的美好和完善，体现在做人上，他教人以正直和善良；体现在事业上，他为人做服务，帮人助人，方便于人；体现在政治上，他实施仁政，惠以民众，使民风淳朴。正所谓“君子以文会友，以友辅人。”这就是君子的信念和做人的原则。

同时，正直的君子还坚信“君子之德风，小人之德草，草上之风必偃”的信条，就是说，君子的德行是风，通畅意兴；小人的德行是草，拘佞阻滞；草遇风行，草一定倒匍，毫无生机和挺立。最为关键的是，“君子和而不同，小人同而不和”、“君子泰而不骄，小人骄而不泰”、“君子矜而不争，群而不党”。君子从来就是坦荡荡，与人和谐相处、和睦为邻、和善谨慎，但是从不朋党营私、同流合污、同声相泣；得志骄横、得意忘形，那是小人的行为做派。君子必须具有高尚的道德品质和优秀的个人素养，这首先表现为君子对仁义发自内心的向往。“君子所以异于人者，以其存心也。君子以仁存心，以礼存心。”君子心中时刻装着仁和礼，所以他的言行举止才会与常人不同。心中装着仁，就会以爱心待人；心中装着礼，做事就会合乎道义。其中仁是君子之所以称为君子的根本标志。“君子去仁，恶乎成名?君子无终食之间违仁，造次必于是，颠沛必于是。”君子除了有仁和礼之外，还要有智有勇、有信有义。“君子道者三，我无能焉：仁者不忧，知者不惑，勇者不惧。”“君子义以为质，礼以行之，孙以出之，信以成之。”君子能够严以律己，宽以待人，“躬自厚而薄责于人”。君子不怕穷困，即使身处逆境也能固守节操。“一箪食，一瓢饮，在陋室，人不堪其忧，回也不改其乐。贤哉，回也!”孔颜乐处后来成为安贫乐道的代名词，反映了君子注重精神享受，以道德修养所带来的内心愉悦为最大快乐的精神境界。孟子所说的“大丈夫”实际上也是君子形象的写照：“富贵不能淫，贫贱不能移，威武不能屈，此之谓大丈夫。”有了这样坚定的信念，君子就能够“临大节而不可夺”。为了保全自己的完美人格，甚至可以牺牲自己的生命，“无求生以害仁，有杀身以成仁”，这种高尚气节是为世人所崇敬的。

为了把君子塑造为众人切实可行的效法榜样，儒家还特别强调君子本来也是普普通通的人。“君子，人与？君子，人也!” 即使像舜那样的圣王，也同样是人：“舜，人也；我亦人也。舜为法于天下，可传于后世，我由未免为乡人也，是则可忧也。忧之者何?如舜而已矣。”既然舜也是人，那么，他作为理想人格的化身就不是完全不可企及的，这就激励世人积极进取，朝着理想人格努力奋斗。在中国历史上，无数仁人志士都是在这种理想人格的鼓舞下成长起来的。

关于人格修养，孔子、孟子和历代大儒都有许多著名论述，概括起来主要包括以下方面：仁爱、明智、公忠、奉献、廉洁、孝慈、尚义、诚信、笃行、奋发、坚毅、自省、慎独、知耻、勤俭。这些道德品质是君子人格中不可或缺的。例如关于“慎独”，集儒学之大成的《中庸》开篇即说“君子戒慎乎其所不睹，恐惧乎其所不闻，莫见乎隐，莫闻乎微”，这段话的意思是说君子在别人不能看到的地方也要谨慎自己的行为，即使在细微的事情上也要检点自己的行为。“慎独”是一种高尚的道德境界，它要求人们在独处的时候也要谨慎自己的行为，不要做违反道德的事情，这是中华道德中的高尚境界，它对于规范人们的道德行为、约束人们人性中的弱点具有重要意义，在今天它仍具有重要的现实意义。《中庸》在人格修养上还进一步提出“齐庄中正”的人格修养观：“聪明睿智足以有临也，宽裕温柔足以有容也，发掘刚毅足以有执也，齐庄中正足以有敬也，文理密察足以有别也。”这段话的意思是一个人只有做到聪明睿智才可以临视万物，只有具备了宽厚仁慈的美德才可以包容万物，只有具备了奋发刚毅的精神才可以明断事理，只有具备了端庄无私的品德才可以使人敬畏。儒学认为一个人只有具备了高尚的道德品质才可以至中和，才可以齐家治国平天下，正如《大学》所说：“欲治其国者，先齐其家；欲齐其家者，先修其身；欲修其身者，先正其心；欲正其心者，先诚其意；欲诚其意者，先致其知。”“自天子以至于庶人，壹是皆以修身为本”。孔子立身仁学对人格修养进行了多方论述，例如他认为国君应具备以下道德品质：“惠而不费，劳而不怨，欲而不贪，泰而不骄，威而不猛。”(《论语·尧曰》)今天从和谐视野解读这句话就可以看出“惠而不费，劳而不怨”是治国方针的和谐，“欲而不贪”是君王自我身心的和谐，“泰而不骄，威而不猛”是君王外在仪表的和谐，君王能做到以上三点就具备了内圣外王的品德，就可以使天下正位。再如他提出“恭、宽、信、敏、惠”(《论语·阳货》)的君子标准，和“己欲立而立人，己欲达而达人”(《论语·雍也》)、“己所不欲勿施于人”的处事原则(《论语·卫灵公》)，这些道德品质是人人经过努力都可以达到的，也是今天和谐社会的国民应具备的道德品德。孔子认为君子应具备“刚、毅、木、讷”(《论语·子路》)的品质，应具备“文、行、忠、信”(《论语·述而》)四方面的知识和能力，要勇于承担社会责任，“士不可以不弘毅，任重而道远”(《论语·泰伯》)。孔子的这些观点对形成君子人格具有重要作用。

儒学认为一个人要具备高尚的道德品质首先要有真诚的律己修身态度。《中庸》曰：“为天下真诚，为能尽其性；能尽其性，则能尽人之性；能尽人之性，则能尽物之性；能尽物之性，则可以参天地之化育；可以参天地之化育，则可与天地参矣。”只有具备真诚的态度才能充分发挥自己天赋的本性，进而发挥他人的天性，从而才能化育万物。《中庸》一书充满了能成人成物、能与天地同参的思想，认为“诚者物之终始，不诚无物”，这种思想无论是古代还是今天都是至理名言。怎样才能使自己养成真诚的品质？《中庸》曰：“诚之者，择善而固执之者也。博学之，审问之，慎思之，明辨之，笃行之。”这句话的意思是选择善道坚守不渝，广泛的学习，深入的研究，慎重的思考，明晰的辨别，忠实的实行。如果说“诚者物之终始”是一种人生态度，那么这段话就是人生的实践，没有人生的实践，就不可能有“齐庄中正”的人品，就不可能有“至中和，天地位焉”的结局。真诚无妄的人生态度，慎思笃行的人生实践，齐庄中正的道德品质是中和思想人格修养的核心。《中庸》思想除了提出齐庄中正的人品、慎思笃行的实践，还提出“知耻近乎勇”的观点：“‘子曰：好学近乎知，力行近乎仁，知耻近乎勇’”，努力学习就接近了智慧，躬身实践就接近了仁爱，懂得羞耻就接近了勇敢，孔子的人格修养是这样通俗化、平民化，这是人人努力都可以做到的。这对今天的人们没有启发吗？以胡锦涛为总书记的党中央提出社会主义荣辱观，我们在学习社会主义荣辱观的同时借鉴民族优秀的文化会有助于现代国民良好品德的形成。

二、崇高的精神境界是古代君子终身不懈的追求

“境界”一词源于佛教用语“觉通如来，尽佛境界”。“境界”

一词的广泛应用虽然较晚(大约始于南北朝时期的《楞伽经》)，但是“境界”的思想则是源远流长，可以追溯到先秦时期或更早的时期，如“阴阳”、“五行”等思想都有“境界”的元素或因子。《老子》为“境界”思想的开拓作了巨大的作用。“道”作为老子思想的基本点，同样也是老子思想体系所追求的最高境界。这种“道”的境界是“天道”(自然、宇宙)和“人道”(心灵、精神)的高度融合，也就是“天人合一”。孔子的“仁”的境界、佛学的“禅”的境界、理学的“理”或“心”的境界等都体现了这一点。

境界说是中国人生智慧的一大特色，这里所说的境界，是一种在精神层面上对生命、生活、生存方式的升华，是中国哲学家所追求的理想人格之极致的一种精神状态、精神天地。现代新儒学的代表人物、著名学者冯友兰先生适应现代中国社会发展的需要，在承接古代“圣贤”观的基础上，为其注入了新的内容。他曾在其“贞元六书”之一的《新原人》中就重点研究了“境界”，并将“境界”分为自然境界、功利境界、道德境界及天地境界等四个层次，并设专章分别对其特征进行分析比较。提出了人生“四境界”说：人生的意义各不相同，人生的境界也就各不相同，由低级到高级，人生境界可以划分为四个等级：自然境界、功利境界、道德境界和天地境界。

最低的是自然境界，这种人并无觉解，或不甚觉解，他所做的事对于他就没有意义，或很少意义。往上是功利境界，这种人觉解到功利的意义，也就是利己的意义，这种人心目中只有他自己，他做事完全出于利己的动机。再往上是道德境界，这种人心目中有社会整体，觉解到道德的意义，自觉地为社会的利益做事，是真正有道德的人，是贤人。最高的是天地境界，亦即哲学境界，一种自觉有超社会、为天地立心的意义，这是一种最高、最完善的境界，这种人心目中有宇宙这个更大的整体，觉解到宇宙的内涵，自觉地遵循宇宙的万事万物规律，这样，他就与宇宙同一，具有超道德价值，谓之圣人，达到了人作为人的最高成就。前两种境界是自然的产物，后两种境界是精神的创造。在自然境界中的人，其行为是“顺习”的，也就是顺从自然来发挥自己的才能或遵守自己已有的习惯；在功利境界中的人，其行为是“为利”的，做事情都有他们所确切了解的目的；在道德境界中的人，其行为是“行义”的，其行为所及的对象，是利他的，是有益于社会公益；在天地境界中的人，其行为是“事天”的。他不仅认识到社会的全，还进而认识到自然之全，因而，做人不但应对社会有贡献，也应对自然有贡献。具有这种境界的人，不仅重视“利用、厚生”，而更生于“正德”，不像小人那样沉于嗜欲，役于外物，争名于朝，争利于市，追求个人生活的快乐，而是追求人类的精神解放。他们已完全摆脱功利观念，进入那种不必有意按照道德规范行事也能尽伦尽职、行义利他的自觉状态，真正实现受拘的自我与自由的自我统一，是物质与精神的有机统一体。这样的人生是最有价值的人生。

在冯先生看来，因为人之觉悟程度的差别而判出人生存在四种境界，所以功利境界者高于自然境界者，道德境界者又高于功利境界者，至于天地境界，则为人生存的最高境界。“在此境界中的人，谓之圣人。圣人是最完全的人，所以邵康节说：‘圣人，人之至者也。’”中国传统道德伦理的基本精神就是帮助人们达到道德境界，并进而实现天地境界。

孔子一生都在为实现“天地境界”这一目标而学习和奋斗。在《论语·为政》篇中记载着孔子的一段话，曰：“吾十有五而志于学，三十而立，四十而不惑，五十而知天命，六十而耳顺，七十而从心所欲，不逾矩。”我们知道，孔子和以后的儒家都认为，人们的生死和富贵不是能靠其自身的努力而追求到的，但人们的道德和学问的高低却因其自身努力的不同而有不同。上面引的孔子的那段话可以说是孔子对他一生的生活道路的描述，或者说是他一生修养的过程，也就是孔子本人对天地境界的追求和了解的过程。“志于学”是认识客观世界的开始；“而立”是对客观世界有了初步的认识并且有了一定的适应能力，足以在社会和人生的舞台站住脚跟；“不惑”是对客观世界有了相当的分析能力，能够不受一切表象、假象的蒙蔽了。在这个阶段他还处于道德境界。“知天命”是孔子整个人生过程的飞跃。至此他才真正认识到客观世界有它自身固有的规律，这个规律是无情的，不可抗拒的。人的主观意志是受它的制约，不可以超越它而为所欲为。

至此阶段他开始进入天地境界。一个人只有在认识上真正解决了主观与客观的关系问题，才有可能遇到什么事情都能镇定自若，处之坦然，即所谓“耳顺”，也就是顺天或事天。“耳顺”之后，达到“从心所欲，不逾矩”，也就是乐天与同天了。“从心所欲，不逾矩”正是驰骋自己意志与尊重客观的巧妙结合。这是一个极境，一个有限的自由王国。孔子认识到，一个“不逾矩”、尊重客观的人，才可能是真正自由的。

孟子继承了孔子的思想，提出要顺天、畏地、知天。孟子哲学思想的最高范畴是天。孟子继承了孔子的天命思想，剔除了其中残留的人格神的含义，把天想象成为具有道德属性的精神实体。曰：“诚者，天之道也。”孟子把诚这个道德概念规定为天的本质属性，认为天是人性固有的道德观念的本原。孟子的思想体系，包括他的政治思想和伦理思想，都是以天这个范畴为基石的。孟子认为天与人二者是相通的。从天的方面来说，天是万事万物的主宰，人事的一切，都是由天决定的。从人的方面来说，不仅人的善性来自天赋，而且人心的思维功能也是天所赐予的。人心具备天的本质属性，只要反求诸己，尽量发挥，扩展自己的本心，就可以认识天。孟子极力追求尽心、知性、知天的精神境界。为了达到这种境界，他提出了一套道德修养的方法和认识论的思想，强调主体的自觉，向内追求，认为如果达到了这种境界，可以产生一种巨大的精神力量。

崇高的精神境界历来是中国古代圣贤追求理想人格之极致的一种精神生活的方式。尽管儒家所提倡的天地境界对一般人而言，是不易达到的，但应抱着“虽不能至，心向往之”的诚挚态度，锲而不舍、孜孜不倦地去追求。

“孔颜乐处”是儒家追求的最高精神境界，也是历代中国知识分子追求的最高精神境界，即追求一种摆脱世俗名利，一生求“道”的境界。所谓“孔颜乐处”，最早由孔夫子表述出来，后被宋儒“视为人生最高境界”。《论语·雍也篇》中，孔子感叹说：“贤哉，回也！一箪食，一瓢饮，在陋巷。人不堪其忧，回也不改其乐。”孔子的弟子颜回家境贫寒，为人不卑不亢，从不因饮食简单、居室简陋而有任何怨言，相反，他心情豁达，乐观向上，孔子对他的人品极为赞赏。在这里孔子从其弟子颜回和他自己的生活状态中，抽象出了一种人生境界，在这种境界底下，尽管物质生活简单，但精神生活中仍有一种愉悦的享受，这种人生的境界就是“孔颜乐处”。此后，“孔颜乐处”成了安贫乐道的代名词，成了儒家注重精神享受，以道德修养所带来的内心愉悦为最高快乐这种精神境界的代名词。孟子所谓“大丈夫”，其表现之一就是“贫贱不能移”。西汉扬雄提出“圣人乐天知命”，把“孔颜之乐”放在高于世俗富贵之乐的地位。在宋明理学中，“孔颜乐处”更成了初学者立志、富贵者自警、穷乏者保持廉操的座右铭。周敦颐教少年二程“寻孔颜乐处，所乐何事”，并在其著作《通书》中专辟“颜子”一章。程颐因一篇《颜子所好何学》受到太学祭酒胡瑗的赏识。张载认为颜子好学不倦，具有仁智的品德。朱熹把孔颜乐处扩大为与天地一体的境界，认为“孔颜乐处”也就是存理去欲所得到的精神享受。明代薛瑄指出“孔颜乐处”是一种境界，这种境界不是靠身体上的自苦，而是靠刻苦励志、道德修养来达到。

追求精神境界，向往理想人格，是儒家思想的一个重要内容。孔子主张，在物质生活基本满足的情况下，把追求崇高的理想人格，作为人生诸种需求中一种高层次的需求。他甚至认为，即便在物质生活条件极端困苦的情况，只要抱有一种高尚的追求，仍然可以生活得乐观愉快、奋发有为。孔子表彰颜回能够超脱于衣食住行的穷乏简陋，而有着内心的自得之境。孔子本人也是如此。他一生所经祸患不计其数，在“匡”地被围，弟子惶恐不安，唯孔子神色自若地说：“文王既没，文不在兹乎？天之将丧斯文也，后死者不得与于斯文也；天之未丧斯文也，匡人其如予何？”以“天命”在身自励，获得了一种大无畏的精神。《史记·孔子世家》又记载孔子及弟子的“陈蔡之厄”：从者因饥寒病倒者有之，因恐惧精神紧张者有之，因前途渺茫灰心丧气者亦有之，唯孔子在这杀身之祸随时可临之际，照常讲诵弦歌，并开导众人，激励大家。孔子也曾自己描述自己“饭疏食饮水，曲肱而枕之，乐亦在其中矣。不义而富且贵，于我如浮云。”这里的意思是，由于孔子已经具有了一种崇高的人生追求，所以尽管是只能吃粗粮、喝白开水，穷得睡觉时弯着胳膊当枕头，在这样的生活中也是有很大乐趣的；相反，对于那些用不正当的手段所得到的富贵，对孔子来说，就像天空中的浮云一样，不会去理会它。叶公问孔子的学生子路，怎样评价孔子的为人，子路不知道怎样回答。孔子知道后对子路说："你为什么不这样说：他的为人，可以说是，为了追求一个崇高的理想，经常发奋得忘记了吃饭，高兴得忘记了忧愁，连快要老了都不知道，他就是这样一个人啊!"正因为孔子自己有这种精神，所以他也能特别称赞颜回的这种精神。孔子 63 岁时，曾这样形容自己："发愤忘食，乐以忘忧，不知老之将至。"当时孔子已带领弟子周游列国 9 个年头，历尽艰辛，不仅未得到诸侯国的任用，还险些丧命，但孔子并不灰心，仍然乐观向上，坚持自己的理想，甚至是明知其不可为而为之。

"孔颜乐处"，是一种不为物欲所困的主体内在之乐，它是基于人从自然性的"感性冲动"下挣脱向精神性提升的过程。它往往表现为在贫困中保持清心一片以及自得其乐的高尚节操。在超越了贫困对人类自然性维度的束缚后，人就可以获得一种"万物皆备于我"、"上下与天地同流"的"天人合一"的崇高境界："暮春者，春服既成，冠者五六人，童子六七人，浴于沂，风乎舞雩，咏而归。夫子喟然叹曰：吾与点也！"这就是历代先哲们苦苦追求的天地境界。

宋代的儒学家程颢、程颐在教导他们的学生时，还特别要他们寻找和体会，为什么在艰苦的条件下，孔子和颜回会有这样的快乐。儒家所强调的这种对崇高理想人格的追求，又往往成为实现"杀身成仁"、"舍生取义"、无私奉献、勇于牺牲和爱国爱民的精神支柱。从《论语》中所强调的孔颜之乐，到《孟子》中的"忧乐天下"和"富贵不能淫，贫贱不能移，威武不能屈"以及"唯义所在"，就是这种追求在人生中的体现。儒家所提倡的这种对崇高理想人格的追求，又总是同"自强不息"、"刚健有为"、"奋发图强"、"知其不可而为之"的持生态度联系在一起的。尽管这种崇高的追求，对一般人来说，并不能"一蹴而就"，甚至很难达到，但是儒家强调，即使是"虽不能至"，仍然要抱着"心向往之"的执著追求，持之以恒地不断努力。

要达到"孔颜乐处"境界就要首先弄清楚孔颜"乐在何处？"对

这个问题，中国一代又一代的知识分子从不同的角度进行了许多参悟，到了现代才有人对此做了总结，原来，我们看似清楚的人生，其实可有四种不同的境界，分别为自然境界、功利境界、道德境界、天地境界。自然境界是人的一种本能反应，功利境界则多了一些算计、规则；道德境界在功利之上，又加上了许多道德要求；天地境界是人生的一种最高境界，天人合一，“浑然与物同体”。孔老夫子与颜回之所以快乐，就在于他们达到了天地境界，并且对这一境界有高度的自觉。每一位想有“孔颜之乐”的人都应努力使自己的人生达到天地境界。能够达到道德境界、天地境界的人，在道德修养的过程中就会体会到情感的慰藉和快乐。这大概就是孔夫子之所以成为“至圣先师”的重要原因之一吧！

儒家认为要达到“孔颜乐处”的境界，就要把精神境界的提升放在人生第一要务，视为最大最高的价值。人生的一切欲望，归纳起来是两种：精神欲望与物质欲望。庸人、小人把对物质欲望的追求当做人生的全部，而君子、贤人则更注重道德精神上的满足，始终把对精神欲望的追求放在主导地位，进而达到一种心理的和谐，这就是“安贫乐道”。

“安贫乐道”是一种精神境界，同时又是精神力量的强大表现。它是“安与贫”，而不是“乐于贫”，之所以“安贫”是为了“乐道”。《吕氏春秋》记载：孔子曾见齐景公，齐景公要把廪丘那地方送给孔子作为他的养生之资，孔子推辞没有接受。他后来对学生说，君子应当先立功，后受禄，我今天给景公提了很多建议，他都不采纳，而却要把廪丘那地方送给我，他太不了解我了。于是就驾着车离开了齐国。孔子认为，所为和所得不相称，无功受禄，靠不正当手段获取富贵，不仅不能给人带来快乐，反而会令人心怀不安。孔子说：“不义而富且贵，于我如浮云”，在孔子心目中，行义是人生的最高价值，在贫富与道义发生矛盾时，他宁可受穷也不会放弃道义。但他的安贫乐道并不能看作是不求富贵，只求维护道，这并不符合历史事实。孔子也曾说：“富与贵，人之所欲也；不以其道，得之不处也。贫与贱，人之所恶也；不以其道，得之不去也。”“富而可求也，虽执鞭之士，吾亦为之。如不可求，从吾所好。”有一次，孔子问颜回：你家里那么贫穷，为什么不去做官呢？颜回回答道：城外有块土地，可以供我吃饭喝粥；城内有块土地，可以供我穿衣；家里有一张琴，可以用来自娱；老师您教的大道，足以给我无上乐趣，所以我不愿去当官。颜回把精神的快乐当做是最大的快乐，认为它值得人们去忍受物质生活的贫穷。

扬雄《法言·学行》篇中有：“或曰：‘使我纡朱怀金，其乐不可量已。’曰：‘纡朱怀金之乐，不如颜氏子之乐。颜氏子之乐也，内，纡朱怀金之乐也，外。’”穿朱红色衣服做大官，怀揣金印的快乐，远不如颜回那样的快乐，只有颜回的快乐才是真正的快乐。在人类生活的特定阶段不能否认金钱的重要性，但决不能把金钱作为生活的唯一目的。钱财是没有生命的东西，追求金钱财富的人，在财富得到之后仍能从财富中得到乐趣的人恐怕很少。相反，钱有时还会给人带来烦恼和灾祸。有人把功名、荣誉看成是人生的唯一目标，为追求名誉、地位勾心斗角，内心得不到片刻安宁和清静。所以真正的快乐，是能使人感到充实的快乐，是那种无所挂碍的精神的舒展，是那种了无愧怍的心灵的轻松，是那种胸怀坦荡的乐天知命。

孔子与颜子以拯世济民、推行“仁政礼治”为使命，以提高道德人格与境界为终身奋斗的人生目标，他们都坚信自我的言行上合“天意”，下符“民心”。所以，无论他们面前的路有多么艰难曲折，也不管生活状况多么贫困潦倒，他们都可由充实的德性、崇高的使命感派生出无穷无尽的人生动力，并一直保持乐观的心境。

追求崇高的精神境界，必然涉及生死观问题。中国传统的生死观包括两个方面：一是旷达现实的生命观。庄子认为：“人之生，气之聚也，聚则为生，散则为死。”人的生死如同自然界的物有始终。时有昼夜，是天地之常理，是人所不可改变的自然规律。因而，生亦不须喜，死亦不须忧，不必悦生，不必恶死，甚至以死为归真。一个人的降生只是依循自然界的运动而生，一个人的死只是事物转化的结果。把生死看得如此自然而超脱自我，也就是不会对死亡感到悲衷和恐惧。不但死不须哭，而且“人哭我当乐”。《庄子·至乐篇》记载，庄子的妻子死了，惠施等前往吊唁，他见庄子一边敲着盆，一边唱着歌，甚是不解，觉得庄子做得太过分了。庄子则说：她刚刚死去时，我怎能不哀伤，后来仔细一想，她从生到死的生命过程，好像春夏秋冬四季循环运行一样，人家平静地躺在天地这巨大的屋舍中睡觉，我却在她身边嚎啕大哭，这不是通晓彻悟生命的行为，所以就停止了悲伤。庄子这是对生的超然，对死的洒脱。孔子重视人生问题，而对死采取淡然态度。如同他对整个社会问题的认识一样，在对于生死和存亡，尤其是人的生存方式问题上，表现出了强烈的现实感。子路向孔子问“死”，孔子的回答是“未知生，焉知死”！在这里，我们可以看出，孔子更关注的是现实的经历了的世界，不追求来世的幸福。对于死，他并没有展开想象的翅膀，也认为没有必要去探讨它。对于彼岸的世界，孔子更多地沿袭了当时传统的看法，主张“畏天命”，认为“不知命，无以为君子”，认为在现实之上，仍有着一种冥冥未知的主宰力量。二是生死由义的生死价值观。把生死作为对人生价值的评判，如“死有重于泰山，有轻如鸿毛”，“人生自古谁无死，留取丹心照汗青”，都是对死的一种价值追求。凡是有此认识的，都会积极面对人生，在其有生之年，希望能尽自己的力量对社会有所贡献。在对人生意义和不朽的思考方面，从春秋时期叔孙豹提出“三不朽”的思想以来，代表中国古代文化精神的主要是儒家的思想观点。他们主张把个人的生命投入到社会人群的大生命中，以对社会历史作出贡献为人生价值之所在，以成仁取义为人生的价值观。孔子曰：“志士仁人，无求生以害仁，有杀身以成仁。”孟子曰：“生亦我所欲也，义亦我所欲也；二者不可得兼，舍生而取义者也。”都是强调对仁义的追求重于生命。人类谁不好生，仁者又谁不好义，在生与死的权衡之下，若为贪生一念而不义，虽生犹死。若以小我之生为轻，大我之义为重，弃轻而择重，虽死犹生。

这种唯义所在的生死取舍标准，这种对生命意义的理解，成为我们民族精神中爱国主义精神的思想基础，曾激励了无数志士仁人留下了正气磅礴、可歌可泣的事迹。这是我们民族在几千年漫长历史中历经磨难而能巍然屹立的最重要的精神支柱。近代以来，社会发生了巨大的变革，人们的理想追求也有了根本变化。义的内容虽然更新了，但是生以载义的精神传统却被继承下来，并获得了新的意义和生命力。在近代中国革命史上，有多少有志之士，或者为民请命，或者为国捐躯，黑狱苦刑难移其志，高官厚禄难动其心。方志敏曾这样写到："敌人只能砍下我们的头颅，决不能动摇我们的信仰！因为我们信仰的主义，乃是宇宙的真理！"革命者虽躯体已死，但其精神永存于世，他们才是真正永生的人，老子称之为"死而不亡者寿。"死而不亡，与天地共存，与日月同辉。

每一个人的生命，同无垠的宇宙、漫长的生命发展史相比显得是那么短暂，那么微不足道。面对着总会降临的人生的终止符——死亡，每个人也都会有自己的理解和思考。有的渴望平静，有的则希望放射出耀眼的光芒。平静或许意味着满足和充实，而热烈和辉煌则伴随着追求。只有当我们把个人的存在和整个人类的进步、发展联系起来时，我们才会真正的超越和升华。

三、崇高的人格理想对中华仁人志士品德的铸造

中国传统道德中有一种非常可贵的道德精神，那就是主张人们在满足基本物质需要的情况下，追求崇高的精神境界，把"富贵不能淫，贫贱不能移，威武不能屈"的"大丈夫"和爱国爱民、无私奉献、舍生取义的"君子"作为一切有道德进取心的人们的理想道德人格。不论是"天下有道，以道殉职；天下无道，以身殉道"的执著道德精神，还是"为天地立心，为生民立命，为往对继绝学，为万世开太平"的高尚道德理想，其核心思想，都是要求人们超越个人的私利、私欲，以国家、民族和人民的正义事业作为个人行为的最高准绳。孟子提出的"居天下之居，立天下之正位，行天下之大道；得志，与民由之；不得志，独行其道"，历来为仁人志士所推崇，其典范人物众多，几乎每个时代都树立过这方面的榜样，就像文天祥《正气歌》中所列举的那样："时穷节乃见，一一垂丹青：在齐太史简，在晋董狐笔，在秦张良椎，在汉苏武节；为严将军头，为嵇侍中血，为张睢阳齿，为

颜常山舌；或为辽东帽，情操厉冰雪；或为出师表，鬼神泣壮烈；或为渡江楫，慷慨吴胡羯；或为击贼笏，逆竖头破裂。”这些君子的精忠报国的赤子之心跃然纸上，他们都达到了“忠臣之心，壮夫之节，苟利社稷，死无悔矣”的崇高的精神境界。

“在齐太史简，在晋董狐笔”作为天地间正气的表现之一，讲述了两则古代史官誓死捍卫史官直书实录传统的故事。

董狐是春秋时晋国的史官。《左传》宣公二年记载，晋灵公聚敛民财，残害臣民，执政大臣赵盾多次劝谏，灵公不但不改，反而想害死他。赵盾只好逃亡。当逃到晋国边境时，其族弟赵穿带兵杀死灵公，于是返回继续执政。董狐记载道：“赵盾弑其君”。赵盾辩解，说是赵穿所杀，不是他的罪。董狐说：“子为正卿，亡不越境，反不讨贼，非子而谁？”这个故事就是“董狐直笔”的由来，如果从今天的角度来看，赵盾确实有点冤枉。但从董狐的例子可以看出古代的史官“不但独立，还可以照史官的意思，来写他判断的事实”。

赵盾是尊重这种历史不为当权者所左右的独立地位，董狐所以能够直笔而安然无恙，还得到千古名声。其实，要想秉笔直书并不是那么轻而易举的。同样是在春秋时代，《左传·襄公二十五年》记载：齐国大臣崔杼纵容旁人杀死君主庄公，齐国史官也这样记载：“崔杼弑庄公。”崔杼恼羞成怒，将他杀害。而史官之弟照样续记，崔杼又杀其弟。史官的另一个弟弟不畏强暴，继续据实记录。大权在握的崔杼也终于束手无策。这就是直笔写历史的结果，齐国史官兄弟用自己的生命和鲜血捍卫了历史的真实，其自身也为后人演绎了一段悲壮的历史。当血淋淋的屠刀正搁在脖子上，面对着死亡直接和严酷的威胁时，毫不犹豫地洒出自己的热血，抛弃自己的头颅，以牺牲自己生命的大无畏精神，坚持着要记下杀人的情况，却绝对不允许隐瞒和淹没任何有关的记录，这是何等坚贞的操守，何等高尚的品格。

文天祥在《正气歌》中列举的另两位君子典范是：“在秦张良椎，在汉苏武节”。《史记·留侯世家》记载：张良先世为韩国人，秦灭韩，张良破家财为韩报仇，得力士，为铁椎，重一百二十斤，狙击秦皇于博浪沙道中，误中副车。始皇大怒，下令搜索国中，但始终未拿获张良。秦始皇以武力统一中国，建立空前的集权统治，威慑天下，谁敢撄其锋？唯汉代留侯张良。张良以一弱书生，行刺威加一世之秦始皇，事为千古艳称，乃匹夫报国仇之佳话。

两千年前的苏武用生命完成了一部含辛茹苦牧羊 19 年的传奇故事，迄今仍不失为爱国主义的好教材。苏武羁留匈奴 19 年，习知边地民族，归国后被任为典属国，专掌少数民族事务，他在匈奴持节不屈，被后世视为坚持民族气节的典范之一。

《正气歌》中的“为严将军头”出自《三国志·蜀志·张飞传》：刘备和副军师庞统率军取西川，不料庞统半途阵亡，军师诸葛亮只好命关羽统兵守荆州，自己亲征西川。先拨一万人马，教张飞率领，取大路向西进发。所到之处，未遇任何抵抗，十分顺利。随即来到巴郡江州地界。这巴郡管辖川东一带，郡治就在江州(今四川江北县)。巴郡太守严颜，是一位老将，他据守城池，不挂降旗。张飞派人去叫严颜快快归顺，严颜不理。严颜自知敌不过张飞，因此不同他死拼，命军士紧闭城门，严加守护，企图拖延时日，让张飞军粮用尽，自己退去。张飞性急，几次三番引兵挑战，严颜只是坚守不出。张飞见硬攻无效，便想了一个计策，在一天晚上，设法把严颜骗出城来，这才把他擒住，张飞部队也就进入城中。张飞高坐厅堂，叫把严颜推过来。严颜不肯跪下。张飞大声叱道：“我大军到此，你为何不早早投降？”严颜全无惧色，昂首回叱：“我们只有断头将军，没有投降将军！”张飞大怒，喝令左右：“推下去砍了！”严颜脸色不变，说道：“砍头就砍头，何必发怒！”张飞是个爽宜好义的勇将，见严颜如此坚强不屈，十分钦佩。当即向他赔罪，以礼相待。对于英勇不屈、宁死不降的壮士，后来就常用“断头将军”作比。

“为嵇侍中血”典出《晋书·嵇绍传》，讲晋代有一个姓嵇单名叫做绍的，表字叫延祖，就是嵇康的儿子。侍奉他的母亲，极其孝顺，后来做官一直做到了侍中。这个时候，刚逢着河间王和成都王两个人起兵造反，嵇绍跟了惠帝，和他们在汤阴地方打仗。惠帝吃了败仗，所有跟随的百官都奔逃了，卫士们也都散尽了。只有一个嵇绍，单独用自己的身子卫护惠帝。可是飞箭像雨一般地射过来，嵇绍竟被他们射死了，他的血溅到了皇帝的衣服里。等到这场乱事平定了以后，皇上身边的人，要给惠帝去洗这一件血衣。惠帝说道：这个是嵇侍中的血，不要洗的。

……

他们或以天下为己任，或以身殉道，或忠君护主，或敢于直言，或一身正气。儒家所倡导的君子风范、士大夫气概，在这些人身上得到了最集中、最明确的体现。

韩愈说："古之君子，其责己也重以周，其待人也轻以约。"唐代有一位大臣叫狄仁杰，他待人宽厚，深得他的部下和民众的爱戴。有一次，武则天皇帝派宰相张光辅到汝南去讨伐造反的李贞，由于老百姓起义反贞，李贞很快就被打败，全家自杀。可是李贞的党羽有两千多人，全部被张光辅判了死刑。狄仁杰那时在豫州做刺史，听到了这件事写了一封奏章给武则天，说那两千多个李贞的党羽不过是被李贞威胁，根本就不是存心造反，如果把他们统统杀死，实在是冤枉，也未免太残忍了，因此请求宽免。武则天听了狄仁杰的话，便把这两千多人免去死罪，改罚到边境去服役。张光辅消灭了李贞，自以为有功，纵容他的士兵到处抢劫，闹得民间鸡犬不宁，狄仁杰看不过眼就向张光辅提出抗议。张光辅心里深恨狄仁杰，到京城马上向武则天进谗言，说狄仁杰的坏话；武则天误信张光辅的话，就把狄仁杰贬到复州去做刺史。但是，狄仁杰毕竟是个有才能的好人，不久武则天醒悟过来，又升狄仁杰到京城来做大官。有一天，武则天对狄仁杰说："你在外面做官，成绩很好，因为有人讲你的坏话我一时未察，才把你贬到复州去，你要知道讲你坏话的那个人吗?"狄仁杰答道："如果我有过失，应该把它改掉；要是没有过失，我的心已经很安乐了，何必要知道说我坏话的人呢?"我们从这些话中，就可以想见狄仁杰宽厚待人的风度了。我们对待人不做过分的要求，并且还要酌情处理，给人家以适当的原谅，能够以这样的精神与态度去对待人，别人自然就会对他感到敬畏、爱戴和佩服。

说起历史上的"六君子"，戊戌六君子，几乎无人不知、无人不晓。他们是指清代末年戊戌维新变法运动中捐躯的谭嗣同、林旭、刘光第、杨锐、杨深秀、康广仁等六位爱国志士。但是“六君子”这个名词，却由来已久。早在九百多年前的北宋神宗时期就出现了。到了南宋宁宗时代，所发生的一次“六君子”事件，则在福建的历史上留下了光辉的一页。

南宋孝宗皇帝统治时期(1163～1189 年)，算是整个腐朽的一百五十年的南宋政权之中相对比较安定的时期。这个时期有一位颇为开明贤达的名臣赵汝愚为之协理朝政。由于赵汝愚很看重读书人，当时士林中的一些名儒学士如朱熹、彭龟年等人都因赵汝愚的推荐而被一度重用。

就在孝宗时期这样一个短暂的比较安定的社会局面出现以后，却引起了一股阴私腐朽的反动政治势力的反对。这股政治势力就是以当时全国最大的官僚地主韩佗胄为首的一群反动官僚。淳熙十六年(1189年)，孝宗崩，接位的光宗皇帝，因为病弱，不能治理国家大事，在即将出现一个中央“权力真空”、全国动乱的局势之时，还是赵汝愚较有胆识，兢兢业业地辅佐宁宗皇帝继承了帝业，稳定了局势。但是韩佗胄就在这个时期，利用宁宗皇帝和皇太后缺乏理智和经验，制造流言，诬告陷害。他把赵汝愚重用天下英才，说什么是有野心，对朝廷不利，非把赵汝愚清除不可。于是在宁宗庆元年间，赵汝愚含冤受贬，被撤掉了右丞相的职务，并谪住宁远军(广西容县)。当赵汝愚被谪途中，经过衡州(湖南衡阳)，又被当地的守臣虐待而至暴死。

当赵汝愚被谪的消息传出以后，立即激怒了京都的一些正直的读书人。其中以太学生杨宏中为首，联合了徐范、张道、林仲麟、蒋傅、周端朝，共六个京都名士，上书朝廷，强烈要求保救赵汝愚。但这一保，不但救不了赵汝愚，反而更加激怒了韩佗胄。当时大权已经掌握在韩的手中，于是六位正直的书生，全部被韩佗胄判刑，分别被遣送到安徽太平州(今当涂土县)、浙江临海县一带“编管”(即交给地方官去管制)，当时人们就把这六个人称之为“六君子”。由于这个历史事件发生在宋庆元年间，所以史家又称为“庆元六君子”。因他们都是福建人，故又称之为“闽中六君子”。以后清代末年的“戊戌六君子”的称号，也是使用了这样一个历史名词。

屈原是我国伟大的爱国主义诗人，他用自己的生命写下了千古不朽的《离骚》。他在《离骚》中写道："纷吾既有此内美兮，又重之以修能；扈江离与辟芷兮，纫秋兰以为佩。"千里楚地，物华天宝，芳草萋萋，傲骨铮铮，屈原从许多散发着清香而又经冬不凋的花木上看到了人性的崇高，看到了他所追求的精神家园，正是这种对崇高精神境界的追求使屈原淡泊了人生的苦难，坚定了为理想献身的信念。"民生各有所乐兮，余独好修以为常。总体解吾犹未变兮，其余心之可惩。"这是他在《离骚》中掷地有声的誓言，他用自己的生命去诠释他所神往的精神王国。

中国历史的长廊中有无数为追求理想而矢志不渝的精英。南宋末年的诗人郑思肖(1241~1318 年)，在宋亡后隐居苏州，元人请他出来做官他不肯，坐卧向南，以示对宋的忠诚，其诗多表现伟大的民族气节。他在《寒菊》中写道："花开不并百花丛，独立疏篱趣未穷。宁可枝头报香死，何曾吹落北风中？"他以寒菊的独立疏篱，魂消花凝不肯零落尘埃的特性表明自己高风亮节的品格。

元代末年杰出诗人王冕(1287~1359 年)，自幼家境贫寒，刻苦自学，终成一代鸿儒，不肯折腰侍元，隐居会稽山中，以教书为生，性喜梅，植梅千株，自号"梅花屋主"。他常以梅的冰清玉洁自勉，他在《白梅》中写道："冰雪林中著此身，不同桃李混芳尘。忽然一夜清香发，散作乾坤万里春。"在这首诗里，他不仅表明了自己高尚独立的人格，更抒发了自己远大的人生抱负。

柳宗元英年早逝，他的《江雪》"千山鸟飞绝，万径人踪灭。孤舟蓑笠翁，独钓寒江雪"为世人描绘了一个冰清玉砌的世界，在这个纤尘不染的世界中，只有一叶孤舟上的老翁垂钓于寒江之上，这是一个让人忘却尘世的画面，这幅画面折射出作者高标独立的人品和对人生苦难的超越精神，它昭示着诗人在崇高精神家园中的跋涉与遨游。

明末著名启蒙思想家李贽，以"务反宋儒道学之说"的异端性格，著书立说，揭露官场的腐败和黑暗，被当时统治者加以"敢倡乱道，惑世巫民"的罪名横加迫害，不仅下令禁、毁其所撰著作，而且将他逮捕入狱。但李贽自认"正兵在我"，坚贞不屈，"以堂堂之阵，正正之旗，日与世交战而不败”，直至死在狱中，也不向统治者示弱，表现了“宁为玉碎，不为瓦全”的浩然正气。明清之际伟大的唯物主义思想家王夫之，一生追求“壁立万仞，只争一线”的理想人格，面对“生死、死生，成败、败成”的人生遭遇，表现出“历忧患而不穷，处生死而不乱”的恢宏气度。他经历了明亡清立的时代变幻，在感情上与清统治者格格不入，曾一度隐居在湘西瑶人的山寨中，终生不雉发，不做清朝的官。相传，他曾在睛天打着雨伞，穿着木屐外出，以示与清王朝“不共戴天，不共戴地”，表现出了无比高尚的民族气节。

古人云：“君子重义，小人重利”，古人以为士者或当官者必须具有君子风范，商人属于小人类，因为商人是重利的，违背了“君子重义”原则。在我们今天看来，这种观点显然是片面的，其实中国古代具有君子风范的商人也俯首皆是。

清乾隆年间，四川万县(今重庆万州)的一个姓陈的老人在上海崇明岛上开了一家当铺，需要雇请一个伙计帮忙，于是就写了一张招聘启事，贴在了当铺门口。不几天，有一位三十岁上下的年轻人走进当铺里来。陈老板见有人来，便问道：“先生何事？”那年轻人拱手行礼，并答道：“听说老先生当铺里需要人手，我是看到了门外的招聘启事，特来应聘的！”此人不是别人，正是本故事的主人公——詹谷。

詹谷也曾做过商人，很精通典当行业，因家境贫寒出来谋生。老人见他相貌堂堂，一副忠厚相，又不乏精明，很有好感；再问他一些典当业的知识，他对答如流，老人更是喜欢，当即决定将詹谷留下试用。 詹谷在陈老板的当铺十分勤勉，非常能干，接待顾客诚恳耐心，颇得顾客的好评，来陈家当铺的人也日渐多了起来。但凡詹谷经手的钱财物品，来龙去脉一清二楚。半年下来，陈家当铺获利丰厚。陈老板十分高兴，庆幸自己找了个好帮手。以后，当铺中的事务大都放心地让詹谷去做，陈老板待他如家人。

陈老板正在高兴之际，收到了老家的来信，说他妻子病重，要他火速赶回老家。陈老板闻讯之后，心急如焚，忙着要回家，就将当铺中的事全都托付给詹谷。詹谷说：“先生，这当铺中的事我独自料理、恐怕……”

陈老板忙说道："詹谷，我懂你的意思，我也照实说了，如果你是新来乍到，我可能不了解你，但现在你已经来了半年多了，我观察你是诚实君子，万事拜托了，请你千万不要推辞！"詹谷见不好再推辞，就说："感谢先生的信任，当铺的生意我定尽力维持，您就放心去吧，只是尽可能地快去快回。"

有了詹谷的这句话，陈老先生也就可以放心地走了。他先乘船到汉口，再转船沿江而上，一路关山阻隔，道路梗塞，辗转日久，才到家中。陈老先生本来就年老体衰，再加上车船劳顿，家事忧心，回到家后便一病不起，命归黄泉了。上海崇明与四川万县千里迢迢，关山重重，信息不通。陈老板走后，詹谷就独自挑起了经营当铺的重担，不敢有些许松懈。因而当铺经营得很好，大有发展。只是这期间詹谷很想回家看看，探望父母妻儿，但因陈老板没有归来，所以也就一直没有能够回去。

光阴似箭，日月如梭，一晃十年过去了。一天，当铺里突然来了个年轻人，与陈老板的相貌十分相似。詹谷一问，才知道是陈老板的儿子。詹谷见了陈家公子，不禁大喜，忙问："陈老先生可好，什么时候回来？"陈公子说："家父自从这里回去后即染上重病，不久就去世了。当时我还年幼，无法前来。这些年，实在是有劳您了！"詹谷闻听陈老先生已经过世多年，想起他的知遇之恩，心里一阵难过，不禁潸然泪下。

过了一会儿，詹谷镇静下来后，从木柜中取出十年的账簿。陈公子看了一下，见所记账目清清楚楚。然后，詹谷又带陈公子清点实物，一一交接清楚。陈公子大受感动，立即算清詹谷十年薪水，并另赠他四百两银子。

詹谷收下了十年的薪水，但对赠送的银子却坚决不收。他说："受人之恩，理当相报；受人之托，理当守诺。我只是做了我应该做的事，你也不必再言谢。只是我已经出来十年，如今你来了，还请公子允许我回老家去与家人团聚。" 詹谷临行前，还向陈公子殷殷叮嘱当铺的业务，然后背起自己简单的行李，告辞而去。陈公子十分惋惜未能留住詹谷，他看着詹谷离去的背影，自言自语地说："真是诚信君子！"

“受人之恩，理当相报；受人之托，理当守诺。”这是中华民族的传统美德。詹谷受陈老板之托，为其管理当铺，而且把当铺经营得很好，大有发展，不想这一诺竟让他用去了十年的时间，难得啊难得！詹谷，真是诚信君子！

以上一批志士仁人所表现出的高尚气节和理想人格精神，都不是偶然的，除了受他们所生活的时代精神的熏陶外，也同中国古代儒家所塑造的君子人格与追求道德境界的积极影响不可分割。

四、传统君子人格和崇高境界的现代价值

一个人成才的关键不仅在于智力因素、更重要的是非智力因素，尤其是人格因素。当代大学生人格健康关系其身心健康，决定着个体的顺利成长和成才，也关系着民族的未来与希望。当代大学生是 21 世纪我国社会主义现代化建设事业的主要力量，他们的思想道德素质如何，直接关系到 21 世纪中国的面貌，关系到我国社会主义现代化战略目标能否实现，关系到中华民族的伟大复兴。

改革开放推动社会的发展和经济繁荣，人民生活水平有很大提高，在取得巨大成就的同时，也伴随着巨大的改革成本和代价。在市场经济条件下，文化繁荣尤其是物质文化繁荣的同时，而当代大学生人格培养却处于滞后状态，传统人格培养的失效，现实人格培养的失范，理想人格培养的失落等现象都不同程度地存在着，最终导致年轻一代不同程度地存在理想信念模糊、价值取向扭曲、诚信意识淡泊、社会责任感缺乏、艰苦奋斗精神淡化、团结协作观念较差、心理素质欠佳等人格缺失问题。如近些年来，不断被媒体披露的大学生自杀、中学生自杀、中学生“杀母”事件、大学生“伤熊事件”、大学生“火烧自家房屋事件”、大学生行凶杀人的“马家爵事件”、大学生冒名拒录荐己的“马佩事件”，甚至还有同室居住的两名博士生，因难以相处导致相互伤害，结果双双死亡，女大学生做“周末二奶”、女大学生与人签订“包养”协议等。诸如此类问题的存在固然有着客观的、外部情境方面的客观原因。然而，在历经近代一味反传统的浪潮的冲

击之后，对传统精神资源包括传统理想人格思想的逐渐淡忘则造成当今大学生存在人格问题不可回避的原因之一。因此，重新审视儒家所倡导的理想人格和崇高精神境界，主动汲取儒家人格观的合理精华，努力挖掘它在解决当代大学生理想信仰、价值取向、人格危机方面的文化内涵和价值便成为一种必需。

儒家君子人格和至高境界的现代意义，着重体现在其伦理精华与当今大学生人格塑造和市场经济价值导向之间存在可以同构的方面，有着内在的契合性。它的一些优秀思想可以成为社会主义市场经济人格体系中的合理资源。

1. 君子人格中的仁爱思想有助于培养当代大学生的团结协作精神

当代大学生多为独生子女，习惯了长辈围着自己转，任何时候都希望以自己为中心。再加上市场经济带来的消极作用，人际关系中的不和谐因素日渐增多，见死不救、见义不为、见利忘义的现象比比皆是。这就造成了很多学生自视不凡的“中心感”，导致他们缺乏合作意识和团队精神。这就需要提倡和鼓励他们向需要帮助的人们奉献一片爱心，热心公益，扶危济困，救难怜贫。儒学的仁爱思想有助于当代大学生养成尊老爱幼、扶危济困的品德，有助于培养团结奉献的精神。因此，应该大力倡导仁爱思想，并将此作为人之为人的最起码的处世道德原则。

2. 儒学所追求的崇高境界有助于砥砺当代大学生自强不息

儒学所追求的浩然正气和君子人格对塑造当代大学生的人品具有重要意义。三军可夺帅、匹夫不可夺志的精神；富贵不淫、威武不屈的品德；先天下之忧而忧、后天下之乐而乐的境界；以及儒学为追求崇高道德境界和理想人格所具有的坚强意志和自觉牺牲精神有助于当代大学生追求崇高的精神境界，有助于培养当代大学生百折不挠的意志品质。我们看到在目前的社会转型期，有些大学生受社会上拜金主义、享乐主义、极端个人主义思潮的影响，人生观、价值观产生扭曲，思想道德教育中结合恢宏的民族精神会培养大学生高尚的人品。

3. 儒家所追求的精神境界有助于提高当代大学生的人生视野

当前经济转轨时期，社会上唯经济主义、享乐主义、极端个人主义冲击着青年学生的思想，教育产业化所带来的经济压力，学习与就业压力，再加上一些社会的不公平竞争导致了青年学生发展机遇的不平等性，这些都会导致青年学生的心理失衡，使他们产生情感孤独、人生意义失落等心理障碍这就需要大学生加强学习和自我调整。儒家所追求的崇高精神境界和忧国忧民的思想可以提高大学生的人生视野，让当代大学生自觉把个人的命运和祖国的命运结合起来，乐于为国分忧为民奉献，乐于到祖国最需要的地方去。儒学的精神境界曾哺育了无数的民族精英，在当代仍具有凝聚力和感召力。另外，儒学精神境界中的自强不息、乐观自信和豁达大度精神对培养大学生矢志不渝的人品具有重要作用。

4. 君子重义轻利的价值观有助于当代大学生从心理上建构高尚的精神家园

改革开放前，由于收入水平的相对平均化、固定化和供给短缺、物品匮乏，人们的利益欲望维持在普遍低下的水平上。今天随着收入水平和消费档次不断迅速地拉大差距，追逐金钱财富、沽名钓誉、崇尚享乐的物质实用主义和名利思潮冲击着现代人的观念与生活，人们的利益欲、享受欲急剧膨胀，由此出现了道德滑坡、人格沦丧等一些丑恶、阴暗、卑鄙的社会现象。在市场经济条件下，应避免金钱成为衡量人的唯一尺度，人沦为物的奴婢，成为纯粹的物化了的人，避免人的主体性逐渐地全面丧失。要清除市场经济的这些负面影响，大力挖掘传统文化中合理的价值观资源，不失为古为今用的捷径，对金钱拜物教无疑具有消解的作用。在利益至上、物欲横流的商潮中要不断提升个体人格家园，利用传统文化设定的人格境界有助于现代人建构高尚的精神家园。儒学“义然后取利”、以义驭利、因义生利的思想对于人们在市场经济活动中正确地去求利有着重要意义。它有利于促进人们在市场活动中把义和利结合起来，谋利而不失义，循义以生利，使社会主义市场经济更加高效、健康地发展。还有，像“君子喻于义，小人喻于利”、“三军可夺帅也，匹夫不可夺志也”、“富贵不能淫，贫贱不能移，威武不能屈” 这些亘古流传的人格操守箴言，如果能内化为每位生命个体的精神境界，那么，市场经济固有的负效应就会在很大程度上被削弱，金钱拜物教滋育蔓延的温床也就会被有效遏制。

五、当代大学生要追求崇高的精神境界，为实现中华民族的伟大复兴而努力奋斗

一个人不能没有精神家园，如果一个人没有精神家园，就失去了生活的目标和灵魂的栖息地。当代大学生要树立远大的人生目标，追求崇高的精神家园。要自觉把自己的命运和祖国的命运结合起来，担当起社会责任，为建设社会主义和谐社会而奋斗。孔子曾以浩荡之水为喻教育他的学生去追求崇高的精神境界：“遍予而无私，似德；所及者生，似仁；其流行卑下倨句皆循其理，似义；浅者流行，深者不测，似智；其赴百仞之谷不疑，似勇……蒙不清以入，鲜洁以出似善化；至量必平，似正；盈不求概，似度；其万折必东，似意。”孔子在这里把理想中的君子形象用大水的自然属性进行了生动的比喻：你看大水流经之处滋润万物，就像君子仁爱宽厚的美德。浩浩之水博大无私、它循理守度、沉污化垢，就像君子博大宽容的美德。为了理想，它具有百折不回的意志，即使赴百仞之谷粉身碎骨也毫不犹豫，就像君子具有的万难不屈的精神。孔子所倡导的精神境界对今天的青年一代无疑仍具有深远的教育意义。梁启超先生在他的《少年中国说》中说：“少年智则国智，少年富而国富，少年强而国强。”并热情洋溢地赞颂少年中国的未来：“红日初升，其道大光；河出伏流，一泻汪洋；潜龙腾渊，鳞爪飞扬；乳虎啸谷，百兽震惶！……壮哉我少年中国，与国无疆！”新中国的缔造者毛泽东主席把青年比作早晨八九点钟的太阳，把国家的希望寄托在年轻一代身上，以胡锦涛为总书记的新一届党中央对年轻一代更寄托了无限希望。因此，当代大学生要担当起历史的重任，发奋图强，为实现中华民族的伟大复兴而努力奋斗！

参考文献

[1] 班固白虎通[M]. 中华书局，1994.
[2] 礼记[M]. 上海：上海古籍出版社，1987.
[3] 孟子[M]. 北京：中华书局，1998.
[4] 程颐. 周易程氏传[M]. 北京：中华书局，1981.
[5] 吴兢编译. 贞观政要[M]. 北京：新华出版社，2006.
[6] 魏征. 隋书[M]. 中华书局，1973.
[7] 孙中山. 孙中山全集[M]. 北京：中华书局，1981.
[8] 张舜徽， 周国林， 等. 慎子[M]. 北京：中国人民大学出版社，2006.
[9] 张舜徽， 周国林， 等. 列子[M]. 北京：中国人民大学出版社，2006.
[10] 载唐雄山. 贾谊礼治思想研究[M]. 南京：中山大学出版社，2005.
[11] 王昌龄. 唐诗名篇赏析[M]. 北京：十月文艺出版社，1990.
[12] 班固撰/颜师古注. 汉书[M]. 北京：中华书局，2000.
[13] 张舜徽，周国林，等. 墨子[M]. 北京：中国人民大学出版社，2006.
[14] 张舜徽，周国林，等. 论语[M]. 北京：中国人民大学出版社，2006.
[15] 钱穆. 双溪独语[M]. 台北：台湾学生书局，1981.
[16] 商君书[M]. 北京：中华书局，1975.
[17] 菜根谭[M]. 北京：燕山出版社，2004.
[18] 载陈明. 原道[M]. 上海：学林出版社，1998.
[19] 张载. 张载集[M]. 北京：中华书局，1978.
[20] 孙思邈. 千金要方[M]. 北京：人民卫生出版社，1982.
[21] 徐少锦. 中国历代家训大全[M]. 北京：中央广播电视出版社，1993.
[22] 王杰注. 荀子[M]. 北京：华夏出版社，2001.
[23] 韩非子[M]. 北京：中华书局，1975.
[24] 韩铁铮，石延博译著. 吕氏春秋[M]. 北京：中国和平出版社，2005.
[25] 王通. 中说[M]. 哈尔滨：黑龙江人民出版社. 2003.
[26] 南炳文. 汤纲. 明史[M]. 上海：上海人民出版社，2003.
[27] 范晔. 后汉书[M]. 上海：上海古籍出版社，2003.

[28] 梁运华校点. 管子[M]. 沈阳：辽宁教育出版社，1997.
[29] 房玄龄，等. 晋书[M]. 长沙：岳麓书社，1997.
[30] 司马光. 资治通鉴[M]. 北京：中国戏剧出版社，2006.
[31] 老子[M]. 北京：航空工业出版社，2005.
[32] 王宝琳.尚书(现代版)[M]. 2007.
[33] 左传[M]. 上海：上海古籍出版社，1997.
[34] 宋史[M]. 上海：上海人民出版社，1989.
[35] 朱子语类[M]. 开封：河南大学出版社，2001.
[36] 康有为. 孟子微[M]. 台北：商务印书馆，1970.
[37] 忠经[M]. 南京：江苏古籍出版社，2002.
[38] 清朝野史大观[M]. 上海：上海文艺出版社，1990.
[39] 陈义钟. 海瑞集[M]. 北京：中华书局，1962.
[40] 顾炎武. 日知录[M]. 南京：中州古籍出版社，1990.
[41] 陆九渊. 陆象山全集[M]. 北京：中华书局，1980.
[42] 石成金. 传家宝[M]. 长春：吉林文史出版社，2005.
[43] 周教颐. 通书[M]. 上海：上海古籍出版社，2000.
[44] 戴德. 大戴礼记[M]. 长春：吉林大学出版社，1992.
[45] 韩婴. 韩诗外传[M]. 长春：吉林大学出版社，1992.
[46] 魏征. 群书治要[M]. 北京：文物出版社，1991.
[47] 周易[M]. 北京：九州出版社，2005.
[48] 蔡元培. 蔡元培全集[M]. 南京：浙江教育出版社，1997.
[49] 吴大真， 等. 秦伯未医文集[M]. 长沙：湖南科技出版社，1983.
[50] 喻昌. 医门法律[M]. 北京：中医古籍出版社，2002.
[51] 王庆国. 伤寒论[M]. 北京：中国中医药出版社，2005.
[52] 孙思邈. 备急千金要方[M]. 北京：学苑出版社，2004.
[53] 陈梦雷，等. 古今图书集成医部全录[M]. 北京：人民卫生出版社，1991.
[54] 赵濂. 医门补要[M]. 上海：上海科学技术出版社，1957.
[55] 龚信. 古今医鉴[M]. 北京：中国中医药出版社，1999.
[56] 李时珍. 本草纲目[M]. 北京：人民卫生出版社，1997.
[57] 袁采. 袁氏世范[M]. 天津：天津古籍出版社，1995.

[58] 周勇军编译. 庄子[M]. 深圳：海天出版社，1999.

[59] 罗国杰. 中国传统道德[M]. 北京：中国人民大学出版社，1995.

[60] 田连波. 美学原理新编[M]. 开封：河南大学出版社，1988.

[61] 于非. 中国古代文学作品选[M]. 北京：高等教育出版社，1993.

[62] 傅德岷. 中华诗词鉴赏辞典[M]. 武汉：湖北辞书出版社，2005.

[63] 王媛. 徐阳鸿. 大学中庸[M]. 广州：广州出版社，2001.

后 记

继承和弘扬伟大的中华民族精神对大学生的成长具有重要现实意义，我们在教学实践中深深体会到伟大的民族精神和民族美德对大学生的精神感召力，于是我们萌生了写一本中华美德专著的想法。历经四个寒暑的写作，这本专著终于面世。此刻我们的心非常忐忑，我们希望得到专家和同行的批评指正。

该书由席云玲同志撰写第一章、第二章、第七章、第八章、第十章；由臧梅同志撰写第三章、第四章、第五章、第六章、第九章；序、前言、后记由席云玲同志撰写。全书由席云玲同志负责审定。

该书在编写过程中得到了有关领导和专家的大力支持，在写作过程中我们借鉴了当代该领域的一些研究成果。由于篇幅有限，有些没有逐一注明，在此向他们致以衷心的谢意。该书在出版过程中还得到了黄河水利出版社的大力支持，在此也向他们表示感谢。

席云玲

2007 年 8 月 9 日